U0302986

参 编 人 员

李迎春　王世君　谢兰迟　许小京
彭思龙　黎智辉　钟　涛

视频人像检验鉴定手册

李军宏　主编

科　学　出　版　社

北　京

内 容 简 介

本书凝聚了作者多年来在视频人像分析、检验、鉴定理论研究以及视频人像检验鉴定实战应用中所积累的理论方法和实践技术,为读者在运用视频和图像涉及人像检验鉴定技术时提供相关理论知识,为解决公安、检察、司法部门在人像检验鉴定中遇到的问题提供理论基础和实践工具。主要内容包括:视频人像检验鉴定概述、人像比对检验鉴定的方法、人像检验鉴定的特征、人像检验鉴定检材的甄选、人像检验鉴定样本的制作、视频人像检验鉴定技术、人像检验鉴定分析报告等。除此之外,附录中还详细介绍了人像鉴定术语,综述了人像鉴定涉及的标准,详细展示了人像检验鉴定特征例图,并给出了工具软件(警视通人像鉴定分析系统)的详细使用介绍。本书注重理论体系的完整性、系统性和实用性,通过理论分析与实际案例相结合,阐释算法模型背后的物理意义,强调人像检验鉴定技术在公安、检察、司法实践中的应用。

本书是公安、检察、司法等部门人像检验鉴定的实用参考书,适合公安、检察、司法类刑事科学技术、视频侦查、司法鉴定等相关技术人员阅读,也可作为公安与司法类院校及其他高等院校影像处理、司法鉴定相关专业师生的教学参考书。

图书在版编目(CIP)数据

视频人像检验鉴定手册/李军宏主编. —北京:科学出版社,2019.2
ISBN 978-7-03-059021-3

Ⅰ. ①视… Ⅱ. ①李… Ⅲ. ①图像处理-手册 Ⅳ. ①TN911.73-62

中国版本图书馆 CIP 数据核字 (2018) 第 228155 号

责任编辑:李 欣 孔晓慧/责任校对:彭珍珍
责任印制:吴兆东/封面设计:无极书装

科学出版社 出版
北京东黄城根北街 16 号
邮政编码:100717
http://www.sciencep.com

北京虎彩文化传播有限公司 印刷
科学出版社发行 各地新华书店经销
*
2019 年 2 月第 一 版 开本:720×1000 B5
2022 年 6 月第二次印刷 印张:20 插页:2
字数:403 000
定价:138.00 元
(如有印装质量问题,我社负责调换)

前　言

从 20 世纪中期开始，国内外学者就在人像检验鉴定领域开展了相关探讨和应用。近年来，我国视频侦查工作的蓬勃发展，为视频人像检验鉴定工作提出了新的需求，推动了视频人像检验鉴定技术的快速进步。

随着这几年视频监控系统的大量建设，越来越多的犯罪嫌疑人在监控下留下了视频影像，监控视频在案件侦查中得到广泛应用。随着监控建设密集程度的提高，拍摄到人脸图像的条件也越来越好。在很多司法实践中，针对案件中犯罪嫌疑人的人脸影像，都会涉及犯罪嫌疑人的认定、检验等相关工作。在当前以审判为中心的司法体制改革大环境下，证据的重要性被提到前所未有的高度。一些案件中的人像检验鉴定，往往成为锁定嫌疑、认定犯罪以及法庭诉讼的关键。在有些案件中，人像检验鉴定甚至成为唯一的途径。对此，编者团队大量调研公安、检察以及司法部门的需求与应用。在调研过程中，大家对视频人像检验鉴定并没有形成统一认识，甚至有人认为其鉴定不可行，主要难点是人像在视频下的多变性、特征的不稳定性和人脸的特征不唯一性。为解决该问题，团队成员对国内外相关技术进行了深入的研究，开展了大量的统计分析和理论论证，通过在实践中与一线实战单位不断互动，细化技术需求，对人像检验鉴定技术相应工具进行了深入开发。本书主编也是司法鉴定人，在实际工作中，不断将理论分析和司法实践相配合，推动人像鉴定理论的完善和发展。在实践中，作者团队研发了国内首款视频人像检验鉴定工具软件——警视通人像鉴定分析系统，是当前最新视频人像检验鉴定技术的全面集成，在各地的使用中，获得了很好的反响。该系统不仅仅是研发人员的杰作，更是全国各地公安、检察、司法干警的智慧结晶。

为了尽快在一线进行推广，北京多维视通技术有限公司、中国科学院自动化研究所以及公安部物证鉴定中心陆续编制了一些培训材料。培训材料在接近三年的使用过程中，受到了各地公安和检察机关的欢迎，并且相关单位积极反馈更加全面的理论知识的学习需求。团队在已有培训材料的基础上编撰了本专著。由于国内目前尚没有理论、实践和工具方面论述较为全面的著作，因此本书从理论发展、技术方法、实践所需要的标准与工具等方面，进行了较为详细的阐述，比较适合各地从事该工作的人员的基础知识学习和相关实践应用。

在编写本书过程中，得到了公安部物证鉴定中心、北京市公安局等视频侦查技术联合实验室相关单位的大力支持，也得到了全国各地公安、检察机关专家的鼎力相助，更有北京多维视通技术有限公司许多默默无闻的培训讲师、服务专家的精心工作。本书主要由李军宏、李迎春、黎智辉三位博士进行章节规划和编写，由彭思龙教授和王世君博士进行审核。在编写过程中，公安部物证鉴定中心的谢兰迟、许磊、郭晶晶，北京市公安局的钟涛和北京多维视通技术有限公司的修宁波、胡晰远、汤晓方、纪利娥、周艳华、高艳、孙亦楠、卜学哲等对部分章节亦有贡献，全书由修宁波进行校核。

　　尽管经过集体的努力，本书得以顺利出版，但是鉴于编者能力有限，不足之处在所难免，欢迎广大读者不吝赐教。编者团队会一直持续研究开发相关技术，也会不断对本书内容进行修订和更新，为我国的法庭科学事业尽微薄之力。

公安部物证鉴定中心　许小京

2018 年 12 月 3 日于北京

目　　录

第 1 章　视频人像检验鉴定概述

人像检验鉴定，或称人像鉴定(facial identification)，又称人像比对(facial comparison)，是法庭科学的一项重要研究内容。人像检验鉴定得到的结果，是被许多国家的法庭采用的一种证据。

1.1　对人像检验鉴定的需求

随着社会经济发展和技术进步，监控视频，相机、手机等拍摄设备，以及网络媒体的广泛应用深入社会生活的方方面面，导致人脸图像的获取、传播、存储、分析、识别变得十分容易。尤其是近年人像识别技术、视频结构化技术、深度神经网络学习技术、大数据技术的发展，人像识别系统取得跨越式进步，国内外都在大量应用人像识别系统，人脸图像已经成为海量的数据。在此情况下，犯罪案件等事件中出现人像线索和证据的概率越来越大，证据转化的压力也越来越大，对人像检验鉴定的需求急速增长。

一些典型的人像检验鉴定应用如下：

(1) 刑事案件中确定犯罪嫌疑人。在刑事案件中，通过侦查得到案犯作案的影像后与抓捕到的嫌疑人进行比对，以确定被捕的嫌疑人是否就是作案的案犯。这种应用需求量最大。

(2) 身份证件查重。针对一人多个身份证件的问题，确认不同信息的身份证件照片是否来源于同一人。

(3) 大型灾难遇难者身份识别。人像检验鉴定在这种事件中作为一种较其他证据更快速的手段，通过检验身份证照片和遗体照片，可以协助提供有效的初步筛查，以加快调查的速度。一些无名尸的身份识别也应用人像检验鉴定。

(4) 肖像权纠纷。在一些涉及肖像权的纠纷案件中，往往会出现人像照片是否为授权使用的情况，当纠纷双方不能达成一致时，可能就需要进行人像的检验鉴定来确定人像照片是否来源于特定的目标对象。

除以上这些典型应用外，在一些敲诈、诽谤等案件中还涉及对视频照片中出现的人像是否是特定目标进行检验。

1.2　国内外相关机构

国际上许多机构和组织开展了人像鉴定相关工作。如美国 2008 年左右成立了人像鉴定科学工作组(Facial Identification Scientific Working Group，FISWG)，发布了一系列的人像鉴定相关工作指南文本及草案。该工作组目前由美国国家标准研究院(National Institute of Standards and Technology, NIST)负责。NIST 的法庭科学领域委员会有一个人像鉴定分委员会(Facial Identification Subcommittee)，开展人像鉴定培训、评估及研究等多方面的工作。美国联邦调查局(Federal Bureau of Investigation, FBI)的犯罪司法信息服务部有一个生物识别服务处，下设人脸分析、比对和评估服务组(Facial Analysis, Comparison, and Evaluation (FACE) Services Unit of the Biometric Services Section, Criminal Justice Information Services (CJIS) Division)，利用人像识别系统进行检索并对给出的结果进行专家分析检验。英国法庭科学监管者(Forensic Science Regulator)、内政部、伦敦大都会警察局对于人像比对工作发布了相关工作指南。欧洲法庭科学研究所网(European Network of Forensic Science Institutes，ENFSI)也发布了人像比对工作指南。荷兰法庭科学研究所(Netherlands Forensic Institute, NFI)数字技术与生物识别部门从事人像检验鉴定研究和应用工作。此外，澳大利亚联邦警察局、澳大利亚国家法庭科学研究所，以及以色列、加拿大等国家和机构也都开展了相关研究的应用工作。

我国的人像鉴定研究和应用工作起步于 2000 年前后，主要有公安部物证鉴定中心、司法部司法鉴定科学研究院等研究机构及中国刑事警察学院等院校。目前开展鉴定应用工作的单位较多，包括各级公安机关刑事技术部门(其中江苏、安徽、浙江、广东、贵州、山西等省案件实践经验较为丰富)及一些社会司法鉴定机构等。

1.3　国内外研究现状简述

人像检验问题可以追溯到对颅骨的检验。颅骨检验工作更侧重于颅像复原、颅像重合等，这些工作可以参见综述文献[1,2]。颅像复原是从颅骨到人脸的过程，需要深入了解颅骨结构与软组织之间的对应关系，这些关系的统计数据相对难以获得。颅像重合是颅骨与照片之间的比对，其面临的难题除了颅像复原所需的对应关系

1 Aulsebrook W A, Iscan M Y, Slabbert J H, et al. Superimposition and reconstruction in forensic facial identification: a survey. Forensic Science International, 1995, 75(2-3): 101-120.

2 赵成文. 刑事相貌学. 北京: 警官教育出版社, 1993.

外，还有二维与三维之间的对应关系、因照片拍摄造成的干扰等。这些问题与现在关注的人像检验问题有明显的联系和区别。许多人像检验的概念、特征甚至是方法都来自颅像复原、颅像重合。然而人像检验重点针对人像照片与照片的比对，其困难在于通过二维照片对人脸特征的把握是一个从二维到三维的映射，本质上存在多个映射关系。这一点与颅骨检验则有明显的区别。

对人像检验问题的研究，早期主要集中在方法层面。20 世纪 90 年代，一些文献开始研究基于形态比较的特征分析方法，如 1992 年，Catterick 在文献[1]中探讨了利用四个特征进行比对。1996 年，Vanezis 等研究了 50 个个体的特征并进行分类[2]。同年，Yoshino 等采用三维技术进行三维面貌重合[3]，这是在人像鉴定工作中较早进行三维技术应用的研究。1998 年，Sinha 应用神经网络进行人像鉴定[4]，这也是较早开展的神经网络人像分析应用。国内较早的研究包括 1996 年江苏公安专科学校的吕导中对形态学方法的分析。从已发表的文献来看，20 世纪的人像鉴定工作还是国外研究得较深入。

21 世纪以来，对人像检验的研究越来越丰富。2000 年，Porter 等报道了利用拍摄照片上的解剖学特征进行比对的方法[5]。2001 年，公安部物证鉴定中心张继宗等发表的案例报道[6]，主要是基于特征形态比对(容貌特征，如面型、耳、鼻、口、皱纹、眉、胡须等)及特征几何测量，同年发表鉴定方法，总结了形态比对及特征测量中的基本问题[7]。此后，各国的一些典型研究包括：2008 年，Allen 对人像鉴定中的贝叶斯理论应用进行分析[8]。2008 年，Roelofse 等对 200 名南非男性人像特征进行统计[9]。2010 年，廖根为的专著对监控录像中的人像鉴定涉及的多方面问题进行了阐述[10]。2010 年，Davis 等使用计算机辅助分析，综合多个测量特征进行检验[11]。同年，Evision 等的专著详细探讨了三维人像鉴定中的多方面

1 Catterick T. Facial measurements as an aid to recognition. Forensic Science International, 1992, 56(1): 23-27.

2 Vanezis P, Lu D, Cockburn J, et al. Morphological classification of facial features in adult caucasian males based on an assessment of photographs of 50 subjects. Forensic Science International, 1996, 41(5): 786-791.

3 Yoshino M, Kubota S, Matsuda H, et al. Face-to-face video superimposition using three dimensional physiognomic analysis. Japanese Journal of Science and Technology for Identification, 1996, 1(1): 11-20.

4 Sinha P. A symmetry perceiving adaptive neural network and facial image recognition. Forensic Science International, 1998, 98(1): 67-89.

5 Porter G, Doran G. An anatomical and photographic technique for forensic facial identification. Forensic Science International, 2000, 114(2): 97.

6 张继宗,纪元,闵建雄.面相照片比对鉴定 2 例. 刑事技术，2001, 2: 32-33.

7 张继宗,闵建雄.根据相片面部特征进行个体识别的方法. 刑事技术，2001, 5: 42.

8 Allen R. Exact solutions to Bayesian and maximum likelihood problems in facial identification when population and error distributions are known. Forensic Science International, 2008, 179(2): 211-218.

9 Roelofse M M, Steyn M, Becker P J. Photo identification: Facial metrical and morphological features in South African males. Forensic Science International, 2008, 177(2): 168-175.

10 廖根为. 监控录像系统中人像鉴定问题研究. 上海：上海人民出版社, 2010.

11 Davis J P, Valentine T, Davis R E. Computer assisted photo-anthropometric analyses of full-face and profile facial images. Forensic Science International, 2010, 200(1): 165-176.

问题[1]。2011 年，Klare 等发表了双胞胎人像特征研究[2]。2013 年，Lynnerup 等采用三维建模软件 PhotoModeler 进行人像鉴定[3]，Tome 等分析了人脸不同区域对检验的价值[4]。2015 年，Valentine 等出版了人像鉴定专著[5]，讨论了涉及目击者描述、人像组合及监控录像中的鉴定问题。同年，White 等的研究结果认为专业的检验人员进行人像匹配的准确性比一般人要好[6]。2016 年，高一卓研究了 2000 名中国人(男性和女性各 1000 名)的正面照片部分特征的统计分布[7]。综述论文可以参考 Gibelli 等的工作[8]。此外，2018 年，南非的 Houlton 等发表了一个特殊的案例[9]，探讨了相差 40 年的人像照片的鉴定。这些研究对人像鉴定的发展起到了有力的推动作用。当然，这些研究还是以特征持续丰富、技术逐渐多样性以及方法不断深入为主，理论分析相对欠缺。

对于人像鉴定问题，显然不是所有的学者都持赞同的态度。如 1999 年，Bruce 等发表研究文献[10]认为应该谨慎使用视频人像。2007 年，Kleinberg 等的研究结果对人像鉴定中特征的可靠性提出疑问[11]。尤其是 2015 年，英国格拉斯哥卡利多尼亚大学 (Glasgow Caledonian University) 的 McNeill 及其合作研究人员在俄罗斯 *Psychology and Law* 杂志上发表研究结果[12]，声称"这些(研究)结论暗示在法庭上持续接受人像比对证据更倾向于增加而不是减少错误定罪的发生"。作者得出结论的依据来自两个方面，一是总结前人的研究，二是开展的相关实验。单从论文实验来看，对其结论的支撑还是有一定的限制。因为作者统计的人像比对参与人员是 87 名格拉斯哥卡利多尼亚大学的学生，其掌握的人像比对方法、经验与鉴定专家相比可能还存在一定的区别，而作者想依据这些结论来否定方法本身进而否定专家比对证据可能值得商榷。尽管如此，这些学者的工作还是提醒了人像鉴定的研究人员，

1　Evision M P, Bruegge R W V. Computer-Aided Forensic Facial Comparison. CRC Press, 2010.

2　Klare B, Paulino A A, Jain A K. Analysis of facial features in identical twins. Biometrics (IJCB) , 2011: 1-8.

3　Lynnerup N, Andersen M, Lauritsen H P. Facial image identification using Photo Modeler®. Legal Medicine, 2003, 5(3): 156-160.

4　Tome P, Fierrez J, Vera-Rodriguez R, et al. Identification using face regions: application and assessment in forensic scenarios. Forensic Science International, 2013, 233(1): 75-83.

5　Valentine T, Davis J P. Forensic Facial Identification: Theory and Practice of Identification from Eyewitnesses, Composites and CCTV. Wiley Blackwell, 2015.

6　White D, Phillips P J, Hahn C A, et al. Perceptual expertise in forensic facial image comparison. Proc. R. Soc. B, 2015, 282(1814).

7　高一卓. 人像检验中的人脸特征分类与分析. 中国刑警学院学报, 2016, (1): 63-65.

8　Gibelli D, Obertova Z, Ritz-Timme S, et al. The identification of living persons on images: a literature review. Legal Medicine, 2016: 52-60.

9　Houlton T M R, Steyn M. Finding Makhubu: a morphological forensic facial comparison. Forensic Science International, 2018, 285: 13-20.

10　Bruce V, Henderson Z, Greenwood K. et al. Verification of face identities from images captured on video. Journal of Experimental Psychology: Applied, 1999, 5(4): 339-360.

11　Kleinberg K F, Vanezis P, Burton A M. Failure of anthropometry as a facial identification technique using high-quality photographs. Journal of Forensic Sciences, 2007, 52(4): 779-783.

12　McNeil A, Suchomska M, Strathie A. Expert facial comparison evidence: science versus pseudo science. Psychology and Law, 2015, 5(4): 127-140.

对人像鉴定的理论、方法的完善还有很长的路要走。

1.4　人像检验鉴定问题分析

虽然研究人像检验鉴定的文献较多，但人像检验鉴定依然是一个复杂的问题，其中涉及法律框架、检验的目的、面临的挑战等，需要详细地分析。

在分析之前首先来看人像检验鉴定名称。如前所述，关于人像检验鉴定有多种说法：人像鉴定、人像比对、人像映射(face mapping)、人像匹配(face matching)、面相照片比对、面像鉴定等。这些不同的说法表达的含义略有不同。其中人像鉴定是用得较多的说法，是从目的的角度来说。人像比对也在文献中广泛使用，是从方法角度来说。人像映射和人像匹配则与前两种说法的区别更大一些，在人像识别领域也使用，尤其是人像匹配，更偏向于人像识别。为统一说法，在不特别说明的情况下，本书中都用人像检验鉴定表示人像鉴定和人像比对的含义。

下面从三个方面对人像检验鉴定问题进行讨论。

1.4.1　人像检验鉴定的法律框架

人像检验鉴定不是一个孤立的问题，需要在一定的法律框架之下讨论。不同的法律框架对人像检验鉴定的要求不尽相同。人像比对证据应用在英国的第一个报道案例来自 1993 年的 R v Stockwell 1993[1]。在该案件中，法官认为在一定条件下，陪审团无法形成自己的结论，需要专家给出犯罪嫌疑人和被告人脸照片之间关系的更多信息。此后在英国，人像比对证据在法庭上一直应用，在 1999 年的案件 R v Hookway 1999[2]中，仅使用了人像比对证据将被告定罪。已有案例报道的除英国外还包括许多其他国家，如美国、澳大利亚、新西兰、瑞典、南非等。在我国的一些案件判决中，法官也采用了人像鉴定意见作为证据。

英国使用判例法，由于 R v Stockwell 1993 案例使用人像检验鉴定证据，后面的案件在这种证据的使用方面就有较明确的参照。该案关于人像检验鉴定证据的基本思想很明确：在一定条件下，陪审团无法形成自己的结论，需要专家给出犯罪嫌疑人和被告人脸照片之间关系的更多信息。其中的含义包括：人像检验鉴定证据的证明能力由陪审团判断；人像检验鉴定证据提供了更多信息，这些信息是陪审团仅靠自己无法获取或理解的。这个基本思想是人像检验鉴定证据的根本。对于证据使用规则，由英国法庭科学监管者发布的图像比对和解译证据指南[3]给出了一些更为

---

1 swarb.co.uk/regina-v-stockwell-CA-5-Apr-1993.

2 www.rn-ds-partnership.com/Documents/hookway.pdf.

3 https://www.gov.uk/government/publications/forensic-image-comparison-and-interpretation-evidence-issue-2.

具体的参考。该指南的主要目的是"为检方或调查人员提供有关法庭科学专家证据中图像解译和图像比对有效使用方面的建议和指导；提供不同类型的图像比对证据和解译证据的背景，影响该类证据可靠性的因素，法庭科学监管方的需求和刑事司法系统对专家证据的考虑，并指出何时考虑委托专家"。英国皇家检察署(Crown Prosecution Service，CPS)也发布了专家证据的相关指南[1]，约束人像检验鉴定证据应用。简单来说，英国在人像检验鉴定法律框架方面，一是有例可循，二是有较为详细的证据规则。对于英国之外的一些西方国家如美国等来说，其法律框架相类似，许多国家建立了相类似的证据规则。

我国并没有明确的陪审团制度，证据的审查、取舍、合法性、真实性、关联性判断主要由法官来依法执行。一定条件下，人像检验鉴定证据需要给法官提供更多的信息。

对于视频人像检验鉴定相关的法规包括：①《中华人民共和国刑事诉讼法》的相关规定，其中证据的第八种为视听资料、电子数据。②2005 年颁布的《全国人民代表大会常务委员会关于司法鉴定管理问题的决定》，规定了"声像资料鉴定，包括对录音带、录像带、磁盘、光盘、图片等载体上记录的声音、图像信息的真实性、完整性及其所反映的情况过程进行的鉴定和对记录的声音、图像中的语言、人体、物体作出种类或者同一认定"。其中"图像中的人体种类或者同一认定"问题通常由人像检验鉴定解决。③相关的行业标准。如公共安全行业标准《视频中人像检验技术规范》和司法部标准《录像资料鉴定规范》中的第 3 部分"人像鉴定规范"。简单来说也是两个方面：一是视听资料是证据，包含人像检验；二是人像检验有具体的规范。

如果将英国的法律框架约束和我国的相比较，可以看出其中既有对应部分，也存在明显的区别。对应的部分是都确认人像检验的证据地位，虽然确认的方式不同。区别在于英国有较为详细的证据规则，我国没有专门的证据规则；英国没有具体的检验规范，我国制定了具体的检验规范。如表 1.4.1-1 所示。

表 1.4.1-1　英国和中国的人像检验鉴定的法律框架比较

	英国	中国
证据确认	有(判例)	有(法律条文)
证据规则	有	无
检验规范	无	有(公安、司法)

通过上述比较可以发现，在英国的法律框架层面并没有具体的检验规范，但这并不代表在人像检验鉴定中没有依据。在具体检验实践过程中，都会遵循一些公认、

---

1 https://www.cps.gov.uk/sites/default/files/documents/legal_guidance/expert_evidence_first_edition_2014.pdf.

权威的人像比对应用指南。

法律框架的区别，导致我国对人像检验鉴定的要求也与其他国家不同，主要表现在准确性要求方面。当前我国并没有专门的人像检验鉴定证据规则，法官对该证据证明力的判断只能在通用的视听资料证据规则[1]之下进行，缺乏具体的依据和参考。因此法官只能进行粗略的判断，这样实际上限制了法官的判断能力，法官更加依赖证据本身的准确性，这种准确性的要求也自然地转嫁到了证据准备工作中，对鉴定方法和程序提出更高的要求。对比英国的情况：证据的判断可以由法官或陪审团来认定，有更详细的证据规则参考，也就是说，参与判断的人数更多、依据更多，对证据准确性的把握度更强，对证据准备的压力相对要小。因此，一方面提升我国人像检验鉴定方法的水平，另一方面逐步建立相应的证据规则，是解决人像检验鉴定证据有效应用的两条途径。

1.4.2 人像检验鉴定的目的

根据前述的法律框架，下面进一步分析人像检验鉴定的目的。先看有关人像检验鉴定的说法。在英国CPS发布的专家证据指南中给出人像检验鉴定的描述为"人像比对或识别是法庭科学家将一张未知人脸图像与已知图像(如来自羁押记录)进行比较的过程，对被比较的个体并没有见过或任何先验的知识"。英国法庭科学监管者对人像检验鉴定(人像比对)的描述为"将来自影像中的争议目标的观测结果与已知目标参考影像进行比对，以此确定两者之间是否存在任何显然的不同或相似之处，然后专家将提供一个主观的结论来表达是否其发现支持争议目标与已知目标是同一目标或不同目标"。

在我国，《全国人民代表大会常务委员会关于司法鉴定管理问题的决定》中有关表述为"对图像中的人体、物体作出种类或者同一认定"。《视频中人像检验技术规范》中的表述为"对检材视频中目标人的体貌特征、动态特征、衣着和配饰特征、特殊标记特征、时空关联特征等情况与样本视频及照片的被检验人进行检验鉴定，做出确定性、非确定性、不具备检验条件三类五种鉴定意见"。

可以看到，多种说法反映的内容大致相同，主要对检材和样本图像中出现的目标之间的关系进行判断。这种关系无论是用"是否同一目标"还是"是否同一人"，或者其他方式表述，都是要确定被比对目标之间的关联性。

1.4.3 人像检验鉴定面临的挑战

尽管人像检验鉴定已经发展了几十年，但是仍然面临一些明显的挑战。

(1) 跨种族的人像检验鉴定挑战。跨种族问题是多年来各界争论的问题，人像检验鉴定的方法能否有普遍的适应性需要更严肃地讨论。尽管基本的人像检验原则

---

1 最高人民法院关于适用《中华人民共和国刑事诉讼法》的解释，第九十二条和第九十四条。

在国际上几乎通用，但对特征的把握、特征分布等具体影响检验结果的因素似乎与种族的关联性更强。由于目前特征研究还非常缺乏，对于跨种族问题还需要更多的研究来提供支撑。

(2) 人像检验鉴定指标的量化。对人像检验指标的研究也有很多年，量化的方法仍然很少。很多研究人员希望有明确的、可量化的并具有一定精确度的指标，在此基础上进行量化的判断，给出更清晰的结果。但从目前来看，还是需要大量的基础研究来接近这一目标。

(3) 人像检验鉴定的可重复性挑战。人像检验鉴定过程本身并不困难，接受过训练并掌握了相关领域知识如人像特征、鉴定原理、影像基础等之后，鉴定人员就可以进行检验并得到适当的结论。然而，由于多种因素的影响，对于同一检验对象反映出来的特征，不同鉴定人可能得到不同的结果，一些严重的情况下，同一鉴定人不同时间对特征的认识也有变化，对检验造成潜在的影响，这些方面都需要引起足够的重视。

第 2 章 人像比对鉴定

人像鉴定是对相貌特征进行同一认定的有效手段，是侦查活动中进行个人身份识别的重要手段，其鉴定结果是重要的诉讼证据。记录人像的载体包括人像照片和视频录像两类。其科学根据在于人像外貌特征具有特征的相对稳定性以及特征的易用性。

2.1 人像比对鉴定的定义

人像比对也称人像鉴定，指的是监控视频或者照片中被鉴定人像做检材，其他视频或者照片人像做样本，通过两幅或者更多幅的检材与样本人像的多个视角比对分析，确定其相似性和差异性，最终判断他们是同一人或者不同人。

通俗解释人像的同一性鉴定，就是要从人像特征上证明某人的身份证照是他本人的照片。图 2.1-1 是相似的两个人，需要通过人像比对鉴定来给出非同一人的结论。图 2.1-2 是不相似的同一人，同样需要通过人像比对鉴定来给出同一认定。

人像比对鉴定需要提供详细资料协助法官调查，是一个很严谨的过程，其准确性和可靠性是首要的，对检验速度要求不那么高。人像比对鉴定用于协助法庭裁定，一般在犯罪发生之后进行，其处理过程一般需要几天。人像鉴定需要法律依据的更高标准。

人像比对鉴定需要特定领域的专业知识，如法医学、图像学、人体解剖学和统计分析学等，需要专业级培训。人像比对鉴定一般应用于法医鉴定机构。

图 2.1-1　相似的两个人

图 2.1-2　不相似的同一人

　　人像比对鉴定作为技术方法通过对两张或两张以上的照片进行同一认定,为侦查起诉提供线索和法律依据。可以进行以下几方面的鉴定:①尸源认定,鉴定无名尸体是否为失踪人员;②犯罪嫌疑人人像鉴定,看是否为作案人员或被通缉案犯;③证件上人像鉴定,看持证人与证件照片人像是否为同一人;④识别与案件有关的人像、物证照片及物证视频。

2.2　人像比对鉴定的内容和步骤

　　人像比对鉴定包括两个主要环节,即特征检验和数据比较。特征检验是根据检材和样本的人物肖像,进行脸型、五官、气质等感性特征判断,是人像比对鉴定的第一步,目的是初步确定似与不似,多数情况下是仅可以排除但不能认定的一个过程,是照片的初检阶段。不相似则直接排除,得出否定结论;相似则可以利用比对鉴定方法进行比较。数据比较是对检材和样本进行测量分析,从数据上进一步佐证相似或者不相似的结论。

　　人像比对鉴定一般分为评估、检测、评价和结论等几个步骤。

　　评估就是检验前对备检人像照片的拍摄年代、人物年龄、拍照设备和环境要有初步了解,有助于总体分析。评估可用的图像质量因素,如图像分辨率、调焦、姿态、光照处理和表情等,确保图像满足既定的质量标准,符合人像比对的检验条件,使图像适应于有意义的人像比对检验和鉴定。

　　检测是对图像进行预处理,选择和应用人像比对的各种方法,并且作必要的观察记录。图像预处理主要是清晰化和归一化。清晰化包括但不限于图像亮度和对比度调整、图像锐化和去模糊、颜色通道分离等。归一化包括图像校正、平移、旋转、图像缩放和裁剪。归一化的方法是利用两眼的外眼角点(或者瞳孔)作人脸图像校正的基准点，通过旋转、平移、缩放图像使左右外眼角成一水平线，并使之连线的中点线作为图像的居中垂线，使人脸图像满足标准距离要求，得到标准的可以用于人像比对的人脸图像。针对处理好的人像，选择和应用人像比对的各种方法对人像特征作必要的观察和记录是人像比对鉴定的重要过程。

评价是在人像比对过程中，在评估所观察到的相似或差异之处时要考虑的因素。这些因素可能包括但不限于：成像条件、面部特征的持久性和相对频率、环境因素和年龄变化等，需要根据这些影响因素来综合观察和评价人脸的相似性与差异性。此外，还需要对所观察到的人脸的相似性和差异性的权重进行综合配置，根据人的某些易变特征对比对结果进行适当调整和重要性评价。

结论是人像鉴定的最后一步。人像比对要根据其比对目的的性质来确定相应的检验，要详细记录检验过程和检验结果，一般要形成一份书面报告。

2.3　常用人像比对鉴定方法

目前有四种常用的人像比对鉴定方法：整体法、形态分析法、测量法和重叠法。方法的选择取决于图像的质量、鉴定者的经验以及比对目的。

2.3.1　整体法

整体法(holistic comparison)是将人脸作为整体进行比对，同时考虑脸上所有特征。不具体解释得出结论的根据。整体法相关因素见表 2.3.1-1。

表 2.3.1-1　整体法相关因素

因素	细节	优点	缺点
图像	可应用于任何图像	√	
	不需要人像具有相同的姿态和角度	√	
过程	不需要有即时过程文档		√
专业设备	无	√	
检测时间	快速	√	
培训	无	√	
验证/准确率	整体比较精度率低且易改变		√

整体法不大受图像的影响，特别是不受光照、表情、视角、分辨率和特征遮挡等的影响。即使图像很清晰，非专业或者未受过严格训练的鉴定人员应用整体法进行人像比对时，其错误率也是很高的(至少30%)。

由于整体法精度低，一般因操作条件限制无法使用其他方法，或者仅当时间限制不允许作一个全面检测时使用。只要可行，整体法可扩展到形态分析法。图 2.3.1-1 为门卫应用整体法检查出入人员证件。

图 2.3.1-1　门卫应用整体法检查出入人员证件(网络图片)

2.3.2　形态分析法

形态分析法(morphological analysis)为人像比对鉴定的主要方法,是没有明确测量就直接通过描述和分类来比对个人的面部特征。形态分析法根据被检验的照片或者视频中的人像的形状、外观、存在性以及面部特征的位置等形态特征,来判断是否是同一人。这些形态特征包括全部(整脸)特征、局部(如嘴、鼻子及其组件,如鼻梁、鼻孔、耳垂等)特征、对称性等,以及有辨别能力的面部标记,如疤痕或痣。形态分析法所给出的相似或不同的结论是基于主观评价和观测说明。形态分析法以系统的方式进行,允许检测过程的重复性。形态分析法相关因素见表 2.3.2-1。

表 2.3.2-1　形态分析法相关因素

因素	细节	优点	缺点
图像	通过适当的训练能够适应于低质量图像	√	
	当图像具有相同的姿态、角度和方向时,有最好的结果		√
过程	很容易向没有受过培训的人解释	√	
	可以被用于没有主体的情况	√	
专业设备	特征清单(过程有文档)	√	
	没有用于人脸比对的特征标准集或者特征值		√
检测时间	依赖于检查者受训程度、图像质量和应用情况	√	√
	人脸比对 2h 以上		√
培训	需要—基本培训—高级培训		√
验证/准确率	认为比其他方法更加可靠	√	
	仅限于需要准确率和可重复性的比对分析		√

形态分析法通常是对图像质量高度敏感的。由于图像质量受损,影响细节如疤痕或皱纹的可见性时,检查两个或多个图像异同的能力会被减弱。形态分析法一般要由受训过的专业人员使用。

2.3.3　测量法

测量法(photo-anthropometry)利用脸部软组织和骨结构的关键点对脸部特征进

行测量研究，是将人类学和临床应用相结合的研究方法。通过关键点尺寸数据和关键点间角度确定脸部的测量特征，从而对脸部特征进行量化和指数化，分别对一幅人像和另一幅人像的测量值进行比对鉴定，判断是否为同一人。结论基于主观上可接受的测量误差阈值。

因二维图像中缺少照片测量控制，一般只能使用比率而不能使用绝对测量值(目前三维人像可以使用绝对值测量)。使用比率测量时要注意克服从主体到相机的距离、主体姿态或镜头焦距等因素对测量值的影响。目前此法适用于同姿态或者角度极为相似的照片或者视频。测量法相关因素见表 2.3.3-1。

表 2.3.3-1 测量法相关因素

因素	细节	优点	缺点
图像	获取可靠结果的条件受限(同姿态)，在法庭案例中慎用		√
过程	存在潜在自动过程	√	
	没有标准化的人像锚点		√
	单个图像中视觉检测、位置和锚点比较主观		√
专业设备	使用带编号的特征列表，有助于可重复性和文件编制	√	
检测时间	小时级，依赖考官受训程度、图像质量和应用情况		√
培训	需要高级培训		√
验证/准确率	潜在的客观分析，可进行统计分析	√	
	测试时缺少可靠性显示		√

运用测量法必须满足一定的成像条件才能得到可靠结果，如已知的相同视角、相同高宽比、相同姿态、照片拍摄时间间隔足够短等。测量学对图像质量极为敏感，由于图像模糊，分辨率较低，镜头畸变或透视畸变等因素会减弱确定个体关键点特定位置的能力，结果会导致测量准确度的下降。此外，特定目标主体的姿态变化或者表情变化等，也会引入误差和不确定性。

专业鉴定人员应用测量法时必须要具备面部关键点知识且受过高级培训。目前因测量条件限制很少单独应用。但测量法存在巨大潜力，如潜在的自动过程、潜在的客观分析，未来可进行数据统计分析。一般要求在照片或者视频归一化后进行测量，力求准确。若姿态略有差别，则测量上会有一些差异，结论中要仔细分析产生差异的原因。

2.3.4 重叠法

重叠法(superimposition)是人像比对鉴定的常用方法，是将两张要检验的照片重叠放在一起，缩放一幅图使之与第二幅图像对齐重叠，利用图像转换技术在视觉上进行比较，是辅助视觉比较。此法与测量法一样，都只能检验同一角度或者角度极为相似的两幅图像。

图像转换技术主要包括擦除、淡入淡出和切换等技术。擦除，即一条直线穿越屏幕逐渐露出底层图像，这样可同时观察两个不透明图像的某些部分。淡入淡出，是一幅图像通过逐渐改变图像图层的透明度逐步取代另一幅图像，透明度降低30%~50%时，可同时看到这两幅图像。切换，是指每幅图像在极短时间(1s)内显示时是完全不透明的。

两幅图像有相同视角时，最适合利用重叠方法作为辅助视觉比较。图像可能是照片、帧或来自视频、图像或三维人脸或头模型的合成图像。图像必须归一化(缩放、旋转和平移)，并保持长宽比不变，彼此正确对齐。图像的各个角度应协调一致，以避免锚点和特征失真。FISWG 建议只使用旋转和缩放变换时可应用重叠法，因为这些变换能保持形状长宽比不变，不应使用扭曲和透视变换的图像处理技术。除非有理由去质疑长宽比，否则必须保持长宽比。重叠法仅适用于图像到图像的比对。

重叠法一般只用于和形态分析法联合使用。表 2.3.4-1 介绍了重叠法相关因素。

表 2.3.4-1　重叠法相关因素

因素	细节	优点	缺点
图像	实现可靠结果的条件非常有限，法庭案例中慎用		√
过程	比较相对空间分布和描述特征形状时，可加强形态分析法	√	
	不作为一种独立的比对方法		√
	扭曲图像无法保证结论的准确无误		√
	使用图像转换特性，没有经验的观察者容易出错		√
专业设备	需要专门软件或视频编辑工具并具备使用的知识		√
检测时间	依赖于考官受训程度、图像质量和应用情况		√
培训	需要高级培训		√
验证/准确率	非常依赖于成像条件		√

重叠对图像质量敏感。由于图像质量下降会减弱确定个体特定位置的能力，结果会降低重叠法的准确度。此外，特定目标主体的姿态变化或者表情变化等，也会引入误差和不确定性。

除非两幅图像是在理想成像条件下捕获的，大多数视频截图重叠后不完全匹配。然而，非常缓慢的淡入淡出会带来类似错觉的一个完美搭配，一幅图像几乎在不知不觉中就被另一图像取而代之。从一幅图像到另一幅图像并混合在一起，人类的眼睛就会减少感知差异性的能力。快速的淡入淡出可能更强调差异性。一般情况下，擦除和淡化会强化外观的相似之处；而图像之间的切换则会强化外观的不同。正是出于这一原因，擦除、淡入淡出和切换有时候可能会误导鉴定人员，甚至不适合未受过训练的专业人员使用。

几种人像比对鉴定方法各有优点和限制，实际应用时要根据比对的目的，适当选取。方法的选择取决于图像的质量、鉴定者的经验以及比对的目的。不管选择哪种方法，比对中得出的重复性和准确性的结论都依赖于图像的质量。一般图像质量越低结论越弱。高分辨率图像(可观测到如斑和皱纹等细节特征)是最佳比对图像。其中整体法和形态分析法适用于图-人和图-图比较，而测量法和重叠法适用于图-图比较。实际中，人像比对鉴定往往根据待检图像的特点，将上述几种方法结合使用。

2.4　人像比对鉴定的理论依据

2.4.1　相貌的特定性

相貌的特定性是指每个人相貌总体上各不相同的属性，这也是人像比对鉴定的客观依据。尽管每个人相貌的五官形态和配置关系大体一致，同一种族、同一民族或同一地区的人在某些相貌特征上有共同之处，特别是有血缘关系的人，相貌特征可能非常相似，但每个人的骨骼、肌肉、皮肤等生理结构及营养健康状况、生活条件各不相同，因此面部五官的各个具体特征是各不相同的。这也是人像比对鉴定的理论依据。

2.4.2　相貌特征的相对稳定性

相貌特征的相对稳定性是人的相貌在发育成熟后，能保持基本特征不变的属性。人的相貌特征有共同性，又有特定性；既有变化，又在相当时期内保持相对稳定，这就是人像比对鉴定的科学依据。

2.4.3　人像比对鉴定的理论基础

人像特征的稳定性决定了人的面部特征的比例关系、稳定性和特定性。在正常拍摄下，同一人的照片在角度相同、比例关系不变的情况下，对两张以上近期的照片进行测量，只要其中一组对应数据相同，那么其他对应数据也必然相同(忽略测量误差和表情差异)。反之，如果非同一人，会出现多组数据不同。这是人像比对鉴定的重要理论基础。

2.5　人像比对鉴定的历史及发展

2.5.1　法医照片比对的历史

法医图像分析早期可以追溯到 1851 年，Marcus A. Root (马库斯)进行法医图像认证的第一个记录示例。FBI 实验室从 20 世纪 30 年代开始进行照片检测。从肯尼迪遇刺案中运用照片模拟手法，使用人脸重叠比对开始，到 1968 年的银行保护法案证实照片的来源，FBI 更加认识到照片比对的重要性，并拟定了照片比对原则：

(1) 照片比对是评估图像特征和已知目标的一致性，使专家给出认定或者排除的意见。

(2) 照片比对包括不限于人脸–人或者人–人的比对，目标比对(含服装、车辆、武器等)，以及图像和相机比较(认证相机和图像同源)。

(a) 人脸比对：监控图像中描绘的未知目标和已查明的犯罪嫌疑人；

(b) 目标比对：如监控图像中描绘的车辆与那些处于调查中找回的车辆；

(c) 质疑图像与已知相机比对：确定被拍摄的图像是否是由所使用的照相机所拍摄。

国际上能够进行照片比对的实验室有美国 FBI、陆军刑事调查实验室、沃索威斯康星州犯罪实验室，加拿大法医科学中心 (安大略省)、皇家骑警 (RCMP)，荷兰法医研究所 (NFI)等。随着监控录像、数码相机(包括手机)和互联网(包括网络摄像头)的普及，社会上图像和视频证据在逐步增加，执法机构数字图像和视频处理能力也在逐步增强，人像比对鉴定的迫切性凸显出来。图 2.5.1-1 为历史上的照片比对案例。

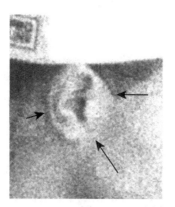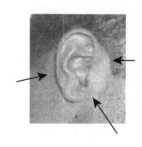

图 2.5.1-1　历史上的照片比对案例

2.5.2　人像比对鉴定的发展历史

要了解法医科学人像比对鉴定的发展历史，首先要了解以前的人像比对鉴定方法及优缺点。

1. 英国蒂奇伯恩身份鉴定案件(1871 年)

人像比对鉴定的报道最早出现在 1871 年的英国著名的"Tichborne Claimant"身份鉴定案件。通过照片比对最后鉴定早期照片不是其本人，从而开启了人像照片鉴定的先河。

蒂奇伯恩(Tichborne)于 1854 年因海难丧生。母亲坚持他会幸存，她在报纸上悬赏找他。1866 年，索赔人自称蒂奇伯恩，母亲接受他做儿子，但因其举止不雅，家族成员认定他是骗子并开始调查他。如图 2.5.2-1 所示，左图为蒂奇伯恩本人照片(1853 年)，右图为索赔人照片(1874 年)，中图为混合图像。1874 年，刑事法院陪审团通过人像照片比对认定他不是蒂奇伯恩，判他 14 年监禁。现在我们知道 DNA 身份检验可以解决这个问题。1998 年，这个案例被拍成电影 *Tichborne Claimant*。

图 2.5.2-1　蒂奇伯恩本人照片、混合图像及索赔人照片

2. 第一套身份鉴定系统——贝蒂荣系统(1879 年)

在指纹系统作为普遍的身份验证手段之前，还出现过一种贝蒂荣(Bertillon)系统，它曾被许多国家用作标准的罪犯身份鉴定方法。

很早以前，一些国家就感觉有必要给罪犯以某种标记。原因之一是对罪犯的惩罚，使罪犯和其他人意识到罪行的可耻，以避免犯罪；原因之二是因为罪犯再次犯罪的概率较大。一种公认的社会准则是，对于惯犯应该加重处罚。因此，在捕获一名罪犯后，很有必要检查他以前是否犯过罪。

在古代，给罪犯增加标记的办法比较残酷，包括制造烙印、刺字、纹身等，一些地区甚至采用砍手指或其他器官的办法。随着文明的进步，对人权的逐步尊重，这些残酷的方法逐渐被废止。但是，鉴别惯犯的必要性依然存在。一些惯犯为了减轻自己的处罚，往往采用假身份等隐瞒自己以前的犯罪史。因此有必要发展一套有效的方法来鉴定罪犯的真实身份。

阿方斯·贝蒂荣(Alphonse Bertillon)是法国的人类学家、犯罪学家、警官和生物特征识别技术研究员，于 1879 年发明了第一套被广泛接受的基于生物特征的身份鉴定系统。这套方法又被称为贝蒂荣系统或 Bertillonage，或者人体测量学(anthropometry)，曾在许多国家被用作标准的罪犯身份鉴定方法。

贝蒂荣系统的主要功能有三项：

(1) 测量嫌疑犯身体。贝蒂荣系统测量并记录人体的物理特征，这些特征包括头长度、头宽度、中指长度左脚长度和肘长度等数字特征，还包括头发颜色、眼睛颜色、脸部的正面和侧面像等。每个指标细分为 "小""中"和"大"三类，还可以记录小手指长度和眼睛颜色。图 2.5.2-2 为贝蒂荣系统测量犯罪嫌疑人。

(2) 归档系统。系统创建档案追踪嫌疑人，记录罪犯的人体测量数据及正面和侧面的脸部照片，这些记录作为重复犯罪的唯一标识符，见图 2.5.2-3。执法人员使用贝蒂荣系统确定嫌疑人是否有被拘捕记录。系统采用一套标准化识别特征，能够使用信息检索和交叉引用等复杂筛选方法。

图 2.5.2-2　贝蒂荣系统测量犯罪嫌疑人

图 2.5.2-3　贝蒂荣系统拍摄正面和侧面照片以区别鼻子特征

(3) 拍摄犯罪现场。编写相关文档研究受害者的身体和死亡情况。使用高三脚架的相机，镜头朝向地面，警察摄影师自上而下观察犯罪现场及受害者身体中所有细节。如图 2.5.2-4 所示。

图 2.5.2-4　贝蒂荣系统拍摄犯罪现场

贝蒂荣系统测量并记录人体的物理特征。这些特征包括头颅长度、脚长度、前臂长度、躯干长度、左中指长度等数字特征，还包括头发颜色、眼睛颜色、脸部的正面和侧面像等，这些数据记录在特定的卡片上。按照这些特征，贝蒂荣将人分为 243 类。当一个新罪犯被逮捕后，首先按照指定的程序记录这些特征数据。如图 2.5.2-5 所示，他的数据卡片将按照贝蒂荣类进行标记和分处存放以方便人工检索。设想一个 5000 人的卡片库，则每个类中大约只有 20 个卡片，这样进行人工检索是相当方便的。

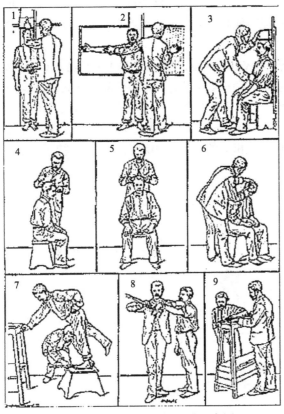

图 2.5.2-5　贝蒂荣系统测量示意图

每个人都有独特的身体部位，测量和比较这些特征可以区分个人。1884 年，贝蒂荣系统帮助捕获 241 个重犯，显示了该系统的有效性。执法人员使用贝蒂荣系统确定嫌疑人是否有被拘捕记录。执法机构开始创建档案记录罪犯及其人体测量数据，以及正面和侧面的脸部照片。

这套系统开发后迅速得到广泛的认可，成为刑事侦查的可靠、科学方法。警察部门开始使用贝蒂荣方法来拍摄谋杀现场。许多国家利用贝蒂荣系统跟踪和控制本国公民和移民情况。

1882 年，巴黎警察局首先采用了贝蒂荣系统，随即扩展到整个法国和其他欧洲国家。1887 年，美国也引进了这套系统。这套系统在将近 30 年内，主导着欧洲和美国刑事犯罪鉴定案件，做了上千个案例，得到了广泛的认可，成为刑事侦查的可靠、科学方法。

随着使用的广泛化，贝蒂荣系统的缺点逐渐暴露出来。这些缺点包括：①分类太少。当卡片档案急剧增加时，每个类中的数量也急剧增加，人工检索变得相当困难。②测量困难。贝蒂荣系统中的很多特征难以准确测量，并需要工作人员的高度认真和罪犯的良好配合。工作人员的培训也成为一个很大的负担。几起判别错误证明了贝蒂荣系统特征不能唯一确定罪犯的身份。最著名的一次错误来自于 1903 年的一次误识。

1903 年，一名叫 Will West 的犯人被关进 Kansas Leavenworth 监狱，West 称自己以前从没有犯过罪。工作人员测量了他的贝蒂荣特征，发现与一名叫 William West 的人的贝蒂荣特征十分相近；另外，两人的正、侧面照片也几乎相同，如图 2.5.2-6 和表 2.5.2-1 所示。后续调查显示，William West 从 1901 年开始也被关押在同一个监狱里。他们具有几乎相近的姓名、相貌以及贝蒂荣特征。

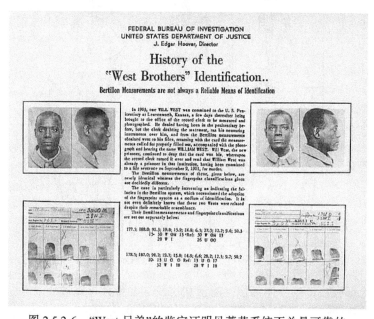

图 2.5.2-6 "West 兄弟"的鉴定证明贝蒂荣系统不总是可靠的

表 2.5.2-1 贝蒂荣系统对"West 兄弟"的特征测量值 （单位：cm）

测量值	头长	头宽	中指长	足长	前臂长	身高	小指	躯干长	臂宽	耳长	颏宽
Will West	19.7	15.8	12.3	28.2	50.2	178.5	9.7	91.3	187.0	6.6	14.8
William West	19.8	15.9	12.2	27.5	50.3	177.5	9.6	91.3	188.0	6.6	14.8

很显然，两人并非同一人，也并非双胞胎，但两人惊奇地相似。当比较两人的指纹时，发现他们的指纹不同。这个案例推翻了当时应用最广泛的三种身份鉴定办法：姓名、相貌以及贝蒂荣特征，加速了贝蒂荣系统的淘汰，也推动了指纹系统的广泛应用。

虽被指纹系统替代，但贝蒂荣系统的正、侧面的证件照却永久保留下来。贝蒂荣是首次将人体测量学用于罪犯研究的人。此外，他还是第一个提倡真实记录犯罪现场照片，制定相机技术同时摄取人像的正面和侧面轮廓照片的人。他甚至以自己为模特拍摄照片，如图 2.5.2-7 所示。

图 2.5.2-7　贝蒂荣系统拍摄的贝蒂荣本人的侧、正面照片

2.5.3　人像比对鉴定的相关论著

1. 著作方面

国外从 2000 年开始就陆续出版了与人像法医鉴定相关的书籍，书籍封面和出版时间如图 2.5.3-1 所示。

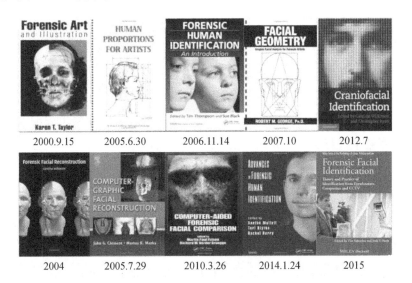

图 2.5.3-1　国外关于人像鉴定方面相关书籍封面和出版时间(网络图片汇总)

2015 年，Wiley Blackwell 出版了《法医人像鉴定》(*Forensic Facial Identification*)，介绍了人像鉴定及人脸图像识别与监控的进展和问题，最后还提到视频录像鉴定的比对与评价。

同年，英国还发布了《法医图像比对和物证》白皮书，介绍了人像比对的技术流程和解释以及适合作比对鉴定的图像原则。白皮书首次以书面形式提出了"人像比对鉴定是仅次于 DNA 比对和指纹比对的法庭鉴定手段"。这些结果提供了一定的理论基础，为人类学和法医学积累了资料。图 2.5.3-2 为《法医图像比对和物证》白皮书封面。

Forensic Image Comparison and Interpretation Evidence: Guidance for Prosecutors and Investigators

Issue 1

Issue Date: 16ᵗʰ January 2015

图 2.5.3-2　《法医图像比对和物证》白皮书封面

国内方面，2010 年，席焕久等主编的《人体测量方法》(第二版)系统介绍了人体形态的观察和测量方法。1985 年，邵象清编著的《人体测量手册》是国内众多对头面部形态观察和测量的基础。图 2.5.3-3 为两本测量著作的封面。

2. 论文方面

2001 年，公安部物证鉴定中心的张继宗和纪元等报道了两个案例，分别采用形态学和测量学进行比对，并归纳出个体识别特征。

国内其他学者在近 20 年间也针对我国的部分地域、部分民族人的面部(如耳、眼、鼻、口等)形态和测量特征进行了专门的研究。这些结果提供了一定的理论基础，为人类学、法医学和人像比对鉴定积累了资料。

在形态比对方面，一百多年前，Imhofer 认为采集 500 个耳样本，找到 4 个指标就可以区分不同人。1978 年，Hammer 给出了具体的人体形态学鉴定指标。1993 年，Iscan 修改部分指标形成 39 项观测指标，这些指标为面部形态观测奠定了理论基础。

图 2.5.3-3　两本测量著作的封面

1996 年，Vanezis 和 Lu 选取 50 个白种男人照片，分别由 7 个不同的人进行独立观测，这些照片的视角分别为前面、左侧、右侧及左右 3/4 视图，并综合 Hammer 和 Iscan 的观察指标，最终选出 25 个指标，共计 118 类别，这些形态指标是当前应用最广的对个体照片进行同一认定的可信度高的形态指标。

在人类学测量比对方面，1972 年，Kaya 和 Kobayashia 在 9 处面部结构部位建立 10 个距离。1992 年，Catterick 以人类学测量和形态测量为基础或者两者联合，通过观测人脸特征提高面貌比对的可靠性。1994 年，Brwie 创建脸部特征数据库形成特征结构联合的唯一性。1994 年，Neave 强调测量学的要求，面容相对相机镜头必须在同一角度符合同一标准位置，依赖标准照片的一致性。

人像比对鉴定的几种方法在论文中也多次应用。如 2010 年，Davis 和 Valentine 在论文中给出测量法的正面和侧面的特征比对示例。如图 2.5.3-4 所示，Davis 和 Valentine 在论文中给出测量法的特征比对示例。

通过测定距离测量参数、角度测量，最后综合给出测量法的特征指标和特征值。

而 2012 年，Kleinberg 在论文中给出测量法的另外一种表示和特征示例，主要涉及测量特征的比值参数，如图 2.5.3-5 所示。

2008 年，Roelofse 综合测量法与形态分析法给出分析特性，利用比值参数分类并综合测量指数组合特征来判断人脸各区域的属性。图 2.5.3-6 是论文涉及的关键点和利用比值参数分类来判别人脸属性。

2011 年，Ritz-Timme 对 3 个国家的 900 人作了形态特征分类，对绝对值测量特征统计了均值和方差，对相对值测量指数特征统计了均值和方差，最后给出统计特征分析。

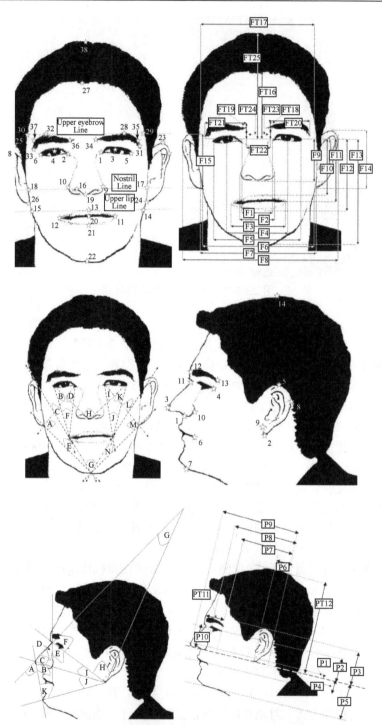

图 2.5.3-4 Davis 和 Valentine 在论文中给出测量法的特征比对示例

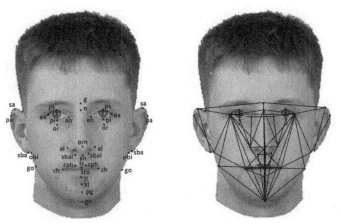

图 2.5.3-5　Kleinberg 在论文中给出测量法的另外一种表示和特征示例

指数	分类
前额大小指数 100*g-tr/gn-v	(1) 低 ≤21.9 (2) 中 22~28 (3) 高 ≥28.1
面指数 100*gn-n/zy-zy	(1) 短, 宽 ≤78.9 (2) 中 79~92.9 (3) 长, 窄 ≥93
眼角间指数 100*en-en/ex-ex	(1) 近 ≤36.9 (2) 中 37~46 (3) 很远 ≥46.1
鼻指数 100*al-al/n-sn	(1) 窄 ≤54.9 (2) 中 55~99.9 (3) 宽 ≥100
鼻面指数 100*n-sn/gn-n	(1) 短 ≤37.9 (2) 中 38~46 (3) 长 ≥46.1
鼻脸宽指数 100*al-al/zy-zy	(1) 窄 ≤31.9 (2) 中 32~36 (3) 宽 ≥36.1
口指数 100*ls-li/ch-ch	(1) 薄 ≤34.9 (2) 中 35~44.9 (3) 厚 ≥45
垂直口高指数 100*ls-li/gn-n	(1) 低, 薄 ≤15.9 (2) 中 16~22 (3) 高, 厚 ≥22.1
上唇厚指数 100*ls-sto/ls-li	(1) 薄 ≤31.9 (2) 中 32~44 (3) 厚 ≥44.1
下唇厚指数 100*li-sto/ls-li	(1) 薄 ≤51.9 (2) 中 52~62 (3) 厚 ≥62.1
口宽指数 100*ch-ch/ex-ex	(1) 窄 ≤54.9 (2) 中 55~66 (3) 宽 ≥66.1
颏大小指数 100*li-gn/gn-n	(1) 短 ≤19.9 (2) 中 20~29 (3) 长 ≥29.1

图 2.5.3-6　Roelofse 论文涉及的关键点和利用比值参数分类来判别人脸属性

2.5.4　人像比对鉴定的发展现状

　　基于图像分析的人像比对技术研究是一个面向应用的问题，人像鉴定是新兴的刑事技术鉴定，它主要是对于安全监视录像中记录的犯罪嫌疑人人像进行比对鉴定，对罪犯面部形态特征进行鉴定。通过与案件有关的人像照片和嫌疑人照片所反映出的相貌特征进行比较检验，确定两张照片是否为同一人或者为不同人，以此为根据为侦查破案提供线索和证据。

　　人像比对鉴定系统涉及图像处理、模式识别、机器学习及法医学等相关知识和关键技术的积累与突破，目前市场上还没有见到成型的产品被用户使用。国外也有研究机构在从事类似产品的开发，但同样也没有检索到成熟的产品在市场上推广使用。

　　目前人像鉴定手段基于手工操作，存在着技术难度大、鉴定时间长、工作效率低、测量精准度不够高、结果较主观等问题。人像鉴定因其独特的专业性，对人像鉴定人员要求极高。而人像鉴定中出具同一性鉴定的难度很大，急切需要一款人像鉴定分析系统软件，以提高特征测量的精度，提高专业鉴定人员的工作效率，为法医学人像鉴定提供更加可靠的辅助分析工具，提高法医学的自动化水平。

2.5.5　人像比对鉴定的著名案例

　　跳舞人鉴定是一个著名的人像鉴定案例。这是发生在 1945 年 8 月 15 日，在澳大利亚悉尼伊丽莎白街道上，一名记者拍摄到一个人的快乐表情和舞蹈，播放在澳大利亚版的有声新闻纪录片电影中。在澳大利亚历史和文化中，这部象征着第二次世界大战胜利的电影有着重要的地位。图 2.5.5-1 是跳舞人在庆祝胜利时被拍摄到的原始照片，左下角是根据这张照片制作的 1 澳元的正面图案。

图 2.5.5-1　跳舞人在庆祝胜利时被拍摄到的原始照片和 1 澳元的正面图案

　　澳大利亚皇家铸币厂选择 Ern Hill 做 1 澳元硬币上的跳舞人，Ern Hill 是一个退休电工。但是退休律师 Frank McAlary 声称他是真正的跳舞人，并且有御用大律师 Chester Porter 和前任赔偿法院法官 Barry Egan 作证。这样就产生了跳舞人的归属之争。为了表明自己是真正的跳舞人,Ern Hill 甚至模仿了当年的舞蹈动作。图 2.5.5-2 是争议双方的老年人像,左图是 Frank McAlary,中图是 Ern Hill,右图为老年 Ern Hill 模仿跳舞人姿态。

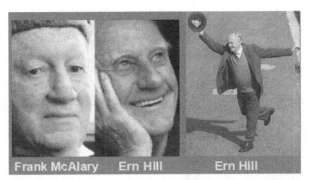

图 2.5.5-2　Frank McAlary,Ern Hill,以及 Ern Hill 模仿跳舞人姿态

最后法医解剖学家(悉尼科技大学)、法医生物学家、高级讲师 Meiya Sutisno,根据澳大利亚版的有声新闻纪录片录像带(跳舞人原始视频)和一张含 Frank McAlary 各年龄照片(1942~2005 年)以及与跳舞人相似性比较的法庭视频片段的 CD,分别用几种方法给出了 48 页的"跳舞人"鉴定的签字报告(No.06-2001)。

利用形态分析法来评估脸、头和体,通过细分各个部件,获取完整的定性分析,以测定绝对可视的相近性和差异性,从多张照片的不同角度比对,如后视图、3/4 后视图、侧面图、3/4 视图、前视图等,通过不同视角比较和多处特征(如个性特质、识别特征、独特标识或习惯特质及种族特征)匹配,最后结论为同一人。

利用照片重叠法,在计算机上重叠两张相同视角的可供比较的放大照片,通过 Photoshop 软件减少 30%~50%透明度和另一张放在一起比对,用 PPS 动画展示可视的叠加效果,给出匹配细节。结论显示多处细节可以匹配。

跳舞人鉴定结论:跳舞人和 Frank McAlary 多处特征相似,为同一人。

2.6　人像识别的基本概念

2.6.1　人像识别的定义

人像识别(facial recognition, FR)是将嫌疑人像与计算机人脸数据库中的人像依次进行比较,自动搜索计算机人脸数据库(一对多),产生一组由计算机评估的按照相似度排序的人脸图像。一般相似度最高的排在前面,较低的排在后面。排序列表中可能包含也可能不包含原始嫌疑人,也不能由此判断此嫌疑人就是在这个序列中。图 2.6.1-1 为人像识别例图。

人像识别使用的是生物特征识别技术,提取及测量并可自动识别生物特征或行为特征，自动处理前期发生的事件，主要用于筛选环境，其速度为秒级，序列中排在前面的有很高的相似度。人像识别一般需要有人脸数据库，便于检索和识别。在世界范围内，人像识别主要替代密码和个人身份证号码启用门禁系统。

图 2.6.1-1　人像识别例图

2.6.2　人像识别的应用

下面两个例子为人像识别的典型案例。

例 1，国内婚恋网站，采用人脸识别技术，从海量数据中筛选出与用户上传照片最相似的人脸，为单身男女"牵线搭桥"，本质上就是看哪一对年轻人最有"夫妻相"。

例 2，百度魔图软件，曾经推出一款 HTML5 游戏，用户自拍或上传照片后，游戏就会告诉你和哪个明星相似，相似度是多少。

人像识别技术，对识别精度要求不高的娱乐应用，是可以满足要求的。

2.6.3　人像识别的释疑

1. 人像识别易出错

对于安全等级高的场景，人像识别精度就很不理想。最戏剧性的案例是，澳大利亚悉尼机场曾采用一套具有最高识别精度的人像识别系统，希望在乘客中识别出恐怖分子，而这套人像识别系统的精度实在让人失望，识别错误率较高，曾出现过把正常出入境人员识别为恐怖分子的情况。

2. 如果人变老了，还能使用人像识别吗？

目前的人像识别技术，对于 2 至 3 年内的面部特征变化，是可以接受的，但是更长的时间跨度后，人像识别的准确性就会不太可靠。

3. 人像识别能分辨双胞胎？

双胞胎，有时候机器比人识别得要好。我们看双胞胎，脸挺像，鼻子挺像，这是一种感性认识，而机器用的是逻辑算法，要给出一个相似度。如果摄像头更加精细，能看到纹理，我们能把人脸分成更多关键点，就有可能分辨双胞胎。

4. 整容之后还能认出来吗？假如有人化浓妆呢？

整容之后，你应该先换身份证。因为我们要做的，是你和身份证上的照片一致。人像识别技术如果用在金融领域，要控制风险，整容肯定是通不过的。

化浓妆这件事，要看目的是干什么。如果你去金融机构开户，对方的审核员也会对你有所要求，比如不能戴眼镜，不能戴美瞳。只要是简单的淡妆，不是超浓妆、烟熏妆，不破坏脸部本身的特征，是可以识别的。

5. 拿着打印的照片会不会蒙混过关？

人像识别技术现在是分两步，第一步是证明你是主体——人，第二步才是证明你是你。保证站在摄像头前面的是一个人，而不是一张照片，这就是第一步，证明你是人。要求被识别人连续做三段交互视频，算法实时监测，能观测到每个观测点的细微动作，然后对此进行判断，比如对于一个正常的人，他的眼皮睁合程度应该有一定规律，是有一套规则的，如果不符合规则，他就过不去。

6. 人像识别率高吗？

在全世界，可能会找到很多具有相似性的面孔，所以说，人脸的辨别性有一定的局限性，它并没有那么独一无二。

7. 人像识别的优势是什么？

现在让所有人都去提取虹膜信息、指纹信息，这个很难，不现实。而我们每个人都有身份证照片，从对比库的角度来看，人像识别是有一定优势的。

2.7 人像比对和人像识别的区别与联系

2.7.1 人像比对和人像识别的区别

1. 人像比对

人像比对(FI)是检查两幅或者更多幅人像的脸、头、体的详细特征，通过确定其差异性和相似性，判断他们是同一人或不同人。比对结果要给出被鉴定人和视频或图像中的犯罪嫌疑人是否为同一人的结论；FI 使用整体法、形态分析法、测量法、重叠法并结合法医学；FI 是精确检查，过程一般需要几天时间；FI 应用在犯罪发生后，协助法庭裁定，需要依据更高的标准；FI 涉及法庭科学领域，大多是经验性质，系统的鉴定理论方法形成较慢；FI 对速度要求不高，但是对准确率要求很高；FI 检材的人像条件是随机的。

2. 人像识别

人像识别(FR)是将嫌疑人与已知的人脸数据库进行一对多的比较，计算机自动搜索人脸数据库，产生一组由计算机评估的按照相似度排序的人脸图像。排序列表中排在前面的人脸图像和嫌疑人有很高的相似度，但不能由此断定排序列表中是否包含或者不包含嫌疑人；FR 使用生物特征识别技术；FR 是筛查，速度为秒级；FR 是应用于前期的自动处理，主要用于大量人脸图像场合中的自动识别；FR 涉及计算机科学领域，研究成果多，新算法不断涌现，目前较热的算法是深度学习；FR 强调实时性和可靠性；FR 的条件是事前离线训练和学习过。

2.7.2　人像比对和人像识别的共同特点

FI 和 FR 的共同特点是都能够找到人脸的差异性特征，协助辨识犯罪嫌疑人和犯罪分子，揭露罪犯的身份，提高办案效率，并增强保护社会的能力。

2.7.3　FBI 关于人像比对和人像识别特点的阐述

FBI 关于人像比对和人像识别也有阐述，认为通常人像识别提供一对多搜索(侦查级)，后续对于重点对象进行一对一人工人像比对鉴定(物证级)。人像比对不应与人类记忆中匹配人脸的面部识别混淆。人像比对需要特定领域的专业知识，如图像学、人体解剖学和统计分析学等，需要专业培训。图 2.7.3-1 为 FBI 关于人像识别和人像比对特点的阐述。

图 2.7.3-1　FBI 关于人像识别和人像比对特点的阐述

2.7.4　FISWG 包含人像比对和人像识别的标准

人像鉴定科学工作组(FISWG)已批准的标准一共有 11 个，关于人像比对的标准有 5 个，关于人像识别的标准有 5 个，缩略语有 1 个。最新的标准更新于 2014 年 8

月。图 2.7.4-1 为 FISWG 包含的已经批准的人像比对和人像识别的标准目录。

已批准的文档

文件名	版本	批准	在线展示
FISWG 总览	2009.06.15	2009.06.15	2009.06.27
FISWG Bylaws	2009.06.18	2009.06.18	2009.06.18
Facial Ldentification Practitioner Code of Ethics	2009.06.18	2009.06.18	2010.06.27

已批准的标准，准则和建议

文件名	版本	批准	替换	在线展示
1. FISWG 缩略语	1.1	2012.02.02		2011.06.03
	1.0	2010.11.18	2012.02.02	2011.01.13
2.人像比对总览	1.0	2010.04.29		2010.06.27
3.人像比对培训能力的指导方针和建议	1.1	2010.11.18		2011.01.13
	1.0	2010.04.29	2010.11.18	2010.06.27
4.人像识别系统指南	1.0	2010.11.18		2011.01.13
5.人像识别系统获取图像和设备评估	1.0	2011.05.05		2011.07.04
6.人像比对方法指南	1.0	2012.02.02		2012.04.20
7.人像比对培训计划建议书	1.0	2012.02.02		2012.04.20
8.人像识别系统方法和技术	1.0	2013.05.16		2013.08.13
9.人像识别系统的DMV使用示例	1.0	2013.05.16		2013.08.13
10.人像比对的形态分析法特征列表	1.0	2013.11.22		2014.08.15
11.人像识别系统的元数据用法	1.0	2014.05.09		2014.08.15

草稿文档

文件名	版本	批准	在线展示
Facial Recognition Systems Bulk Data Transfer	1.0	2009.06.15	2010.06.27
Understanding and Testing for Face Systems Operation Assurance	1.0	2009.06.18	2009.06.18
Standard for Facial Ldentification and Facial Recognition Proficiency Testing Programs	1.0	2009.06.18	2010.06.27

图 2.7.4-1　FISWG 包含的已经批准的人像比对和人像识别的标准目录

第3章 人像检验鉴定的特征

人像鉴定的科学根据在于人像外貌特征具有特征的相对稳定性。人的相貌有共性和个性两方面：共性，表现为人的脸部特征具有基本的比例和基本结构；个性，表现为具体的变化，是由种族、遗传、生长环境、生理和病理等多方面因素形成的区别于他人的特征，是我们能够进行个性认识的基础。本章在详细介绍人的相貌生理特征及相貌解剖特征的基础上，重点介绍人像的检验特征和视频人像的面观特征概念。

3.1 人的相貌生理特征

人的相貌由五官、面型和头型等组成。五官形态、面型差异加上不同组合构成不同特征。人的脸部由五官组成，这些器官具有稳定性质，能够长期不变。但由于人脸是非刚性体，任何表情变化或者生理变化等都会带来相对的不稳定性。所以正确地认识人脸的相貌生理特征是我们进行人像鉴定的最重要的基础。

3.1.1 脑颅特征

脑颅部可以从大小、比例、形状等差异和特征进行了解与分析。

1. 头大小

头大小一般以高度来衡量。黄种人成年男性平均头长为 23cm，小孩的头长在16~18 岁后一般就停止增长。头长和年龄的关系如图 3.1.1-1 所示。18 岁以下的孩童头部成长模型如图 3.1.1-2 所示，呈心形方向几何不变。

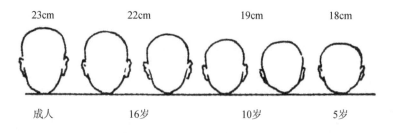

图 3.1.1-1　头长和年龄的关系

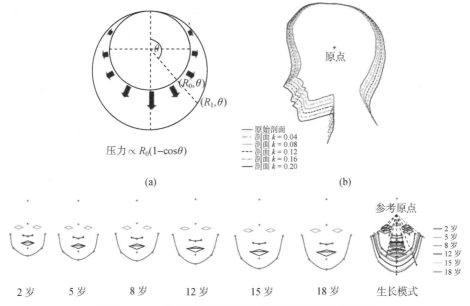

图 3.1.1-2　18 岁以下的孩童头部成长模型(后附彩图)

　　相对于整个身高而言，头长和身高又有一定的比例关系。因此头长除了实际尺寸，还需要结合身高比例才能给出正确的评估。头长和身高的比例关系如图 3.1.1-3 所示。一般来说，1 岁头长大约是身高的 1/4；2~4 岁头长大约是身高的 1/5；5~10 岁头长大约是身高的 1/6；14~16 岁头长大约是身高的 1/7；成年人头长大约是身高的 2/15；个别身材高大者，可达 1/8。

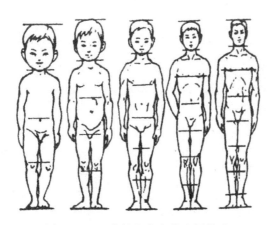

图 3.1.1-3　头长和身高的比例关系

　　随着年龄增长，成人头、额、面的宽度都在缩小。人的头发厚薄、头侧皮下脂肪厚度对头宽值有一定影响；到了老年，由于头发明显稀疏，头侧皮下脂肪减少，所以头会变得狭长些，头宽值也随之下降。老年面宽缩小与颧弓处软组织厚度下降有一定关系。随年龄增长，人的颏下脂肪组织会变厚，从而使面部拉长。

2. 头比例

正面观时头部为卵形。人头部的各个局部部件都有一个基本的比例关系。比例的个性差异成为个性特征的要素之一。"三庭五眼"就是对头部五官位置比例的一般规律性总结。图 3.1.1-4 为五官位置和头部整体比例的关系，如图可见三庭五眼的示意。

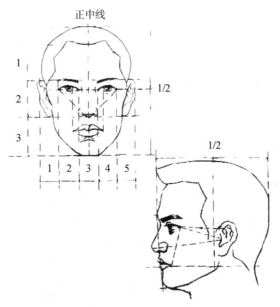

图 3.1.1-4　五官位置与头部整体比例的关系

侧面观时头侧面如斜放的卵形，或者是交叉的两个卵形。眉梢至鬓角等于鬓角到耳轮的距离，眉间到下颏的距离等于眉间到耳轮的距离，如图 3.1.1-5 所示。

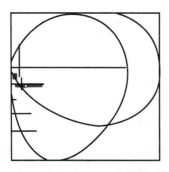
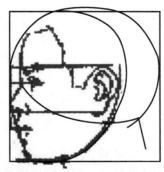

图 3.1.1-5　头侧面的卵形示意

3. 头发特征

头发的发式和发色是可变的，发旋含数目、方向和部位特征。60 岁以上的人，无论男女，有 50%的白发；75 岁以上的人，有 70%的白发。由于生理和病理的原因，有人头发乌黑发亮，有人头发稀疏干枯，有人秃顶，还有人有少白头。秃顶程度一般有轻微秃顶、中度秃顶和完全秃顶。这些特征对人像鉴定有很大作用。

4. 整体特征

脑颅部的上部特征少，只有额部和发际线，但比较稳定。脑颅部的中部特征突出，眼睛、眼睑的形态起很大作用。脑颅部的下部特征少，嘴唇和颌部的变异较大。脑颅部两侧的明显特征是耳朵，对脑颅部的外形也有一定的影响。

3.1.2　脸部特征

脸部范围是指纵向从发际线到下颌，横向双耳外边缘之间的区域。

1. 脸型特征

脸型的量化分类诊断具有重要的指导意义。脸型分类包括形态观察法(即波契分类法、字形分类法、亚洲人脸型分类法、中国人脸型分类法等)和指数法，下面逐一介绍。

1) 波契分类法

波契(Boych)将人类的脸型分为十种：①椭圆形；②卵圆形；③倒卵圆形；④圆形；⑤方形；⑥长方形；⑦菱形；⑧梯形；⑨倒梯形；⑩五角形。如图 3.1.2-1所示。

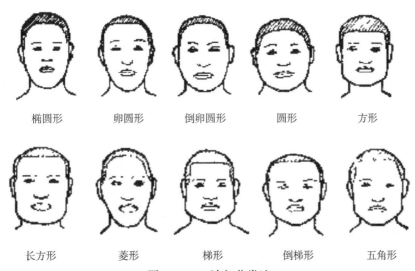

|椭圆形|卵圆形|倒卵圆形|圆形|方形|

|长方形|菱形|梯形|倒梯形|五角形|

图 3.1.2-1　波契分类法

2) 字形分类法

由素描知识可知，外轮廓可以作为人脸粗分类的一个特征，我国在古代已经提出，通过外轮廓可以将人脸分为几大类字形。古代画论中的"相之大概，不外八格"，其中的"八格"为"甲、由、申、田、目、国、用、风"，另外还有"圆、同、王"，如图 3.1.2-2 所示。

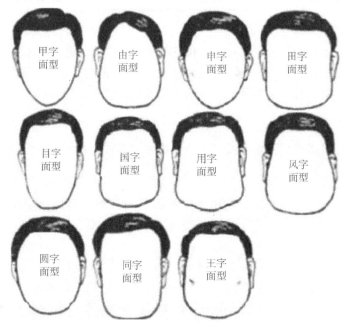

图 3.1.2-2　字形分类法

3) 亚洲人脸型分类法

根据亚洲人脸型的特点，分为八种类型：①杏仁形；②卵圆形；③圆形；④长圆形；⑤方形；⑥长方形；⑦菱形；⑧三角形。如图 3.1.2-3 所示。

图 3.1.2-3　亚洲人脸型分类法(网络图片)

4) 其他分类

(1) 根据人侧面轮廓线分为六种：①下凸形脸型；②中凸形脸型；③上凸形脸型；④直线形脸型；⑤中凹形脸型；⑥和谐形脸型。

(2) 女性面部脸型分为八种类型：①圆形；②椭圆形；③方形；④长方形；⑤菱形；⑥三角形；⑦倒三角形；⑧坠腮形。如图 3.1.2-4 所示。

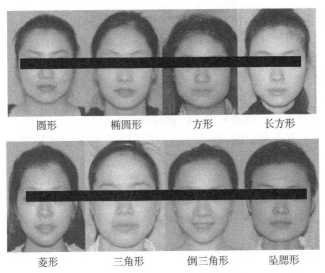

圆形   椭圆形   方形   长方形

菱形   三角形   倒三角形   坠腮形

图 3.1.2-4   女性脸型分类

(3) 公安部试行标准中将人脸正面观脸型分为椭圆脸、圆脸、长方脸、方脸、倒大脸、三角脸、菱形脸、狭长脸和畸形脸等 9 种类型，如图 3.1.2-5 所示。这是按照几何形体对我国现代人头面部外形提出的分类标准。

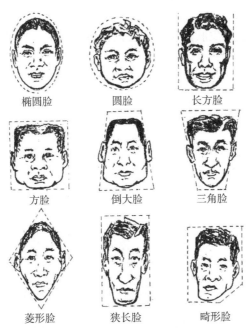

椭圆脸   圆脸   长方脸

方脸   倒大脸   三角脸

菱形脸   狭长脸   畸形脸

图 3.1.2-5   公安部试行标准的脸型分类法

5) 头面部指数分型法

头面部指数分型法是用形态面高和面宽比值组成各种不同的指数，以表示头面部各部分的比例与形态特征。为量化分型，把面型分为五类：超阔面型、阔面型、中面型、狭面型、超狭面型。

定义面型的形态指数为脸的高度和宽度的比值(形态面高/面宽×100)。

(1) 超阔面型：形态指数 < 78.9，很宽的脸。

(2) 阔面型：形态指数为 79~83.9，与中面型相比较宽的脸型。

(3) 中面型：形态指数为 84~87.9，好看适中的脸。

(4) 狭面型：形态指数为 88~92.7，有点瘦的脸。

(5) 超狭面型：形态指数 > 93，很瘦的脸，猴脸。

2. 肤色特征

肤色深浅与黑色素含量和分布有关。长期户外工作的人肤色较黑，粗糙；贫血患者面色苍白；肝胆病患者面呈黄色；艾迪生病患者面为青铜色。

被誉为"西方人类学鼻祖"的德国哥廷根大学教授布鲁门马赫，根据肤色，把人类划为五大人种：

(1) 高加索人种(白)：皮肤白色，头发栗色，头部几成球形，面呈卵形而垂直，鼻狭细。

(2) 蒙古人种(黄)：皮肤黄色，头发黑而直，头部几成方形，面部扁平，鼻小，颧骨隆起，眼裂狭细。

(3) 非洲人种(黑)：皮肤黑色，头发黑而弯曲，头部狭长，颧骨突起，眼球突出，鼻厚大，口唇胀厚。

(4) 美洲人种(红)：皮肤铜色，头发黑而直，眼球陷入，鼻高而宽，颧骨突出。

(5) 马来人种(棕)：皮肤黄褐色，头发黑而缩，头部中等狭细，鼻阔，口大。

3. 前额特征

前额定义为发际线至眉心线间区域。前额的特征表现在纵向的高、中、低变化，横向的宽、中、窄变化，侧面观的倾斜度变化，整体观的大、中、小变化。前额的轮廓受发际线的影响，发际线的形态位置是影响前额特征的主要因素。图 3.1.2-6 为前额的形态。

宽额　　　　　　中等　　　　　　窄额

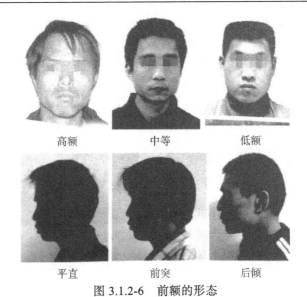

高额　　　　　　　中等　　　　　　　低额

平直　　　　　　　前突　　　　　　　后倾

图 3.1.2-6　前额的形态

发际线通俗来讲就是人的面部与人的头发之间的交界线。小孩子的发际线一般都不是很清晰的，也没有成型。到青少年的时候，人的发际线就比较清晰了，大约 18 周岁的青少年的发际线就已经基本定型。随着人的年龄的增长，人们都会有不同程度的脱发现象，伴随着发际线的逐渐升高，也称后退，前额纹出现。

4. 眼睛特征

眼睛为重要部位，由眼眶、眼睑、眼球组成。眼眶决定了眼的大小；上眼睑、下眼睑及眼裂决定了眼开闭时的形态；眼睑保护眼球的外皮组织，与皮肤相连；睑裂外端为外眦，锐利，内端为内眦，内眦处有一隆起为泪阜；眼球有突出、凹陷等情况，眼球被眼睑包着，眼睛开时，巩膜占 2/3，虹膜占 1/3。

1) 眼睑

眼睑俗称眼皮，是使眼睑开合的部分，分上眼睑和下眼睑，上眼睑的最大开裂程度为睑裂。上眼睑和覆盖眼眶边缘的皮肤交界处形成眶上沟。眶上沟明显者，眼窝深陷。

内眦处由上眼睑微微下伸，遮掩泪阜而呈一小小皮褶，称蒙古褶。蒙古褶明显者皱襞完全覆盖泪阜，中等者覆盖一半，微显者稍微覆盖泪阜，如图 3.1.2-7 所示。

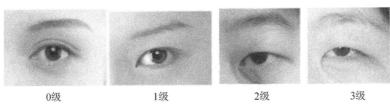

0级　　　　　　　1级　　　　　　　2级　　　　　　　3级

图 3.1.2-7　蒙古褶的分类(网络图片)

　　上眼睑分单睑和重睑。单睑是上眼睑眉弓下缘到睑缘间皮肤平滑，睁眼时，无皱褶襞形成，俗称单眼皮。重睑是上眼睑皮肤在睑缘上方有一个浅沟，当睁开眼时，此沟以下皮肤上移，而此沟上方皮肤则松弛在重睑沟处悬垂向下折叠成一横行皮肤皱襞，俗称双眼皮。重睑皱褶情况有差别，微显者皱褶接近睫毛；中等者皱褶距睫毛 1~2mm，明显者皱褶距睫毛 2mm 以上。图 3.1.2-8 为重睑的程度。

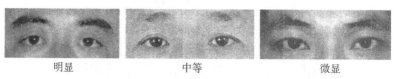

明显　　　　　　　　　　中等　　　　　　　　　　微显

图 3.1.2-8　重睑的程度

2) 眼睛形状

　　眼睛形状就是眼裂形状。眼裂两端有内外眼角。根据眼裂的几何形状，可分为直线形、三角形、圆形等，各型中眼有大、中、小之分，如图 3.1.2-9 所示。

直线形　　　　　　　　　三角形　　　　　　　　　圆形

图 3.1.2-9　眼睛形状的分类

　　除了按照形状分类，有些也按照俗称来分类，如图 3.1.2-10 所示。

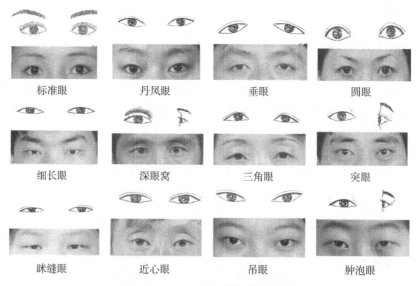

标准眼　　　　　丹凤眼　　　　　垂眼　　　　　圆眼

细长眼　　　　　深眼窝　　　　　三角眼　　　　　突眼

眯缝眼　　　　　近心眼　　　　　吊眼　　　　　肿泡眼

图 3.1.2-10　眼睛形状按照俗称分类

根据眼部形象又可以分为苍老目、鲤鱼目、暴目、鼠目、无神目等,如图 3.1.2-11 所示。

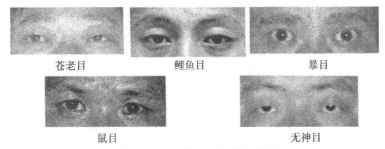

苍老目　　　　　　鲤鱼目　　　　　　暴目

鼠目　　　　　　　　　无神目

图 3.1.2-11　眼睛按照形象分类

根据黑眼球的相对位置分上视目、下视目、外斜目、内斜目等,如图 3.1.2-12 所示。

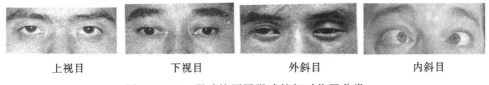

上视目　　　　　　下视目　　　　　　外斜目　　　　　　内斜目

图 3.1.2-12　眼睛按照黑眼球的相对位置分类

随年龄增长,外眼角会出现鱼尾纹,眼袋加大,眼角下垂,上眼睑耷拉松弛,两眼内角间距离会变小,60 岁以上男性的两眼内角间距离比 20~39 岁男性减少了 1mm,而女性则减少了 0.6mm。蒙古褶的出现率会随年龄增长而明显下降,从而导致眼距缩短。

5. 眉毛特征

眉毛起自眼眶上缘,内角延至外角,内端称眉头,外端称眉梢,眉分上列眉、下列眉,上列眉覆盖下列眉,两列眉相交成眉尖,形成眉的浓密处,眉的主要特征表现在眉的走向、浓淡、疏密、长短,以及眉尖、眉梢的具体形态等。如图 3.1.2-13 所示。

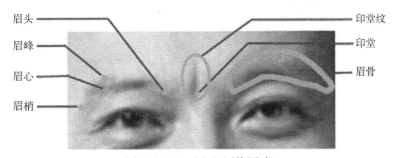

眉头　　　　　　　　　　　　　印堂纹

眉峰　　　　　　　　　　　　　印堂

眉心　　　　　　　　　　　　　眉骨

眉梢

图 3.1.2-13　眉毛(网络图片)

女性眉毛淡细，男性眉毛粗壮浓密。眉毛从形状上分有直线形、弓形、弯折形等；从眉毛长短上分，比眼线长的为长眉，与眼线长度相近的为中等眉，比眼线短的为短眉；从眉毛宽度上分有粗眉、中等眉、细眉；从眉毛倾斜角度上分有水平、内倾斜、外倾斜；从两眉距离上分有紧密型、中等型和远离型。

随着年龄增长，眉毛也会变稀，有人会出现灰白色，部分人的眉毛更加长、突出。

6. 鼻子特征

鼻子从外形上可分为鼻根、鼻梁(鼻骨硬部)、鼻侧、鼻翼、鼻孔和鼻尖。其主要特征表现在鼻的外部轮廓形态、大小、高低；鼻梁的宽窄、曲直、隆起状况；鼻尖的形态、大小、突起程度；鼻孔的形态、大小、仰俯情况；鼻翼的形态、大小等。鼻梁形状分为凹形、直形和凸形，如图 3.1.2-14 所示。鼻尖形状分尖小形、中间形和圆钝形，如图 3.1.2-15 所示。

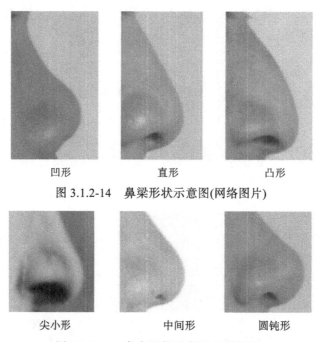

|凹形|直形|凸形|

图 3.1.2-14　鼻梁形状示意图(网络图片)

|尖小形|中间形|圆钝形|

图 3.1.2-15　鼻尖形状示意图(网络图片)

随着年龄增长，鼻子的宽度则会增加，这与鼻翼的形态变化有关。鼻翼沟变深，鼻尖由上翘变为下垂。

7. 嘴唇特征

嘴唇主要由上唇、下唇组成，闭在一起时只有一条横缝，即口裂，口裂两头为口角。其特征主要表现在口的闭合形态，大小，上唇、下唇的具体形态，厚薄程度，口角的走向，口裂线的形态以及牙齿的形态、大小、排列状况、突出程度等。如图 3.1.2-16 所示。

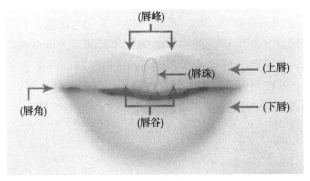

图 3.1.2-16　嘴唇示意图

上唇中部有一条发育程度不同的纵沟，称人中。人中的长短反映口唇皮肤的高度。按照口裂宽度，分为窄型、中等、宽大三种。按唇的厚度有薄、中、厚之分，唇厚度是口轻轻闭合时，上下红唇部的厚度，一般分四类：小薄唇，厚度 4mm 以下；中等唇，5mm；偏厚唇，9~12mm；厚凸唇，大于 12mm。上下唇厚度一般不一致，下唇通常比上唇厚。按上下唇的关系分为三类：凸唇，上唇皮肤明显前突，非洲人多凸唇；正唇，大体直立，亚洲人大多正唇；缩唇，唇部面后缩，白种人多缩唇。如图 3.1.2-17 所示分别为凸唇、正唇和缩唇的示意图。

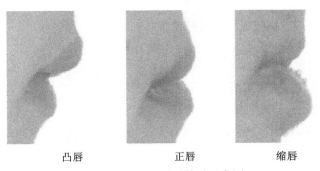

凸唇　　　　　　　　正唇　　　　　　　　缩唇

图 3.1.2-17　上下唇关系示意图

随年龄增长，会出现口角纹，嘴唇厚度会明显变薄，如男性下嘴唇厚度从 20~39 岁的 9.1mm 缩小到 60 岁以上的 7.6mm，女性从 20~39 岁的 9.4mm 缩小到 60 岁以上的 7.3mm。原因是上年纪后，嘴唇会往口腔里缩，所以老年人上嘴唇特别薄。同时，口宽会变大，60 岁以上男性口宽为 52.2mm，比 20~39 岁男性的 50.1mm 增加了 2.1mm，而女性则从 47.8mm 增加到 49.8mm，增加了 2mm。而这可能与口角皮肤松弛有关。因此，随年龄增长，嘴巴的形态会变得越来越狭长。由于老年人的嘴唇变薄，鼻和口之间的距离会增大，人中就变长了。两颊的胖瘦，体现在下颌角骨两侧。另外，嘴角也会下垂下陷，唇色淡灰暗无光泽，干燥无弹性。

8. 耳朵特性

外耳显于外形的部分称"耳廓"，耳廓突起的部分由耳轮、对耳轮、耳屏、对耳屏等构成，并且形成了耳廓前侧的突起结构；耳廓凹下的部分称耳窝，包括耳舟、三角窝、耳甲艇、耳甲腔，形成了耳廓前侧凹进的结构。耳朵的主要特征表现在耳廓的形态、大小、外张情况，以及耳轮、对耳轮、耳屏、对耳屏、耳垂的具体形态，宽窄、厚薄及两耳的相对位置等。如图 3.1.2-18 所示。

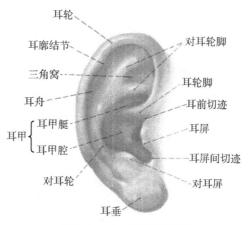

图 3.1.2-18　耳朵示意图

耳形有三角形、椭圆形、长方形和圆形；耳垂有圆形、方形、三角形；耳屏轮廓有尖形、圆形和分叉形；耳外展程度情况有紧贴型、外展型，其中外展型又分为全外展、上部外展和下部外展三种。

随着年龄增长，成年人的耳朵会越来越长，宽度也会增加。如 60 岁以上男性耳朵长度为 67.1mm，与 20~39 岁男性相比增加了 5.1mm；宽度为 32.1mm，增加了 1.6mm。而 60 岁以上女性的耳朵长度为 64.4mm，比 20~39 岁女性增加了 6.5mm；宽度为 31.8mm，增加了 2.8mm。我国民间说法，即年龄越大耳朵越长，有两种可能，一是成年后人耳还在继续缓慢生长，二是耳的皮肤下垂造成的，但是究竟是哪种原因，还是两者共同起作用的结果，还有待于继续研究。部分年长的人耳朵会变薄。

9. 胡须特征

胡须俗称胡子，泛指生长于男性上唇、下巴(又称颏)、面颊、两腮或脖子的毛发。性成熟后开始生长，40 岁以上逐渐增多。胡须特征主要指胡须的生长方向、长短、浓淡、疏密、粗细等特点。胡须有形状之分，如络腮胡子、山羊胡子。胡须的发达程度分为极少、少、中等、多和极多等。

随着年龄增长，男子胡须出现灰白色。

10. 特殊特征

特殊特征主要指病理、生理及其他外在因素造成的疤痕、痣、疣、病残、五官缺陷等。脸部白斑是后天得的色素缺乏症，形状不定，大小不一。痣是皮肤上局部性赘生物，颜色不同，大小不一，表面光滑，多数高出皮肤表面；疣是乳头瘤病毒引起的赘生物。此外，还有麻脸、疤痕等都属于特殊特征，这些特征在个性鉴定时有很重要的作用。

11. 表情特征

人的表情变化引起某些表情肌收缩。表情肌的收缩带来了脸部五官的运动和变化。表情肌是皮肌的一部分，表情肌的基本功能是以开、闭面孔为前提。脸部肌肉以其功能可以分为两群，一群是关闭口裂、眼裂和鼻孔的肌；另一群是开启和扩张孔裂的，为辐射状肌。表情有几种类型：平静、愉快、悲苦、正直、丑恶、思考、惊惧、敬慕、厌恶。

人的思想情绪好坏直接影响人的表情，而人的表情是通过肌肉运动来表现的。人的喜怒哀乐引起眉梢、口角、眼角、口唇等部分相貌特征变化。

12. 皱纹特征

皱纹是肌肉运动后在皮外产生的凹沟。有永久皱纹，是衰老的表现，如额纹、泪囊纹、眼角纹等；还有暂时性皱纹，如笑纹、皱眉纹等。永久皱纹一般是 35 岁以后开始出现，40 岁以后明显，年龄大则加深增多。皱纹与个人生理及生活环境、营养状况、身体状况、职业等都有密切关系。

皱纹有两种：一种是与肌肉纤维方向相反，如额肌纤维方向为直的，额纹是横的，在口、眼部呈放射状；另一种是肌与肌之间，由于肌肉的松弛形成凹线，如鼻唇沟、颏唇沟等。皱纹最活跃的部分是口眼周围。脸部表情肌的功能是开、闭口和眼，所以口眼周围皱纹最多最复杂。皱纹特征主要是指皱纹的生长部位、走向、长短、深浅、粗细、条数及排列等。

3.2　人像检验特征

人像特征是人体外貌各部分生长特点的具体征象。此外，人脸五官的位置关系和五官的比例关系也是人像检验时必须考虑的检验特征。人像鉴定特征依据前面介绍的人相貌生理特征，形成特有的适用于人像比对鉴定的形态特征，测量特征等。鉴定机构根据这些特征，进行检验鉴定，作出确定性、非确定性、不具备检验条件等鉴定结论。下面就对这些人像特征进行介绍。

3.2.1　形态特征

人的头部在外形上分为脑颅和脸面两部分,因此头部形态特征可分为脑颅部形态特征和脸部形态特征。

1.脑颅部形态特征

人的头部肌肉比较浅薄,头的基本造型特征是由头骨的形状决定的。头部骨骼的形态与细节都会在头部外表上显露出来,并决定着头部的形体特征。

脑颅部的骨骼(额骨、颞骨、顶骨、枕骨)决定了头的整体形态、大小和头顶的长短等;颜面部的骨骼(颧骨、鼻骨、上颌骨、下颌骨)决定了脸部的具体形状和比例。头面部骨骼如图 3.2.1-1 所示。详细的头骨关键测量点和各部分介绍见附录 6。

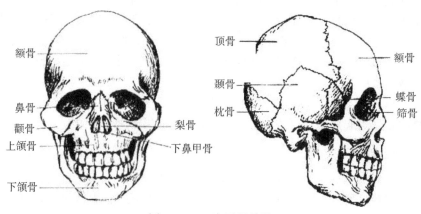

额骨　　　　　　　　　　　　　　　　顶骨　　　　　　　　额骨

鼻骨　　　　　　　　　　　　颞骨　　　　　　　　蝶骨
颧骨　　　　　　　梨骨　　　枕骨　　　　　　　　筛骨
上颌骨　　　　　　下鼻甲骨

下颌骨

图 3.2.1-1　头面部骨骼

面部肌肉位置浅表,起自颅骨的不同部位,止于面部皮肤,主要分布于面部孔裂周围,如眼裂、口裂和鼻孔周围,面部肌肉可分为环形肌和辐射肌两种,有闭合或开大上述孔裂的作用;同时,牵动面部皮肤,显示喜怒哀乐等各种表情。即人的各种表情及语言都是通过面部肌肉的运动所表现出来的。详细的肌组织介绍见附录 6。

2. 脸部形态特征

人脸面部形态特征列表根据细节等级不同分为两个部分。第一部分为人脸组件,是实际比对时要考虑的总体特征,通常包括脸部、额头、眼睛、耳朵、鼻子、口、下颌、疤痕和痣等。第二部分为组件特征,通过提供详细特征和他们相关的特征描述的列表,扩展到人脸组件的精细部分。如条件允许,可以对这些组件作进一步细分,如耳朵包括耳轮、对耳轮、耳屏、对耳屏等。人脸详细信息可以细分多个尺度。表 3.2.1-1 是人脸部件示例,描述了脸上第一次细分。图 3.2.1-2 为脸部分区示意图。表 3.2.1-2 是正面部件组件形态特征示例(额头)。

表 3.2.1-1　人脸部件示例

编号	人脸部件
1	脸
2	颧
3	额头
4	眉毛
5	眼睛
6	鼻
7	耳
8	嘴
9	下巴
10	人中
11	眉眼距
12	鼻唇沟

图 3.2.1-2　脸部分区示意图

表 3.2.1-2　正面部件组件形态特征示例(额头)

特征	特征值	特征值例图	特征值说明	特征说明
额型	圆		额头发际线位置呈半圆状	额头在整个头部形状占约 1/3 的位置，额的形状大小与脸型没有必然的直接关系
	尖		额头较高，呈凸起状。额基本上接近头顶或与头顶部相连。头顶的头发也较少	
	平		额形基本呈方形，靠近发际线位置较直	

人的相貌生理特征中所描述的特征均列入人像形态特征列表。此外，脸部部件间的配置关系，即五官在面部的相对位置以及五官的位置关系也可以计入人像形态特征列表。五官的位置关系指五官在面部的排列情况，如眉、眼、耳、发对称关系，以及眉、眼、鼻、口等相邻器官的排列关系等。还有某一器官与周围组织的运动关系，如眼睛的形状、朝向、凹凸与眉弓骨的关系等。详细的形态特征项和特征列表见附录 3 和附录 4。

3. 形态特征出处

人像的形态特征来源于国外 FISWG 的标准以及国内的行业标准 GA/T 1023—2013《视频中人像检验技术规范》，GA 240.24—2003《刑事犯罪信息管理代码第 24 部分 体貌特征分类和代码》和司法部的声像技术鉴定规范中关于人像鉴定的部分。关于标准的详细介绍见附录 2。部分形态特征也参考了《人体测量手册》和《人体测量方法》这两本经典著作。因这部分涉及的内容较多，形态特征的具体内容还在不断地扩充中。

4. 不同年龄性别的形态特征

男性颅骨体积大而厚，肌嵴粗壮发达，隆起明显。头部轮廓较方。额骨整体宽而倾斜，额丘不明显，枕部突出。眉弓显著突出，上下颌骨宽，颏方。眉较浓，鼻梁较高，鼻子较大，鼻翼较宽。口型转折明显，嘴唇较厚。颧骨较突出，颅底长。在外貌上，男性头部线条趋于刚直，形体起伏较大。

女性颅骨体积相对较小，颜面的隆起和结节部位没有男性显著，但额丘、颅顶丘较突出，骨面光滑，颜部趋圆。眉弓不显著，额结节明显，肌肉丰满。颧骨不突出，轮廓较圆，额骨窄而平直。眉弓不显著，颏尖，眉较淡，呈弧状。鼻较小，鼻翼较窄而低。嘴唇较薄，耳形转折不如男性明显。在外貌上，女性头部线条趋于柔和，形体起伏较小。

男性和女性头部外貌与头骨正、侧面示意图见图 3.2.1-3。

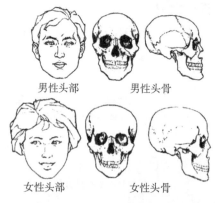

男性头部　　　　男性头骨

女性头部　　　　女性头骨

图 3.2.1-3　男性和女性头部外貌与头骨正、侧面示意图

　　老年人骨骼突出，眉弓明显突出，眼球内陷，眉毛变长，鼻骨显露，唇薄内敛。脸部皱纹多，额部横纹，眉间纵斜纹，外眼角鱼尾纹，口角周围有皱纹。头部顶丘因毛发稀疏而十分显著，牙齿脱落，因而牙床凹陷。面部缩短，五官集中，嘴部收缩，下颏突出前翘。

　　幼儿颅部骨骼大，面骨短，脑颅体积占头部的 5/6，面颅仅占头部 1/6。头顶骨隆起，额丘高而显著，下颌小而圆。脑颅大，额部内收，鼻根到嘴唇距离较短。眉弓平，眉淡短，眼眶平，眼睛大，内眼距宽。鼻小圆，口小。

3.2.2　测量特征

　　除了人像面部的形态特征，还有人脸部件间的比例关系特征及包括五官的比例关系特征，即五官本身和五官间的大小、长短、宽窄的比例关系。为此，需要在人像上选取面部若干个生理关键点，然后对关键点间的距离、比例关系以及各连线交叉组合成的角度等进行测量。

　　1. 生理关键点

　　综合相关资料，选定特征生理关键点一共 80 个，其中常用生理关键点 67 个，为配合人像全面描述而补充关键点 13 个。人像正面和侧面生理关键点序号和位置如图 3.2.2-1 所示。

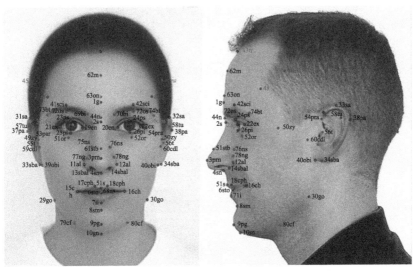

图 3.2.2-1　人像正面和侧面生理关键点序号和位置

　　头部保持耳眼平面时，关键点具有详细位置定义，举例如表 3.2.2-1 所示。表中还记录有该关键点的中文名称以及英文名称和缩写。关键点的详细列表见附录 3。

表 3.2.2-1　人像面部关键点举例

序号	中文名称	英文名称	缩写	点	定义
1	眉间点	glabella	g	1	额下部鼻根上方、两侧眉毛间隆起部(眉间)最向前突出的一点

2. 关键点出处

关键点来源于现行的国家标准 GB/T 2428—1998《成年人头面部尺寸》，同时参考了《人体测量手册》和《人体测量方法》。三维人像的关键点模型参考 Basel 的三维人像位置定义，如图 3.2.2-2 所示。详细对应表见附录 3。

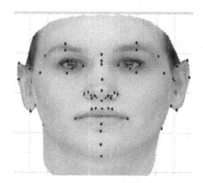

图 3.2.2-2　Basel 三维人像正面关键点

3. 基础测量特征

选定了关键点，就可以根据关键点的信息，计算关键点间的直线距离、距离间的比例关系以及各连线交叉组合成的角度，以此作为人像的基础测量特征。如图 3.2.2-3 所示为正面人像面部测量特征标识示例。图中可以计算几个直线距离，

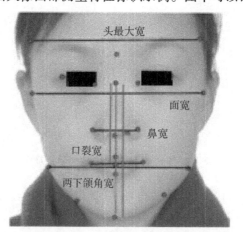

图 3.2.2-3　正面人像面部测量特征标识示例

例如，头最大宽为两个头侧点间的直线距离，面宽为两个颧点间的直线距离，两下颌角间宽为两个下颌角点间的直线距离等。

通过计算这些基础测量特征，可以获取人脸部件间的比例关系以及五官本身的比例关系，从而确定个性化的人像特征，为人像鉴定奠定基础。基础测量特征列表在附录 3~附录 5 中均有详细介绍。

3.3　多面观下人像检验特征

3.3.1　面观概念

将人的头部看成三维空间中的刚体，那么，不同姿态的人脸图像是由三维刚体绕 X，Y，Z 轴旋转得到。三维人脸分别绕 X，Y，Z 不同轴旋转后，投影到二维空间，就得到各种不同姿态角度的人像，如图 3.3.1-1 所示。

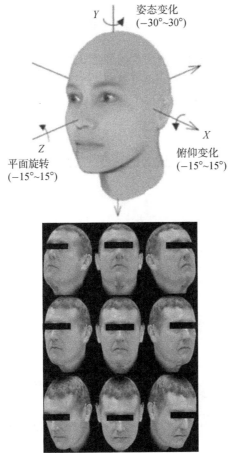

图 3.3.1-1　人头的三维空间模型和人脸不同姿态角度的二维投影

人的头部的运动范围有限，一般只能左右转动、偏斜或前俯、后仰，在转动的过程中，面部五官产生不同的透视变化。头部和五官透视变化示意图如图 3.3.1-2 所示。

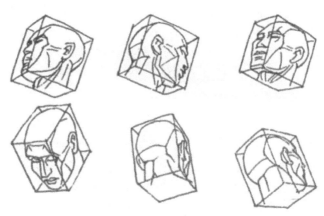

图 3.3.1-2　头部和五官透视变化示意图

上述不同透视变化，就是多个面观的变化。这些不同姿态角度的人像，就形成了不同的面观。面观的概念可以参考《人体测量方法》。具体来说，面观可以细分为正面观、侧面观、水平前面观、水平后面观、俯面观、仰面观、枕面观、顶面观等。具体介绍见表 3.3.1-1。

表 3.3.1-1　多面观一览表

多面观	三维坐标	图例	说明
正面观	水平 0°，俯仰 0°，倾斜 0°		面朝正前方，头部正直。通过面部眉间、鼻梁、下颏结的一条中轴线与双眉弓、双鼻翼、口裂三条水平线相互垂直。头部上下、左右两侧的形体结构部位均呈现基本对称的状态
侧面观	水平 90°，俯仰 0°，倾斜 0°		面朝左侧或者右侧，头部侧直。因头部形体的透视变化，通过面部眉间、鼻梁、下颏的中轴线变为弧形曲线，成为面部轮廓边缘线。只可见一侧眉弓、鼻翼、眼睛、耳朵。耳廓内部清晰可见。另一侧完全看不到。头部后轮廓中线可见

续表

多面观	三维坐标	图例	说明
水平前面观	水平旋转0°~90°，俯仰0°，倾斜0°		头部依靠胸窝左右的胸锁乳突肌、后部斜方肌的伸拉与收缩作用而左右转动。当头部转向左侧或右侧时，因头部形体的透视变化，从眉间到鼻梁、下颏的中轴垂线变为弧形向左或向右的曲线。两眉弓、两眼、两鼻翼、两嘴角的距离因透视而缩短
水平后面观	水平旋转90°~180°，俯仰0°，倾斜0°		头部依靠胸窝左右的胸锁乳突肌、后部斜方肌的伸拉与收缩作用而左右转动。当头部转向左后侧或右后侧时，因头部形体的透视变化，面部中轴轮廓线已不可见。只可见一侧鼻尖、耳朵等。耳廓外部还清晰可见。头部后轮廓中线可见
俯面观	水平0°，俯0°~45°，倾斜0°		双眉弓、双鼻翼、口裂三条水平直线呈现为弧形向下的曲线。双耳位置下移，头顶部、前额部面积扩大，面颊部、下颏、嘴、鼻之间距离缩小
仰面观	水平0°，仰0°~45°，倾斜0°		双眉弓、双鼻翼、口裂三条水平直线呈现为弧形向上的曲线，双耳位置上移，头顶部转向看不见的后面，前额、眉弓、鼻头之间的距离缩小，嘴与下颏、腮角、颈部之间的距离扩大
枕面观	水平180°，俯仰0°，倾斜0°		两侧顶骨后缘突出。正面部不可见。头后部上下、左右两侧的形体结构部位均呈现基本对称的状态

多面观	三维坐标	图例	说明
顶面观	水平 0°，俯仰 90°，倾斜 0°		颅顶呈卵圆形，前窄后宽。轮廓处可见鼻尖、耳廓顶部

因水平前面观和水平后面观有一定的角度跨度，所以可以进一步细分，如表 3.3.1-2 所示。

表 3.3.1-2　水平前、后面观的细化分类表

多面观	三维坐标	图例	说明
水平前面观	水平旋转约 10°，俯仰 0°，倾斜 0°		左右耳不对称，遮挡一侧耳上基点，耳下基点
	水平旋转约 20°，俯仰 0°，倾斜 0°		遮挡一侧部分耳朵
	水平旋转约 30°，俯仰 0°，倾斜 0°		遮挡一侧耳朵，眉梢临界，另一侧耳朵内轮廓渐显

续表

多面观	三维坐标	图例	说明
水平 前面观	水平旋转约 40°,俯仰 0°, 倾斜 0°		右(左)外眼角和脸轮廓相交
	水平旋转约 50°,俯仰 0°, 倾斜 0°		鼻尖和脸轮廓相交
	水平旋转约 60°,俯仰 0°, 倾斜 0°		唇边缘凸出于脸轮廓边缘
水平后 面观	水平旋转 90°,俯仰 0°, 倾斜 0°		看不到黑眼珠
	水平旋转约 110°,俯仰 0°,倾斜 0°		看不到外眼角

多面观	三维坐标	图例	说明
水平后面观	水平旋转约130°，俯仰0°，倾斜0°		仅能看到一侧的脸轮廓

3.3.2　基础特征随面观的变化

1. 形态特征随面观的变化

形态特征作为人像本身所特有的描述特征，基于图像中人像面部的可见性。但随着面观的变化，可见的形态特征也会随着变化。不同的面观下，会有不同的观察重点。如正面观人像要注意颜面的整体形态，要分析发际线、颞部、面颊及下颌各部分的具体形态；侧面观人像要偏重枕骨的凹凸程度和颜面侧面轮廓形态等。因此要根据不同面观，侧重不同的形态分析特性。

我们针对正面观人像把形态特征项作了长度、宽度、高度和深度几个方向的分类。当人像发生面观变化时，根据变化的方向，如水平或者垂直方向的变化，观察形态特征随面观的变化情况，分清稳定特征项和非稳定特征项，这有助于提高人像鉴定的准确性。

2. 测量特征随面观的变化

随着面观的变化，面部可显现的关键点数量会有相应的变化。有些关键点随着五官的透视关系变化会有消隐，同时有些关键点也会逐步由不可见变为显现。关键点的变化会直接导致基础测量特征的改变。如正面观的人像在水平旋转的过程中，脸部单侧关键点会逐渐消隐，水平方向的宽度特征值会随之缩短，但垂直方向的高度特征值会一直保持不变；但正面观人像在俯仰过程中，情况正好相反，水平方向的宽度特征值会保持不变，垂直方向的高度特征值会逐渐缩小。具体特征需要视具体面观的情况来确定。图 3.3.2-1 是人像从正面观向侧面观的水平旋转过程中，关键点的变化情况示例。

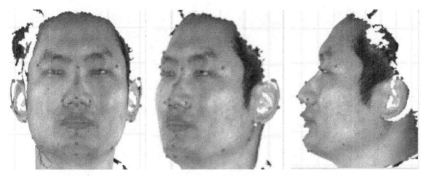

图 3.3.2-1 关键点随不同面观发生变化

3.3.3 补充测量特征

除了基础测量特征，还有一些独特的和面观有关系的特征，在下面介绍。

1. 轮廓曲线特征

轮廓曲线是人的头像软组织轮廓或者是颅骨的弯曲形态。轮廓曲线有 9 条，分别如下：

(1) 头穹窿曲线：头缘点开始至后脑的形态。

(2) 眉弓曲线：侧位眉突形态。

(3) 鼻背曲线：鼻骨尖形态。

(4) 下颌角曲线：颅骨下颌角形态。

(5) 下颌曲线：下颌颏部形态。

(6) 后头(颅后)曲线：侧位后头枕形态。

(7) 前额曲线：侧位额部形态。

(8) 颏前(颏前/颏隆凸)曲线：侧位颏结节形态。

(9) 颧曲线：颅骨颧弓形态。

不同面观下轮廓曲线的体现是不一样的。图 3.3.3-1 中显示了不同面观下的 9 条轮廓曲线示意图。

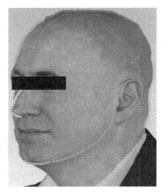

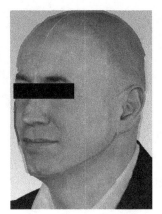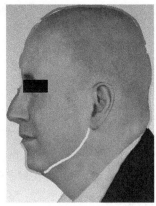

图 3.3.3-1　不同面观下的轮廓曲线示意图(后附彩图)

　　表 3.3.3-1 以正面观为例，给出轮廓曲线和水平偏转角度间的关系，"+"表示可见，"–"表示不可见。

表 3.3.3-1　轮廓曲线和水平偏转角度间的关系

轮廓曲线	水平偏转角度/(°)					
	0	15	30	45	60	90
头穹隆	+	+	+	+	–	–
眉弓 (左)	+	+	+	+	+	–
眉弓（右）	+	+	+	+	+	+
鼻背	+	+	+	+	+	+
下颌角 (左)	+	+	+	–	–	–
下颌角 (右)	+	+	+	+	+	+
下颌	+	+	+	+	+	+
后头	–	–	–	–	–	+
前额	–	–	–	–	–	+
颏隆凸	–	–	–	–	–	+
颧 (左)	+	+	+	–	–	–
颧 (右)	+	–	–	–	–	–

2. 标志线特征

标志线是颅相重合使用的脸部特殊标记线段。标志线有 7 条，分别如下：

(1) 正中线(tr-gn)：发缘点到颏下点的连线。

(2) 眼外角点间线(ex-ex)：眼外角点间连线。

(3) 眉心点间线(sc-sc)：连接眉上点的连线。

(4) 鼻下点线(-sn-)：过鼻下点和口角点间线平行的线段。

(5) 口角点间线(ch-ch)：连接口角点间的连线。

(6) 眼内角点垂线(en-ch)(两条)：过眼内角和口角点的连线(有两条)。

(7) 颏下点线(-gn-)：过颏下点和口角点间线平行的线段。

不同面观下，标志线的体现是不一样的。图 3.3.3-2 为正面观、水平前面观和侧面观的标志线示意图。

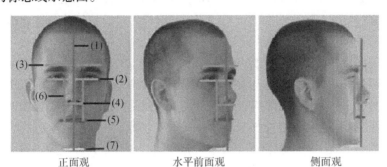

正面观　　　　　　水平前面观　　　　　　侧面观

图 3.3.3-2　标志线示意图(后附彩图)

3. 辅助线特征

人像面部在不同面观下，还有一些比较特殊的辅助线，如图 3.3.3-3 所示。此外还有著名的人脸"三庭五眼"法的辅助线，如图 3.3.3-4 所示。这些辅助线有助于进一步测量人像的个性化特征，提高人像的鉴定能力。

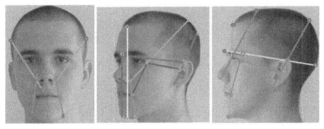

图 3.3.3-3　不同面观下的辅助线示意图(后附彩图)

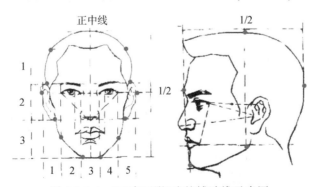

图 3.3.3-4　"三庭五眼"法的辅助线示意图

3.4　人像检验特征的选取原则

通过前面的分析，我们得到了众多的人像检验特征，那么在实际检验过程中，如何选取这些特征，特征选取的优先级别，什么样的检验特征才是符合检验要求的特征等问题将在本节解答。

人像的特征检验就是要研究每个特征的一般形状、形式、大小、相互位置、彼此之间的距离等。人像鉴定首先要以检材人像照片为基础，再从样本人像照片上选取同部位的可靠而真实的相貌特征进行比对，也就是要确认检材照片和样本照片是否有可比性。这样就要求被选择的照片要具备清晰而不是模棱两可的相貌特征以及不易变化或变化较小的相貌特征。人像检验特征的选取是人像鉴定的重要环节，人像检验特征的选取应遵循下列原则。

1. 分清人像检验特征价值高低

人像检验特征包括整体特征、局部特征和细节特征。特征价值有高有低，一般来说，整体特征出现率高，价值较低，如脸型特征等；局部特征和细节特征出现率低，价值较高，如特殊标记特征等。

2. 应以检材人像为主

在选取人像检验特征时，应以检材人像为主，遵循"先整体，后局部，再细节"的原则，注意选取特征价值高的局部和细节特征。

3. 寻找特殊标记特征

在选取人像检验特征时，如果能够在人像上找到由于人的生理、病理及损伤等原因而产生的特殊标记特征，如瘤、痣、斑、麻、斜眼、歪嘴、兔唇、纹身、疤痕、残疾等，则具有特殊意义。所以这类特殊标记特征将作为人像检验的首选特征。

4. 寻找出现率小的特征

尽量找一些出现率较小的特征，如短眉、细眉、淡眉、上扬眉、连接眉、两眉间距较大，或者鼻尖小、鼻梁窄、鼻梁向左或右弯、鼻翼薄而小、鼻尖在鼻底线下、鼻尖高于鼻底线、鼻孔小或者口裂短、口角上扬、口鼻间距小，或者下颌大，或者耳大、耳上部或下部外张、耳轮窄小、耳轮中下部残缺、对耳轮宽、对耳轮直、耳屏小、耳垂分离，或者牙齿不整齐、有牙损、有牙疾、牙齿有缝隙、有假牙等，这些都是人像鉴定可以选择的重点特征。

5. 找时间较近的样本照片

供比对的照片较多时，应选择拍照时间较近的照片作为主要照片，其他为辅。

6. 选择组合特征

选择组合特征，从特征组合的角度来分析确定，如眉的粗细、浓淡、方向、眉眼关系、两眉关系等。

7. 不满足检验条件的特征选取

虽然人像的头部颜面特征在人像鉴定中的价值是最大的，但针对个别视频图像质量较低的情况，即使作了清晰化处理依然无法观察到人像的面部细节。针对这种检验条件不充分的情况，应尽可能地寻找视频中被鉴定人的其他特征，例如，人像的面部表情特征，如微笑、抿嘴、蹙眉等个体习惯动态特征；也可寻找人像的体态特征，即人体在拍摄时头部、四肢、腰部等身体的习惯姿态和动作；还可寻找人像的穿戴特征，即拍摄对象的穿着习惯和佩带物，如领带和鞋等，尽可能给出相对比较丰富的信息。

总之，选择可比对的相貌特征要求既科学又客观，同时还要排除其他情况所引起的变化的相貌特征。

第 4 章　人像检验鉴定检材的甄选

人像检验鉴定一般包括两个子阶段：取样和检验分析。在人像鉴定中，需要将检验材料中的图像和样本中相应的图像进行比对，才能作进一步的判断。因此，获取符合检验条件的检材人像对鉴定结果起着重要的作用。检材的图像质量是鉴定准确性的保证。

4.1　适合人像检验鉴定的图像质量原则

1. 足够的分辨率

图像分辨率反映了图像表现不同大小对象的能力，特别是表现较小对象的能力。分辨率不足会降低图像质量，给人像比对鉴定工作带来一定的困难。

一般来说，人脸像素值低于 500 时，面部五官特征几乎分辨不清，熟悉的人仅能通过脸型进行辨别。当人脸像素值高于 1000 时，面部五官特征基本可以体现出来，熟悉的人可以识别。当人脸像素值高于 2000 时，面部五官特征可以看出，并进行五官描述。

分辨率的高低将直接影响人脸部特征和特征细节的辨识。图 4.1-1 为不同分辨率的人脸示例图。对于高分辨率图像，我们能够较为清晰地辨识面部特征、五官的细节。而低分辨率情况下，面部特征及五官的形状、细节信息丢失，在对这类视频图像进行人像鉴定时，首先要分析哪些特征是可辨识的，哪些特征是不可辨识的。

图 4.1-1　不同分辨率的人脸示例图

人像比对鉴定的结论依赖于图像质量。一般来说，图像的分辨率越低，结论说服力越弱。高分辨率图像(可观测到如斑和皱纹等细节特征)是最佳的比对鉴定图像。为了使图像达到足够的分辨率，可以通过改进传感器以提高其成像的分辨率，或者是利用低分辨率图像或图像序列, 通过信号处理的方法重建一幅高分辨率图像或图像序列的超分辨率图像。

2. 均匀光照

在均匀光照条件下, 可以得到直方图色调范围很宽且比较均匀的图像。从图 4.1-2(a)所示的直方图中, 可见色调范围涵盖整个区间, 且分布均匀, 图像看起来层次比较清晰, 对比度比较强, 可识别的人像照片色阶范围较大。

大多数相机通过自动曝光得到直方图峰值在中间的图像, 但是直方图峰值的分布往往还取决于实际拍摄场景的色调范围, 如果拍摄场景太暗或太亮, 同样会出现直方图偏向某一端的情况。

对于光线较差的图像, 色阶丢失较多, 色阶范围小, 如果拍摄条件为顺光, 但面部缺乏明显对比度, 反差小, 主色调出现在高光区, 如图 4.1-2(b)所示。如果拍摄条件为逆光, 人像面部色阶范围较小, 五官特征反差很小, 不易分清, 主色调出现在低光区, 如图 4.1-2(c)所示。

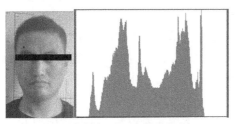

(a) 正常光线下的面部色阶分布

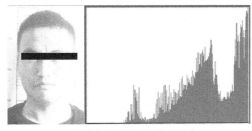

(b) 顺光条件下的面部色阶分布

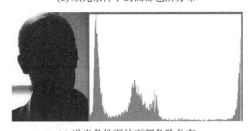

(c) 逆光条件下的面部色阶分布

图 4.1-2　不同光照条件的图像及直方图

3. 相似表情

由于脸部的柔性运动，不同的脸部特定部位肌组织的特定运动，就会产生不同的表情。许多学者研究过表情分类，基本的情感表情分类有 7 种，分别是高兴、悲伤、惊讶、恐惧、愤怒、厌恶和平静。无论是哪种表情，五官肌组织都要配合相应的动作，发生形状和位置的变化，其中最典型的表情变化部件就是眼睛、眉毛、鼻子和嘴。这些部件的不同运动表现出丰富的面部表情。

这些表情特征变化在人像鉴定过程中，对面部特征及特征的细节判定会有一定影响，如果是相同表情则影响要弱一些，如果是非相同表情会增加辨识难度，如微笑的表情对应忧伤沮丧的表情，眼角、嘴角及眉头的变化幅度都会影响到这些特征细节的判断。因此，人像鉴定时，选取相似表情的人像进行比对鉴定会更有说服力。

4. 最小压缩失真

由于数字图像存在很大空间上的冗余信息，因此在保存图像时，会进行一定的数据压缩，达到节省存储空间的目的。人眼对图像的亮度信息反应敏感，而对彩度信息反应不敏感，图像压缩就是基于人眼的这个特性来进行。在图像压缩操作中，一般对亮度信息采取较小的压缩比，而对彩度信息采取较大的压缩比，从而达到图像数据的大量减少，而人眼几乎看不出图像的变化。

在 Photoshop 软件中以 JPEG 格式保存时，提供 11 个压缩级别，用 0~10 级表示，其中 0 级压缩比最高，图像品质最差。即使采用细节几乎无损的 10 级质量保存，压缩比也可达 5:1。以 BMP 格式保存时得到 4.28MB 的图像文件，当采用 JPEG 格式保存时，其文件大小仅为 178KB，压缩比达到 24:1。

JPEG 是联合图像专家组(Joint Photographic Experts Group)的缩写，是第一个国际图像压缩标准，也是使用最广泛的图像压缩标准。JPEG 由于具有优良的品质，因此被广泛应用于互联网和数码相机领域，网上 80%的图像都采用了 JPEG 压缩标准。

现实中使用相机或者手机进行拍照时，若不进行其他刻意的设置，默认输出的就是 JPEG 格式的图像。比如我们用相机拍摄一幅照片，之后拷贝到计算机上，可以看到照片的格式、存储大小、相机制造商之类的属性。若图像格式为 JPEG，表明这幅图像经过了一次 JPEG 压缩。

TIFF 格式是由 Aldus 和 Microsoft 公司共同为计算机出版软件和扫描仪研制的较为通用的图像文件格式之一。TIFF 格式的最高压缩比可达 2:1~3:1，是一种非失真的文件压缩格式。这种压缩是对文件本身的压缩，即把文件中某些重复的信息用一种特殊的方式记录下来，因此，TIFF 格式的优点是文件最终可保证质量的完全还原,并能够保持原有图像的颜色和阶调层次，缺点是图像占用空间较大。TIFF 格式虽被认为是无损压缩，但因其占空间较大，现实中最小压缩失真的 JPEG 格式应用较广，为常见的人像检验的最佳比对鉴定图像格式。

5. 最小扭曲和畸变

采用摄像机和线结构光照明获取场景中对象的信息时，为了获得更大视角的景物视频信息，在路测系统中一般采用广角摄像机镜头。摄像机光学系统，特别是短焦距、广角镜头的系统，与理想的小孔投影模型相比，有一定的差别，从而导致三维场景中的物体点实际在摄像机平面所成的像与理想成像之间存在一定程度的非线性光学畸变。光学系统的非线性畸变会随着视场的增大而迅速增大，光学系统的非线性畸变并不会影响图像的清晰度，但对于成像几何位置的精度有比较大的影响，由于非线性畸变的存在，空间中的一条直线经过成像后变成一条曲线。光学系统的视角较小的时候，这种非线性畸变就会变得不明显。畸变的存在不利于图像的分析、辨认和判断。图像畸变校正可以改善这种非线性畸变。无扭曲和畸变的图像是人像检验鉴定的最佳比对鉴定图像。

6. 最小遮挡

犯罪嫌疑人为了躲避摄像头的拍摄，常常会在脸部增加伪装和遮挡。任何脸部的遮挡都会影响人像检验鉴定的结果，都会给检验带来一定的难度，比如头套、墨镜、口罩等为常见的遮挡，额头的长发也会起到部分遮挡作用。无遮挡的图像是人像检验鉴定的最佳比对鉴定图像。

7. 拍摄时间间隔足够短

相机曝光时间是指从快门打开到关闭的时间间隔，在这一段时间内，物体可以在底片上留下影像，曝光时间是视需要而定的，没有长短好坏的说法。

比如你拍星星的轨迹，就需要很长的曝光时间(可能是几个小时)，这样星星的长时间运动轨迹就会在底片上成像。如果你要拍飞驰的汽车清晰的身影就要用很短的曝光时间(通常是几千分之一秒)。

曝光时间长，进的光就多，适合光线条件比较差的情况；曝光时间短则适合光线比较好的情况。实际拍摄中掌握不好曝光时间会导致图像质量变差，如出现散焦模糊和运动模糊等。

8. 充分重视的特征

适合人像检验的图像，需要选择能够清晰观察到的相貌特征。例如，特殊特征(瘤、痣、疤痕)，出现率较小的特征(短眉、细眉、鼻尖小、鼻梁窄、鼻孔小，口裂短、口角上扬，耳大耳外张、耳屏小)，拍照时间相近等是人像鉴定必须选择的重点特征。图 4.1-3 为面部有痣的图例。

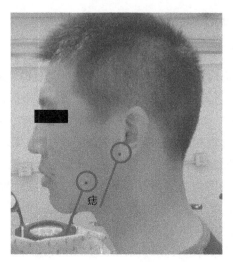

图 4.1-3　面部有痣的图例

9. 感兴趣的关键点

人脸有若干个生理关键点,这些关键点为人像检验鉴定的测量特征提供了重要的信息,详细内容见第 3 章。

10. 无模糊

无论视频还是照片都有可能在拍摄过程中存在不同程度的模糊情况。如拍摄照片的时候没有对准焦,或者拍摄照片时手抖了一下,就会导致照片的抖动模糊;如果摄像头安装位置或角度不当或者距离太远,造成镜头对焦不实,就会形成散焦模糊;由摄录目标(比如人)的运动速度过快(如快速行走或者奔跑等)造成的模糊称为运动模糊;此外还有转动模糊、缩放模糊等。

模糊图像会降低图像质量,导致图像中一些细节模糊不清,影响人像检验鉴定的结论,因此用于检材的视频或者图片尽量选用无模糊图像。图 4.1-4 为刑事侦查领域中,常见的几种模糊图像示意图。实际运用中要尽量克服这些模糊可能发生的条件和因素。

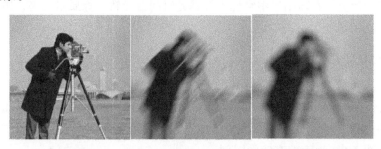

(a) 清晰图　　　　　　(b) 运动模糊　　　　　　(c) 散焦模糊

(d) 抖动模糊　　　　　　(e) 转动模糊　　　　　　(f) 缩放模糊

图 4.1-4　常见的几种模糊图像示意图

4.2　视频人像检材的甄选

按照人像检验鉴定的图像质量标准,我们需要对视频进行检材质量的甄选。

4.2.1　适合视频人像检验的图像质量

人像比对鉴定通常对图像质量高度敏感,视频人像鉴定更是对图像质量有较高的要求。

模糊、压缩失真或分辨率降低导致图像质量受损,会使脸部细节特征如疤痕或皱纹等减少或消失,也会使具有明确形状的如眼睛、鼻子和嘴巴的全部细节的可见性减弱。这样利用形态比对法检测两个或多个图像异同的能力将会减弱。

镜头畸变或透视畸变导致图像质量受损,会减弱确定个性关键点具体位置的能力,降低所有测量的准确度,从而确定特定主体的具体姿态及表情的能力会大幅下降,会降低利用测量法检测分析两个或多个图像异同的准确度。

无论哪种原因导致的图像质量受损,都会降低重叠法对两个或多个图像异同进行分析的准确度。

视频人像鉴定的最佳鉴定图像是高分辨率图像。人像比对鉴定法必须满足以下成像条件才能得到可靠结果:足够的分辨率、充分重视的特征、感兴趣的关键点、最小压缩失真、最小扭曲、相同拍摄视角、均匀的光照、最小遮挡、已知焦距、已知镜头畸变、已知拍摄的距离、已知头倾斜角度、相同高宽比、相同人像姿态、照片拍摄时间间隔短和相似表情。

4.2.2　适合视频人像检验的挑帧原则

在充分保证图像质量的基础上,需要挑选适合的人像检验的最佳面观姿态帧图像。视频人像的特点是姿态万千,面观各异。显然正面观是适合人像检验的最佳面观,可以充分展现面部及五官间的水平信息和垂直信息,水平信息如衡量眼间距的两眼内宽、衡量脸大小的内耳面宽等,垂直信息如确定面长、脸型的容貌面高、衡量人中宽窄的人中指数等。

　　90°侧面观是可选择的次佳面观，虽然丢失了一部分正面的水平信息，但是仍保留了足够的垂直信息，最重要的是增加了侧面的深度信息，如鼻深、颏凸角、唇角等。

　　以面观姿态为原则进行挑选时，除了正面观和侧面观，还可以选择水平前面观，如水平旋转±5°、±10°、±15°等面观姿态，旋转的角度越小，也就是人脸图像越接近于正面观，就越适合做人像鉴定对比。下面以案例形式给出挑选原则。

　　1. 导入视频

　　导入检材视频参见图 4.2.2-1。

图 4.2.2-1　导入检材视频

　　2. 挑选符合面观条件的视频段

　　播放整个检材视频，观察人像清晰的视频段。比如目标嫌疑人由远及近地走至靠近摄像头的位置，那么可以选择离摄像头较近、光线较均匀、人脸图像较清晰的帧图像，即尽量选择嫌疑人脸在图像中占面积较大的帧图像。选择人像的图像质量较高，便于得出较为准确的人像对比鉴定结果。

　　反复播放视频，尽量在视频中找到尽可能多的姿态面观，挑选顺序原则是按照正面观、侧面观、水平前面观等进行。每个面观的视频段保留连续的 5 帧左右。

　　图 4.2.2-2 分别为正面观、侧面观和-75°水平前面观的视频段，每段大约 5 帧连续视频帧。

正面观　　　　　　　　　　　　　　　　　　　　侧面观

-75°水平前面观

图 4.2.2-2　检材视频的正面观、侧面观和-75°水平前面观的视频段

3. 在每个视频段中挑选合适的帧图像

找到符合面观条件的视频段，就可以按照面观顺序进行帧图像挑选。首先选择正面观视频段，选择正面观姿态时，尽量选择双耳对称，双目平视的帧图像，如图 4.2.2-3 所示。

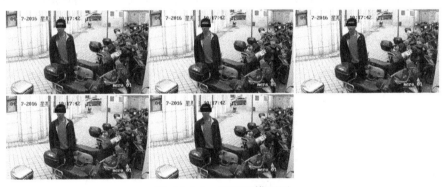

图 4.2.2-3　正面观模型图

反复播放正面观大约 5 帧的视频段，在视频中尽量目视挑选正面观姿态；若无纯正面观，可用水平前面观 5°、10°等代替。挑帧结果如图 4.2.2-4 所示。

图 4.2.2-4　人脸的感兴趣区域(ROI)截图

其他面观视频段的挑选流程参见正面观。实际操作中，可根据暂停、上一帧、下一帧等功能来挑选至合适帧。

4. 选好后保存并以面观命名

挑选好帧图像后将原始帧保存并以面观和姿态角度命名。

4.3　照片人像检材的甄选

照片质量除了应满足 4.1 节适合人像检验要求的图像质量外，还需要影像清晰，层次分明，没有变形，能够较清晰地反映人像特征和轮廓，能够准确地描画出关键点和标志线。

对提取的需要进行鉴定的纸质照片，要进行简单处理，如将表面的污物清除干净，然后将要比对鉴定的照片放大至成人面像大小。个体的瞳距是稳定的指标，以瞳距 6cm 放大照片。照片放大后便于面部特征的比较。也可以使用扫描或者拍摄后转为数字影像在计算机上进行放大处理。

对于数字人脸影像，可按照眼间距的比例放大到合适的大小，然后进行比对检验鉴定。

第 5 章　人像检验鉴定样本的制作

5.1　三维人像样本制作

5.1.1　三维人像扫描仪介绍

1. 产品介绍及性能参数

三维人像扫描仪采用白光快速投影技术，对人脸进行多角度超快速扫描，系统自动拼接后得到带彩色纹理的完整的人脸三维数据，并有全彩色真实纹理。支持对三维人像数据进行标注，并可实现数据的导出，获取高精度三维人像样本，为人像鉴定及三维人像库的建设提供支持。扫描仪如图 5.1.1-1 所示，扫描结果如图 5.1.1-2 所示。

图 5.1.1-1　三维人像扫描仪

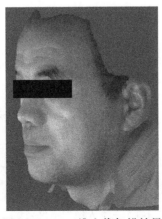

图 5.1.1-2　三维人像扫描结果

三维人像扫描仪相关参数如表 5.1.1-1 所示。

表 5.1.1-1　三维人像扫描仪相关参数

系统指标	参数
光源	自然光
纹理分辨率	230 万像素
扫描范围	180°(左耳到右耳)
采集时间	0.1s
重建时间	小于 1min
测量精度	0.1mm
点云数目	大于 100 万
拼接方式	无标记点自动拼接
输出格式	PLY
设备尺寸	700mm×70mm×350mm ($L \times W \times H$)
设备质量	约 3kg
电源	12VDC
接口	USB3.0
操作系统	Windows 7/64 位/ i7 处理器

2. 三维人像扫描仪使用操作

三维人像扫描仪操作主要包括启动软件、人像采集、三维数据重建、属性标注、数据查看及三维扫描数据导出 6 个步骤。

1) 启动软件

先打开三维人像扫描仪，然后启动软件，注意观察在软件初始化过程中三维人像扫描仪会闪一下。图 5.1.1-3 是采集示意图。

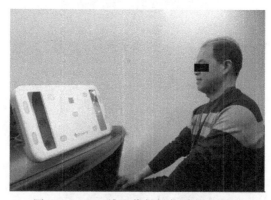

图 5.1.1-3　三维人像扫描仪采集示意图

　　软件启动成功后，用手分别在四个相机镜头前晃动，若每个相机中都能出现手的信息，且画面流畅，说明相机没有问题；若相应相机中没有任何信息或有信息但画面停顿，说明此相机没有正常启动 (注意：最好使扫描对象的背面是黑色背景或与肤色差异比较大的背景)。

　　图 5.1.1-4 是在 3 号和 4 号相机前晃动手指，画面流畅且有手的信息，说明 3 号和 4 号相机正常启动。

图 5.1.1-4　相机正常工作界面

2) 人像采集

　　采集人像前，对触发频率和端口等进行设置，以保证扫描数据的高精度，如图 5.1.1-5 所示。

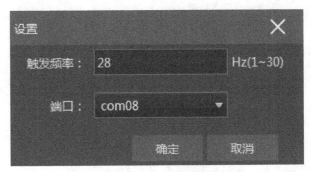

图 5.1.1-5　设置界面

　　观察四个相机的帧率，使得【设置】下的触发频率必须小于每个相机的实际频率(阈值在 3 左右)，否则会出现丢帧、漏帧现象，导致扫描精度不高。

　　被采集人坐在距扫描仪大约 30cm 处，身体坐正，摘掉饰物，表情自然，下巴微微抬起，眼睛平视前方，最终使人脸面部五官特征在四个相机中清晰可见。

　　在人像姿态保持不变的情况下，单击【扫描】按钮，对人像进行采集，采集过程大约需要 0.5s。人像采集界面如图 5.1.1-6 所示。

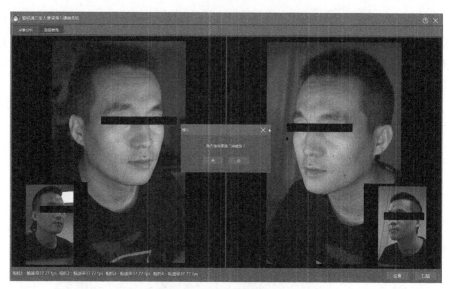

图 5.1.1-6　人像采集界面

3) 三维数据重建

快速采集完成后，在提示界面中单击【是】，对数据进行三维重建，重建进度
参见图 5.1.1-7，重建时间约 1min。

图 5.1.1-7　三维数据重建界面

4) 属性标注

数据重建完毕后，对三维人像数据关键点位置和编号进行标注，也可以对三维

人像的属性(如姓名、性别、身份证号等)进行标注，如图 5.1.1-8 所示。

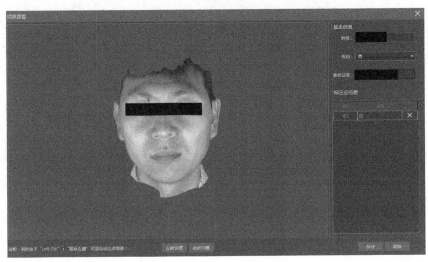

图 5.1.1-8　三维数据标注界面

5) 数据查看

可以对三维人像数据进行旋转、拉近、推远等操作，如图 5.1.1-9 所示。

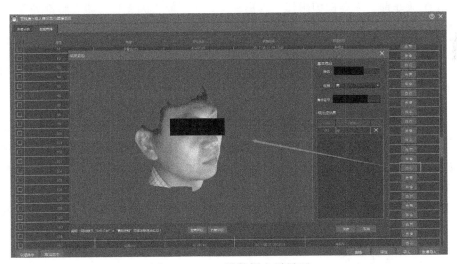

图 5.1.1-9　三维数据查看界面

6) 三维扫描数据导出

数据重建完成后，单击【导出】按钮，可以将数据导出到本地，以方便后期对三维数据的应用，三维扫描数据导出界面参见图 5.1.1-10。

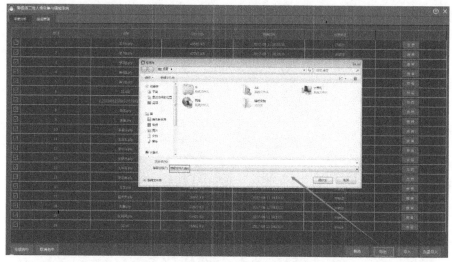

图 5.1.1-10　三维扫描数据导出界面

3. 三维人像扫描仪使用注意事项

使用三维人像扫描仪时，需注意以下几点：

(1) 被采集人最好不要穿与肤色相近的衣服，且采集人像的背景最好为黑色；

(2) 采集前，人要摘掉眼镜，露出耳朵，正视前方闪光灯，使人脸都处在 4 个相机的正中央；

(3) 采集的过程中，必须保持人像姿态稳定不变，否则会影响扫描精度；

(4) 软件中的帧率一定要低于每个相机的帧率，防止出现漏帧现象，影响扫描精度。

5.1.2　利用照片三维重建获取样本

在无法获得活体人像时，三维人像扫描仪就失去了作用。二维人像照片通过针孔成像原理将三维的人像投影到二维，虽然损失了人像的深度信息，但依然保持了人像的某些基本信息，如五官的相对位置、纹理等。随着计算机视觉技术的发展，基于这些二维信息来获得人像的三维数据已成为可能，这种技术称为基于照片的人像三维重建技术。

1. 三维重建简介

基于照片的人像三维重建技术，可以事先建立一个标准人像模型，通过形状、关键点的约束对标准模型进行变形来生成三维数据；也可以基于立体匹配的方法，通过照相机成像模型配准多幅图像获得人像真实的三维坐标并进行渲染。这些方法对参与重建的照片要么有姿态的要求(如正面)，要么需要由同一摄像机拍摄，存在着种种限制条件，且重建后的精度也有限。

目前，基于人像的三维可变模型(3D morphable models，3DMM)方法是精度最高的基于照片的人像三维重建技术。

该方法通过结构光或激光等手段，采集了上百位真实三维人像模型，并对所有模型的每一个点的位置进行了精确的一一匹配，使得每一个点都有实际的物理意义，同时生成一个标准的三维人像模型。每一个模型上的点由其位置坐标(称之为形状向量)和颜色值(称之为纹理向量)来表示，所以，每一张人像都可以由每一个点的形状向量和纹理向量组合表示，通过调整形状向量和纹理向量就可以对三维人像进行变形。3DMM 方法认为，任意一个三维人像都可以由其他人像线性组合，即每一张人像的形状向量和纹理向量的线性组合得到。

3DMM 方法首先依据参与重建照片中人像的姿态、光照、轮廓信息以及拍摄照片相机的位置等共二十多个参数对标准模型进行初始化，在初始参数的控制下，将标准模型投影成二维照片，计算与重建照片的残差，再以其误差反向传播调整相关系数来调整三维模型，通过不断的迭代求解最优解。

3DMM 方法是一个寻求最优解的过程，理论上，任意一幅图像都可以获得三维重建结果，显然，参与重建图像的姿态越丰富，所蕴含的形状向量和纹理向量更便于算法进行迭代求得最优解。

2. 挑选三维重建照片的原则

如上所述，理论上，参与重建的图像越多，姿态越丰富，得到的重建结果也会越精确。但考虑到算法时间复杂度以及获得图像的限制条件，挑选三维重建照片应遵循如下原则：

(1) 照片清晰度越高越好，至少应达到身份证制证照片级别；

(2) 人像面部无遮挡；

(3) 单张照片重建时，尽量使用正面姿态照片；

(4) 两张照片重建时，使用正面照片加一张正侧面照片；

(5) 3 张照片重建时，使用正面照片加两张正侧面照片。

3. 如何进行照片三维重建

依照 3DMM 方法的要求，首先需要对参与重建的图像进行一定的预处理操作，包括姿态确定、关键点定位以及轮廓提取等。

1) 姿态确定

为了提供良好的初始状态，需要确定参与重建图像中人像相对于正面人像的姿态角，姿态角包括三维空间中 X，Y，Z 三个角度，如图 5.1.2-1(a)所示。

确定姿态的方法有很多，可以人工估计，也可以与三维模型的投影重叠进行精确确认。姿态角的确定理论上越精确越好，但也允许有一定的误差，所以考虑到操作复杂度，一般都是通过人工估计方式获得，如图 5.1.2-1(b)所示，其姿态角分别为：X–4.85°，Y16.2°，Z–3.24°。

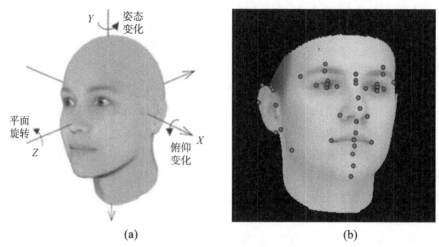

(a)　　　　　　　　　　　　　　　(b)

图 5.1.2-1　　三维人像姿态及锚点图例

2) 关键点定位

关键点定位是为了提供标准三维模型的三维点与待重建图像中人像相对于点的初始对应关系，作为位置约束参数进行重建。

一般来说，选择的关键点都应是易辨认的生理特征点，如鼻尖点、嘴角点、瞳孔等，从而保证任何人选择关键点时都不会产生歧义。实际应用时，标准模型需提供一套关键点的集合，待重建图像中人像的关键点应与标准模型关键点一一对应，且需手工或自动调整到正确的位置上。图 5.1.2-1 中的点描述了一套关键点在人像中的定位结果。

3) 轮廓提取

为了进一步提供初始的约束条件，通常需要提取待重建图像中人像的五官轮廓作为一项初始参数传递到算法进行重建。

提取的轮廓应该尽可能地描述出人像的五官形状，如脸的轮廓、嘴的轮廓等。理想情况下，所有五官的轮廓都需要全部清晰地提取出来，但考虑到真实图像中因为光照、姿态等的影响，有些五官并不能自动提取出来。同时，考虑到操作的复杂性，实际使用时，能够提取出人像的大致轮廓即可，但应保证非人像区域的轮廓不会对人像轮廓产生干扰。所以，一般情况下，需要通过自动或手动方式首先将人像从图像中分离出来，然后提取出人像的轮廓。图 5.1.2-2 描述了一幅图像的轮廓提取结果。

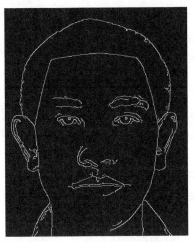

图 5.1.2-2　图像的轮廓提取

4) 三维重建

对于每幅参与重建的图像都进行上述初始化操作，以得到的初始参数作为原始输入，即可自动进行三维重建。三维重建结果如图 5.1.2-3 所示。

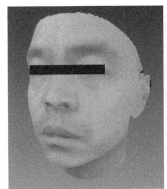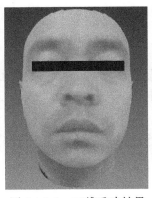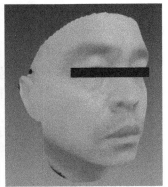

图 5.1.2-3　三维重建结果

4. 三维形状调整完善

三维重建算法是一个迭代求优的过程，考虑到待重建图像的清晰度、初始参数选择误差等的影响，三维重建结果在形状上仍和真实人像有一定的差距。为了更精确地获得人像的三维信息，需要通过手工方式对三维重建的结果进行微调完善。

参照已有的人像二维图像，与三维重建结果进行目视比较，人工判断重建结果有差距的位置，通过计算机图形学算法利用用户界面(UI)交互方式修改三维数据，直到操作人员认为达到目的。

　　三维形状调整完善，是对三维重建结果的精细调整过程，需要不断地变换三维数据的姿态以判断调整结果是否更趋近于真实形状，调整结果也可以逐步撤销以便于操作人员进一步的修改。

　　5. 获取适合各面观检验的三维重建样本人像

　　对人像的三维重建是获取人像比二维图像更大的信息数据，最终目的仍是进行人像鉴定。由于待鉴定人像通常都是二维图像且带有任意姿态，所以，需要将三维数据投影到相同姿态的二维图像，以和检材图像进行比对鉴定。

　　人像鉴定要求待比对的检材和样本图像都需具有完全一致的姿态才可进行比对鉴定，所以，将三维数据投影到相同姿态通常需要如下三个步骤。

　　1) 姿态粗调

　　根据检材图像，可以很容易地确认人像处于何种面观分类下。所以，可以通过预先设定好的姿态值，将三维数据自动调整到相同面观下，以达到粗调的效果。

　　2) 姿态微调

　　在一个角度范围内的所有姿态都在某一面观下，也就是说，属于同一面观下的两个姿态仍然会有一定的角度误差。为了严格遵守人像鉴定对姿态的要求，仍需要在同一面观下对姿态进行微调。此时，可根据目视或三维模型的实时投影等方式，在空间三个方向精细调整三维模型的姿态角，使得三维模型的姿态与检材姿态完全或近乎完全一致。

　　3) 模型投影

　　在获得精确的三维模型姿态角后，利用计算机图形学算法将三维模型投影到二维平面，获得二维图像作为样本，即可进行接下来的人像比对鉴定工作。

5.2　视频人像样本

5.2.1　视频人像样本采集

　　视频人像样本采集需要满足后续检验鉴定的需求，在样本采集过程中，尽可能达到一定的数据质量(姿态丰富、光线均匀)，满足特定案件的比对要求，也满足一般性案件的比对要求。

　　1.光线要求

　　光线变化是影响人脸应用性能的主要因素之一，当照射人脸的光线是均匀的、没有阴影和闪光的散射光时，具有较多的适用场景。因此，系统的部署需要特别注意光线处理，避免出现阴阳脸、逆光、光线过暗或过强等现象。可参照图 5.2.1-1，采用白炽灯光源进行补光。

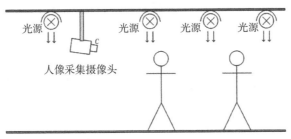

图 5.2.1-1　白炽灯光源补光

2. 摄像机要求

可参考如下参数，选择合适摄像机：

(1) 建议采用 1920×1080 的 200 万像素高清网络摄像机。

(2) 摄像头到人脸的距离建议 5~6m。

(3) 摄像机高度 1.9~2.1m。

(4) 摄像机水平夹角不大于 10°。

图 5.2.1-2 是摄像机与人成像位置示意图，其中 H 是摄像机高度，W 是摄像头到人脸的距离，h 是人的身高。相关参数也可以按照检验检材的特殊需求，进行特殊选择。

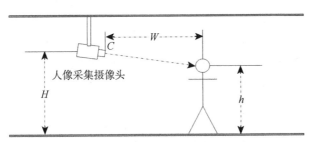

图 5.2.1-2　摄像机与人成像位置示意图

3. 姿态要求

视频人像的样本姿态应该是多样化的，在采集过程中，可要求被采集对象在摄像头下变换角度（如站在某地、原地匀速转圈），进行多样化采集。

4. 表情要求

采集过程中，要求被采集人员表情平静。

5.2.2　视频人像样本选择

在选择视频人像样本时，重点关注其角度一致或尽可能接近，以便使用尽可能多样化的姿态指标；样本尽可能分辨率较高，以便足够发现样本人像特征，为比对提供足够指标。

第6章 视频人像检验鉴定技术

6.1 视频人像鉴定特点

视频监控设备在城市安全建设中的广泛运用为获取犯罪嫌疑人证据、侦查破案提供了有利条件。视频监控人像比对鉴定是视频侦查的技术支撑，它在确定犯罪嫌疑对象、印证犯罪嫌疑人口供、锁定其作案过程时起着至关重要的作用。

视频监控中拍摄的人像呈动态特性，一般呈多姿态多角度变化，如仅显示侧面或半侧面人脸，而且受光线和图像分辨率的影响较大，背景复杂等。这无疑增加了人像鉴定的难度。

在正面人像情况下，我们很容易辨别出人像特征，比如方脸、圆脸、瓜子脸等脸型特征；可是一旦正面人脸转向各种不同的姿态，再定义不同的脸型时就会有难度，因为监控视频中，人体姿态和人脸姿态是不断变化的，很难发现清晰的正面头像。

视频人像鉴定是对监视录像中记录的嫌疑人像进行比对鉴定。通过与案件有关的嫌疑人照片所反映出的相貌特征进行比较检验，确定两张照片为同一人或者为不同人，以此为根据为侦查破案提供线索和证据。

目前人像鉴定手段基于手工操作，存在技术难度大、鉴定时间长、工作效率低、测量精准度不够、结果较主观等问题。人像鉴定因其独特的专业性，对人像鉴定人员要求极高，而人像鉴定中出具同一性鉴定的难度很大。

人像比对鉴定中广泛使用的是相同姿态比对鉴定，比对鉴定的应用条件是两个比对的人像要具备相同角度的姿态。以往的比对方法大多仅限于对无水平旋转、无上下俯仰、无左右倾斜的正面清晰人像照片进行；而监控视频则大多数清晰度不高，图像分辨率较低，尺度变化范围较大，摄像光线变化大，且经常姿态各异，很难找到无任何偏转的正面人像作鉴定材料。

人脸具有三维形状，人脸的三维信息是解决光照、姿态等问题的有效方法。三维人像扫描仪是采集人像数据最直接的办法，扫描后可以获取人像三维数据和纹理信息。还可以以二维人脸图像为基础进行单张人像或者多张人像的三维重建。利用三维人像可以任意转动姿态角度后投影到二维平面的特点，将嫌疑人的扫描或重建后的三维人像旋转到与视频中人像相同的姿态，然后重叠比对，进行同一人或者不同人的鉴定。这些鉴定结果必将为侦查破案提供更大的支持与帮助。

6.2　视频人像鉴定的内容步骤

人像比对检验就是特征的检验。特征检验就是研究比较每个特征的形状、大小、位置、颜色、状态和相对于某个位置的距离，也就是指数或者比值以及交叉直线间的夹角等。

人像鉴定是以物证的检材视频和照片为主，再从样本上选择同部位的可靠而真实的特征进行比对。为了进行人像的检验比对，需要在检材和样本人像呈相同角度的情况下进行比对特征检验。如果衡量的主要特征和指标结果相同，差异指标和结果能够得到合理科学的解释，那么就可以作同一认定，反之，可以得到排除结论。

由于视频中人像姿态各异，而不同角度间人像比对一直是业界的难点。针对这一难点，我们给出如下检材和样本的比对的详细解决方案。

6.2.1　多面观比对组的预处理

经过视频人像的检材选取和样本选取，可以得到成对的多面观帧图像比对组。图 6.2.1-1 为选取后的侧面 90°的检材和样本的原始视频帧图像。

图 6.2.1-1　侧面 90°的检材和样本的原始视频帧图像

因拍摄条件的限制，检材视频或多或少存在图像偏暗、光照不均匀以及视频人像模糊等降质现象，所以要针对挑帧后的检材帧作没有改变面部细节特征的清晰化操作，提高人像的质量和可用性，以适应人像鉴定的需要。有时视频中人像目标较小，个别有平面内偏转，所以要针对挑好的检材帧作缩放、旋转、剪切等操作。

因人像鉴定必须保证所使用的素材中人像特征的原始性，所以对检材或样本视频图像进行预处理时，必须保证在不破坏原始特征的基础上进行适当的预处理，既不能减少原始的细节特征，更不能引进新的特征。

1. 检材和样本的图像增强

人像清晰化预处理操作，包括人像增强、人像去噪、人像超分辨放大和人像校正等，具体介绍如下。

1) 人像增强

针对图像较暗、对比度较低的图像，采用亮度对比度调整、直方图调整或者手动曲线调整的方法，通过调整像素亮度值、像素的灰度级分布，提高图像的清晰度。针对光线过强或者光线不均匀的图像，采用强光校正的方法，提升人脸整体的亮度。

2) 人像去噪

针对人像的各种噪声图像，采用三维离散余弦变换 (3DDCT)、核回归等去噪方法去除噪声，提高图像的视觉质量；针对视频和序列图像中的噪声，采用多帧配准、多帧平均等方法提高人像的可辨识度。

3) 人像超分辨放大

视频中感兴趣目标一般较小，放大过程中其边缘细节的清晰度会受到不同程度的影响，采用超分辨的方法可以提高人像的清晰度。

4) 人像校正

针对广角镜头或鱼眼镜头中的人脸变形，采用镜头畸变校正方法，还原人脸本来面貌；针对相机斜视拍摄产生的形变，采用透视校正的方法，还原人脸的真实形状。

上述人像预处理的原则就是尽可能恢复图像中感兴趣的细节。因预处理的要求是要尽量保持面部特征及五官细节不丢失，使得处理后的视频帧图像面部、五官特征相对清晰，因此有些图像只能作有限的清晰化处理，而有些图像经过处理后会有明显的效果。

2. 选取检材和样本的 ROI

为保证人像检验比对的视觉效果，我们要对选取的检材和样本的视频帧进行 ROI 的截取。首先在图 6.2.1-1 的检材和样本的原始视频帧上分别锚 4 个点，锚点的原则是在检材和样本上选取相同的生理关键点，在水平方向选两个点，在垂直方向选两个点，具体位置可根据不同面观自行确定。例如，选择发缘点、颏下点、鼻尖点和耳后点，经过适当的缩放、剪切等操作，将检材和样本人像制成视觉上看起来大小接近的截图，然后再对样本人像作一定的旋转操作，以保证两者能够有相同的姿态角度。图 6.2.1-2 为侧面观的检材和样本比对组截取 ROI 并作旋转后的示例图。

3. 检材和样本截图的归一化

根据锚点坐标，分别计算检材和样本在垂直方向和水平方向锚点连线的夹角，样本将在平面内作适当旋转以便和检材的姿态一致。然后按照相等瞳孔或者两点测距为基准的原则，对检材和样本进行按比例放缩，在放缩中注意保持长宽比。侧面观检材和样本归一化对齐如图 6.2.1-3 所示。

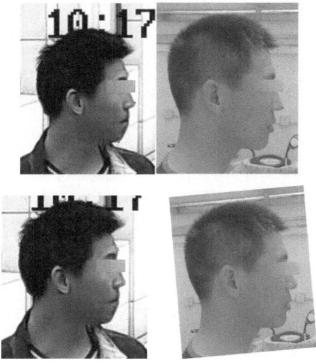

图 6.2.1-2　截取 ROI 并作旋转后的示例图

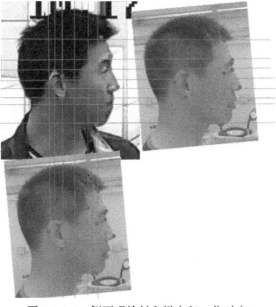

图 6.2.1-3　侧面观检材和样本归一化对齐

4. 检材和样本截图的适当裁剪

放缩后可进行再次适当裁剪，以保证 ROI 面积较大并且居中的原则。

6.2.2　多面观下进行比对检验

在多个面观的检材和样本预处理完成后，可以进行人像比对检验。对每个选定的面观，应用人像比对方法、形态比对法、测量比对法、重叠比对法等进行逐项逐条的特征级比对检验。最终对检材和样本的特征检验结果进行比对分析，分别得到相同点和差异点特征，要对差异点特征给出合理的解释。

根据面观的分类，我们将分别对正面观、侧面观、水平前面观等进行人像比对鉴定的特征检验，分别从各个面观的测量特征、形态特征和重叠比对特征入手进行详细的列表分析，见附录 3 和附录 4。介绍比对检验方法之前，先介绍一下对比对检验素材的要求。

1. 对比对检验素材的要求

1) 多资料

尽可能从当事人那里得到与所见到比对照片相似的照片，并了解当事人在拍摄照片时尽可能多的资料。

2) 能观测异同

按人类学方法，观测五官特征并分类，观测皮肤特征并找出异同点。

3) 指标随姿态变化

参考人类测量学方法，头部有俯仰变化时只测试宽度指标，头部有侧向变化时只测试纵向指标。

4) 结合解剖特征

在检验正面人像时，既要注意分析颜面的整体形态，又要注意分析发际线、颧部、面颊及下颌各部分的具体形态。在检验侧面人像时，注意枕骨的凹凸程度和颜面侧面轮廓形态。

5) 否定结论可靠，同一结论慎重

比对鉴定时，如果两幅人像的面部特征不同，下否定结论是可靠的；如果两幅人像的面部特征相似，下同一认定的结论需慎重，有必要作进一步的检验鉴定。

2. 测量比对检验

针对每个面观下的检材和样本，在进行测量比对检验时，要遵循如下的步骤和规定。

1) 分别在检材和样本上锚关键点

不同面观下详细的关键点的位置和数量见附录 3~附录 5。

2) 利用基础测量特征进行比对检验

连接关键点间的直线距离可以得到直线距离、距离间的比值以及交叉连线间形成的角度等测量特征,利用这些特征值可以进行检材和样本间的比对检验。结果可以给出测量比对特征分析列表,列表中可清晰显示特征项的相似性和差异性。详细的测量特征项及特征值见附录 3 和附录 4。

3) 利用补充测量特征进行比对检验

根据不同面观,分别对检材和样本给出相应位置的轮廓曲线特征、标志线特征、辅助线特征的描述和标注,给出图示的比对检验结果。

4) 对相似点和差异点给出解释

检验结果中,如果判定同一性,要对两者的差异点给出合理的解释;反之,如果判定非同一性,要对两者的相似点给出合理的解释。

3. 形态比对检验

针对每个面观下的检材和样本,在进行形态比对检验时,要遵循如下的步骤和规定。

1) 利用特殊标记特征进行比对检验

通过比对观察检材和样本的面部,可见特殊标记如疤痕、痣、瘤等的形态特征,对这些特征进行比对检验,结果可以给出形态比对列表以及对应位置的图例标识。

2) 利用显著标志性特征进行比对检验

通过比对观察检材和样本的面部,可见很多显著标志性的形态特征,对这些特征进行比对检验,结果可以给出形态比对列表以及对应位置的图例标识。

3) 对相似点和差异点给出解释

检验结果中,如果判定同一性,要对两者的差异点给出合理的解释;反之,如果判定非同一性,要对两者的相似点给出合理的解释。

视频中易出现的差异点,如检材中无法见到脸上较小的特殊标记形态特征。此差异点的解释举例:一般只有在超高清摄像头如分辨率为 1920×1080 并且距离和高度都小于 2m 的情况下,面部斑点、痣等其他细小纹理才有可能被采集到;而检材的监控视频所用摄像头的分辨率大都接近 1280×720,属于较低分辨率,嫌疑人距离摄像头的位置又有可能大于 2m,再加上环境光线等因素,因此有可能在视频中看不到面部斑点等特征。

4. 重叠比对检验

对检材和样本进行重叠比对检验,重叠的特征可以有脸部的部件重叠、关键点间直线距离重叠、轮廓曲线重叠等。下面分别解释这几种重叠比对特征检验。

1) 脸部的部件重叠比对检验

利用渐进渐出的原理，通过拉伸滑动条，观察检材和样本的脸部对应部件如鼻子、嘴等的重叠程度，对两者进行比对检验，从而判定其相似的程度，如图 6.2.2-1 所示。

图 6.2.2-1　部件重叠比对

2) 关键点间直线距离重叠比对检验

通过拉伸滑动条，调整透明度，观察检材和样本的脸部对应关键点间的线段如标志线等的重叠程度，对两者进行比对检验，从而判定其相似的程度，如图 6.2.2-2 所示。

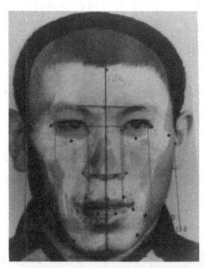

图 6.2.2-2　标志线等直线距离特征的重叠比对

3) 轮廓曲线重叠比对检验

通过拉伸滑动条，调整透明度，观察检材和样本的脸部对应部位的轮廓曲线特征的重叠程度，对两者进行比对检验，从而判定其相似的程度，如图 6.2.2-3 所示。

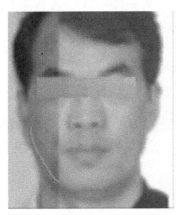

图 6.2.2-3　轮廓曲线特征的重叠比对

6.2.3　比对结果综合评断

综合评断是对比较检验中发现的检材视频与样本视频或样本照片人像的特征符合点和差异点作出客观的评断和合理的解释，根据相同特征和差异特征，按照由特征到部件，由部件到整体的比对思路，进行综合评断，得到同一或非同一或倾向性的分析意见。综合评断是人像鉴定的关键步骤。

1. 对人像特征差异点的分析和评价

评断差异点主要是研究差异点性质和形成原因。由于年龄、病理、表情、化妆、死亡、拍照条件、正负片的处理等原因形成的差异是非本质的差异；如果差异点较大而且无法接受，即是本质的差异。所以，对人像特征差异点的分析应充分考虑以下几方面因素：

(1) 视频中由于拍摄角度、拍摄条件等因素的不同形成的差异；

(2) 由于被鉴定人运动形成的差异；

(3) 由于被鉴定人佩饰不同形成的差异；

(4) 人体自然发育生长引起的差异。

2. 对人像特征符合点的分析和评价

评价符合点主要是评断符合点价值大小。对人像特征符合点的分析注意把握以下几个方面：

(1) 一般情况下，出现率低的局部特征、五官细节特征、特殊标记特征以及习惯性的动态特征，其特征价值较高，是同一认定的主要依据。

(2) 对每一个符合特征，不能仅从外部形态去分析，还必须从其具体的走向、大小、高低、长短等细节特征，结合其对称的部分或相关联的部分综合分析，尽量提高每一个特征的使用价值；把全部相貌特征按特征组合分析，最后综合评断。

(3) 应特别注意人像的特殊标记特征的符合情况，如瘤、痣、斑、麻、斜眼、歪嘴、兔唇、纹身、疤痕、残疾等。

(4) 应特别注意被鉴定人特殊佩饰特征的符合情况。

3. 对人像特征符合点和差异点的综合评断

根据对检材人像与样本人像的特征符合点和差异点的分析和评价结果，综合评断检材人像与样本人像的特征符合点和特征差异点的总体价值，最终给出相应的鉴定结论。

如果符合特征是主要的、价值高的，差异点可以找到合理的解释，就可以给出认定同一的结论；如果差异点非常明显且数量较多，并且不能用形成差异的非本质原因解释，符合点又比较一般，则可给出否定同一的结论。

6.2.4　多面观比对检验示例

1. 正面观人像检验

这里给出一个约 5°近似正面观的例子供参考。图 6.2.4-1 是近似正面观的检材和样本图像。

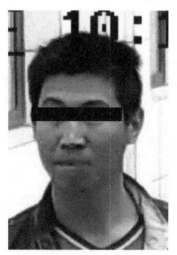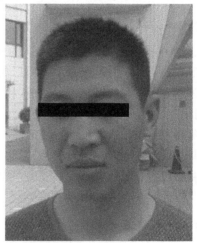

图 6.2.4-1　约 5°近似正面观的检材和样本图像

分别应用测量比对法、形态比对法和重叠比对法进行比对检验。

1) 测量比对法检验

A. 分别在检材和样本上锚关键点

关键点位置如图 6.2.4-2 所示，详细的关键点的定义及位置见附录 7 表F7.3.7-2。

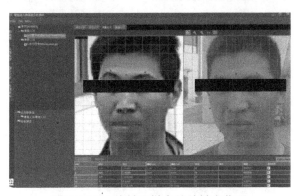

图 6.2.4-2　检材和样本的关键点位置

B. 直线距离的测量特征比对检验

连接关键点间的距离可以得到直线距离和距离比值等测量特征，如图 6.2.4-3 所示，详细特征项及特征值见附录 7 软件介绍。

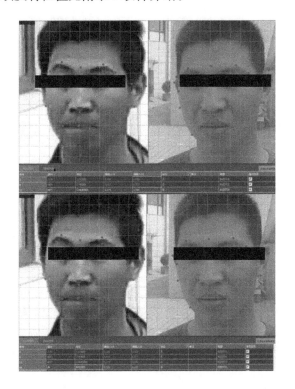

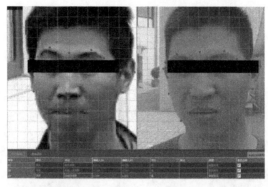

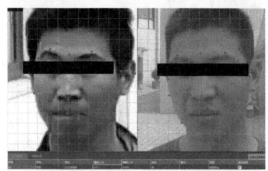

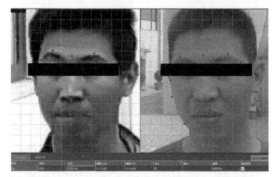

图 6.2.4-3　直线距离和距离比值等测量特征

相似点如表 6.2.4-1 所示，大部分比值特征是一致的。

差异点解释：嘴部略有差别，是因为检材人闭嘴并且视频分辨率低。

C. 轮廓曲线的测量特征比对检验

测量的轮廓曲线特征：①前额发际线基本一致；②侧面发际线曲线近似一致；③脸颊的边缘轮廓一致；④下巴的轮廓线基本一致；⑤右侧面发际线曲线近似一致；⑥外耳边缘轮廓一致；⑦右侧脸颊轮廓一致。

测量轮廓曲线特征相同点：从图 6.2.4-4 中可见，轮廓曲线特征基本一致。

表 6.2.4-1　测量比对特征分析列表

序号	部件	部件特征	部件特征测量描述		比对结果
			检材	样本	
1	人中	人中指数	1.389	0.988	接近
2	嘴巴	口宽指数	0.602	0.577	接近
3	嘴巴	口高度指数	0.179	0.194	接近
4	眉毛	眉指数	0.298	0.271	接近
5	面部	口下鼻夹角	103.857°	95.156°	接近
6	面部	口眼耳下夹角	36.784°	39.397°	接近
7	面部	唇颏夹角	61.656°	59.346°	接近
8	面部	容貌上面指数	0.526	0.581	接近
9	面部	容貌面指数	1.304	1.331	接近
10	面部	形态面指数	0.872	0.880	接近
11	面部	眼口耳上夹角	13.174°	9.878°	接近
12	面部	眼耳颏夹角	97.642°	101.474°	接近
13	面部	面高指数	0.404	0.436	接近
14	颏	颏宽度指数	0.642	0.683	接近
15	颏	颏大小指数	0.261	0.230	接近
16	额头	额宽指数	0.832	0.843	接近
17	额头	额高指数	0.331	0.339	接近
18	鼻	鼻宽指数	0.295	0.297	接近

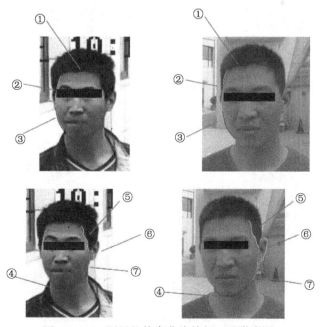

图 6.2.4-4　测量的轮廓曲线特征（后附彩图）

2) 形态比对法检验

A. 显著标志性的形态特征

图 6.2.4-5 给出了显著标志性特征的标注，通过比对观察检材和样本面部，可见很多显著标志性的形态特征，如：①鼻唇沟特征一致；②三角眼特征一致；③鼻头特征近似一致。

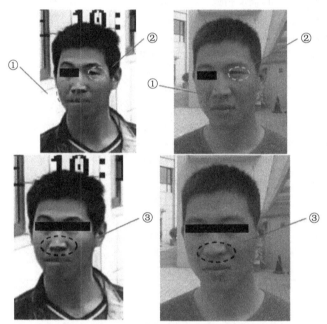

图 6.2.4-5　显著标志性特征的标注

B. 形态特征的相似点说明

由上述特殊标记特征可见，检材和样本多个特征近似一致。

3) 重叠比对法检验

应用重叠比对法，其重叠特征图例如图 6.2.4-6 所示。

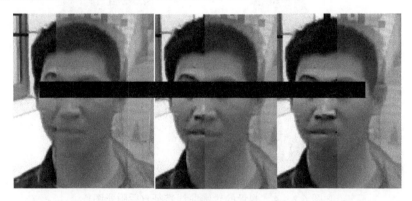

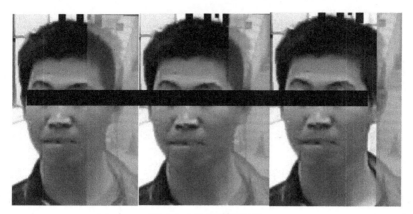

图 6.2.4-6　重叠比对

相似点：经过重叠比对可见，面部五官部件(除嘴巴外)吻合度很好，符合同一人特质。

2. 侧面观人像检验

分别应用测量比对法和形态比对法进行比对检验。

1) 测量比对法检验

A. 分别在检材和样本上锚关键点

关键点位置如图 6.2.4-7 所示，详细的关键点的定义及位置见附录 4。

B. 直线距离的测量特征比对检验

连接关键点间的距离可以得到直线距离和距离比值等测量特征，如图 6.2.4-7 所示，详细特征项及特征值见附录 4。

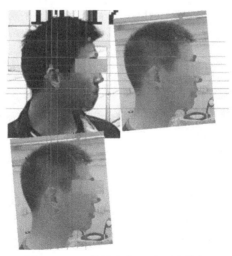

图 6.2.4-7　关键点位置及距离特征

　　通过关键点间的平行网格线可见，耳朵、鼻子、额头、下巴等部件的关键点间的多个距离及距离的比值基本一致。

　　差异点解释：

　　(1) 个别点位置稍有差异，如眉间点高度略有不同，由检材人挑眉毛所致。

　　(2) 发缘点稍有不同，由检材人头发比较长密遮盖所致。

　　(3) 因无法在样本视频上找到和检材完全相同的姿态，所以稍有差别也是由姿态略有不同所致。

　　C. 轮廓曲线的测量特征比对检验

　　测量的轮廓曲线特征(图6.2.4-8)：①头顶至后脑轮廓曲线弧度；②鼻梁曲线；③后枕部的头发边缘轮廓；④前额曲线轮廓；⑤鼻唇角轮廓曲线；⑥耳朵外耳轮的轮廓；⑦耳朵的耳屏和对耳屏轮廓；⑧侧面发际线轮廓。

　　测量轮廓曲线特征相同点：从图6.2.4-8中可见，轮廓曲线特征基本一致。

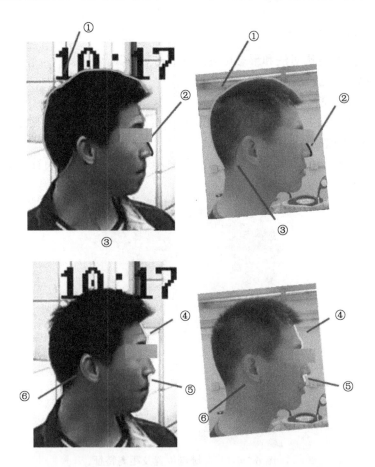

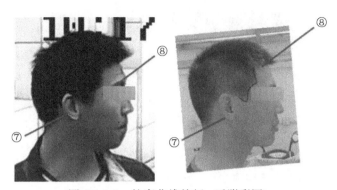

图 6.2.4-8　轮廓曲线特征 (后附彩图)

2) 形态比对法检验

A. 显著标志性的形态特征

通过比对观察检材和样本面部，可见很多显著标志性的形态特征，如：①额头都有抬头纹；②鼻梁的上半部都有明显凸起；③鼻翼纹都很明显；④耳垂、耳屏、对耳屏、屏间切迹都基本一致；⑤耳结节、耳舟三角窝都很接近，如图 6.2.4-9 所示。

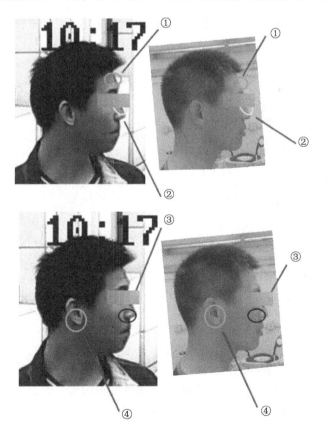

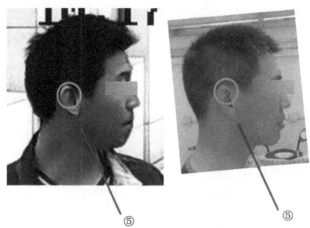

图 6.2.4-9　显著标志性特征

B. 形态特征的相似点说明

由上述显著标志性特征可见，检材和样本多个特征近似一致。

C. 形态特征的差异点解释

差异性表现在：样本的人像面部多个斑点清晰可见，但检材视频中难以看到面部斑点，参见图 6.2.4-10。

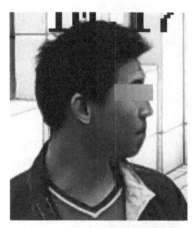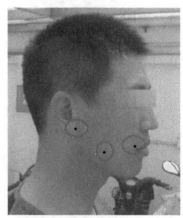

图 6.2.4-10　差异性特征

差异点解释：一般只有在超高清摄像头(如分辨率为 1920×1080)并且距离和高度都小于 2m 的情况下，面部斑点、黑痣等其他细小纹理才有可能被采集到；而检材的监控视频所用的摄像头分辨率接近 1280×720，属于较低分辨率，嫌疑人距离摄像头的位置又有可能大于 2m，再加上环境光线等因素，因此有可能在视频中看不到面部斑点等特征。

3. 水平前面观人像检验

分别应用测量比对法、形态比对法和重叠比对法进行比对检验。

1) 测量比对法检验

A. 分别在检材和样本上锚关键点

关键点位置如图 6.2.4-11 所示,详细的关键点的定义及位置见附录 3 图 F3.2-2。

B. 直线距离的测量特征比对检验

连接关键点间的距离可以得到直线距离和距离比值等测量特征,如图 6.2.4-11 所示,详细特征项及特征值见附录 7 软件介绍。

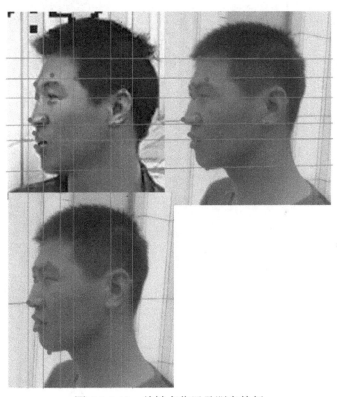

图 6.2.4-11　关键点位置及距离特征

通过关键点间的平行网格线可见,耳朵、鼻子、额头、下巴等部件的关键点间的多个距离及距离的比值基本一致。

差异点解释:

(1) 个别点位置稍有差异,如眉间点高度略有不同,由检材人挑眉毛所致。

(2) 因无法在样本视频上找到和检材完全相同的姿态,所以稍有差别也是由姿态略有不同所致。

C. 轮廓曲线的测量特征比对检验

测量的轮廓曲线特征(图 6.2.4-12)：①前额的轮廓曲线弧度基本一致；②鼻根凹部曲线近似一致；③鼻翼的边缘轮廓一致；④鼻梁曲线近似一致；⑤人中的曲线轮廓基本一致；⑥下颌的曲线轮廓基本一致；⑦上唇的轮廓弧度基本一致；⑧下唇的凸度轮廓一致；⑨发际线边缘轮廓一致；⑩下巴轮廓弧度基本一致；⑪外耳轮廓曲线近似一致；⑫耳垂、耳屏、对耳屏、屏间切迹都基本一致。

测量轮廓曲线特征相同点：从图 6.2.4-12 中可见，轮廓曲线特征基本一致。

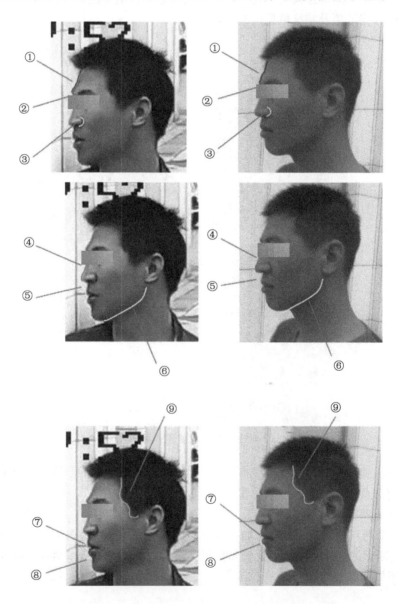

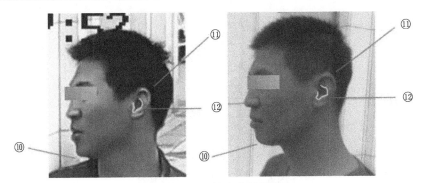

图 6.2.4-12　轮廓曲线特征

2) 形态比对法检验

A. 显著标志性的形态特征

通过比对观察检材和样本面部，可见很多显著标志性的形态特征，如：①颧骨形状近似；②眼角形状一致；③凸下唇且厚唇明显一致；④鼻翼和鼻尖形状一致；⑤耳朵的多个特征一致。如图 6.2.4-13 所示。

B. 形态特征的相似点说明

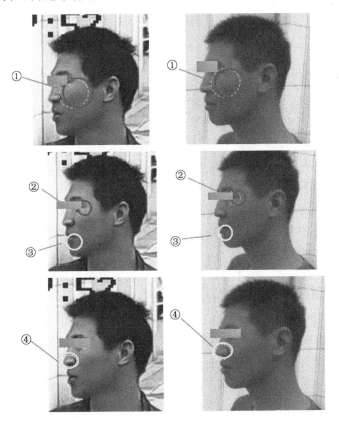

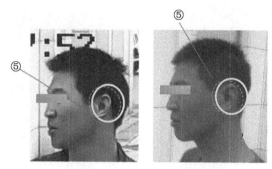

图 6.2.4-13　显著标志性特征

由上述显著标志性特征可见，检材和样本多个特征近似一致。

C. 形态特征的差异点解释

差异性表现在：样本的人像面部多个斑点清晰可见，但检材视频中难以看到面部斑点，是因为分辨率较低。

3) 重叠比对法检验

重叠比对法要求检材和样本的姿态一致，才能进行重叠比对。由于侧面姿态的原因，需要利用三维人像扫描仪进行样本的获取。获取后检材与样本的重叠比对类似正面进行，参见图 6.2.2-1。

4. 其他面观人像检验说明

如视频中可选检材帧没有书中介绍的正面观、侧面观和水平前面观，属于其他面观或者一般姿态时，其可用的特征集有如下原则：

(1) 无俯仰变化，只有左右方向的水平偏转，角度在 0°~90°变化，那么其测量特征集可参考水平前面观；形态特征集可选择侧面观形态特征中高度不变的特征指标，如额高、唇厚等。

(2) 无左右偏转变化，只有垂直方向的俯仰变化时，那么其形态特征集可选择正面观形态特征中宽度不变的特征指标，如额宽、鼻宽、口裂宽等。测量特征集暂不能单独使用。

(3) 其他任意姿态，虽不能进行单个部件或者单个特性项的绝对测量，但可以在检材和样本同姿态角度下，进行相同的对应特征项的比较测量，这种对应的特征项可以参考现有指标集的全部特征(即单独无意义，但两者同姿态比较是有意义的)。

(4) 其他面观下的特殊标记特征、显著标志性特征、关键点间的测量特征、轮廓曲线特征依然是比对的首选特征。

除上述面观外，还有俯面观、仰面观、枕面观、顶面观等人像比对检验，将在本书后续章节陆续介绍。

6.3　测量比对的统计特征

6.3.1　统计指标和样本量估计

　　三维人像库的数据来自于三维人像扫描仪扫描人像的结果，测量及尺寸定义均符合国家标准和行业标准，标准详见附录 2。人像比对检验的所有测量项目均适合从三维扫描图像中提取，或者从三维人像库中提取。三维人像系统测得的人脸指标数据和国标传统方法测得的能够接近到足以互相代替的程度，这种替代不会影响以这些数据为基础的其他标准的有效性。

　　统计是基于三维人像库基础，涉及人口统计学的测量应包括国籍、民族、职业、出生日期、测试日期、性别、种族、地理位置、居住地区等信息，其中年龄和性别是必须考虑项。

　　进行人像特征的数据统计时，应考虑和计算各年龄组按照性别分别统计的测量数据的均值、标准差，并要审核超出范围的测量数据的正确性。可以绘制那些具有高度相关性或具有实际意义的测量项的散点图，对图中的离散样本应加以审核和修正。完成这些数据的预处理后，可以为每一个测量的尺寸提供描述性统计数据，如被测量者的数量、最小值、最大值、算术平均值($\bar{x}$)、均值的标准误差(S_i)、标准差(s_x)、第 5 和第 95 百分位数的标准误差、变异系数(CV)、频率分布等。

　　样本量的选择，应足以估计指定样本组中规定测量项的值。样本量的估计应满足测试需要，其中第 5 和第 95 百分位数较受关注。随机抽样的最小样本量必须确保在95%置信度和某个相对精度测试结果的有效性。经过计算，最小样本量的估值如下：

$$n = \left(\frac{1.96 \cdot \text{CV}}{\alpha} \right)^2 \cdot 1.534^2$$

其中　1.96　是标准正态分布在　95%置信度下的临界值；CV　是变异系数$\left(\text{CV} = \frac{s_x}{\bar{x}} \cdot 100 \right)$，$\bar{x}$是总体均值，$s_x$是总体标准差；$\alpha$是要求的相对精度。

　　一般来说，总体均值和标准差的真值是未知的，要通过调查所得的先验知识来估算。因为每一特征项都有不同的变异系数(CV)，所以针对每一项都有一个最小样本量，以确保所选样本的百分位数值能以一定的百分精度和95%置信度估算总体的第 5 或第 95 百分位数。而总体的最小样本量应当取单项最小样本量估值的最大值，这样才能确保各项测量值达到期望的相对精度和置信度。

　　例如，在1%相对精度和95%的置信度下，所选样本的身高(均值 1756mm，标准差 57mm)的第 5 和第 95 百分位数能逼近总体相应指标的真值，则变异系数为3.8，统计结果见表 6.3.1-1。

表 6.3.1-1　统计结果

测量项目	均值/mm	标准差/mm	变异系数	最小样本量
身高	1756	57	3.8	131
胸围	991	59	7.0	443

综上所述，只要测的样本量大于 443 人，便可以确保上述两项测量值达到期望的相对精度和置信度。

6.3.2　测量统计模型及统计检验

确定了最小的测试样本量，就可以进行数据采集。采集后针对每一个测量项计算其测量值和真实值的差值，以及这些差值的均值、标准差和 95% 置信区间。如果平均差值的 95% 置信区间在给定的范围之内，那么就可以认为测量结果和真实值是一致的。下面给出详细的分析模型。

1. 测量误差项

对于每个测量特征 F，我们认为测量值 l_F 和真实值之间会有一个测量的误差项，这个测量误差项满足如下公式：

$$l_F = l_R + \varepsilon$$

其中 l_R 代表特征 F 对应的真实值，ε 为测量中的随机误差。这里误差项主要包括由图像模糊或人工选点所造成的锚点位置误差，以及在确定图像姿态和角度时造成的角度误差。这些误差统一用误差项 ε 表示。通过实验数据可以验证，误差项服从均值为 0 的正态分布 $N(0,\sigma^2)$。

2. 单个测量特征的真实值估计原理

我们来进行单个测量特征 F 测量值 l_F 的比较。

对于两个对比样本 A，B，记其某测量值 F 分别为 l_F^A 和 l_F^B，则

$$l_F^A = l_R^A + \varepsilon_A, \quad l_F^B = l_R^B + \varepsilon_B$$

其中 $\varepsilon_A \sim N\left(0,\sigma_A^2\right)$，$\varepsilon_B \sim N\left(0,\sigma_B^2\right)$ 分别为测量值 l_F^A，l_F^B 对应的误差项，因此我们有

$$l_F^A \sim N\left(l_R^A,\sigma_A^2\right), \quad l_F^B \sim N\left(l_R^B,\sigma_B^2\right)$$

考虑 A，B 关于特征 F 的实际测量值之差，由正态分布的特性可知，$l_F^A - l_F^B$ 服从正态分布：

$$l_F^A - l_F^B \sim N\left(l_R^A - l_R^B,\sigma_{A-B}\right)$$

由此可得，A，B 关于特征 F 的真实值之差 $l_R^A - l_R^B$ 的 95% 置信区间如下：

$$\left[l_F^A - l_F^B - 1.96\sigma_{A-B}, \; l_F^A - l_F^B + 1.96\sigma_{A-B}\right]$$

若 $0 \notin \left[l_F^A - l_F^B - 1.96\sigma_{A-B}, \ l_F^A - l_F^B + 1.96\sigma_{A-B} \right]$，即

$$l_F^A - l_F^B \notin \left[-1.96\sigma_{A-B}, \ 1.96\sigma_{A-B} \right]$$

则我们可以在 95%的置信水平上拒绝 $l_R^A = l_R^B$，即在 95%的置信水平上认为 A, B 在特征 F 上的取值不相同。

反之，若 $0 \in \left[l_F^A - l_F^B - 1.96\sigma_{A-B}, \ l_F^A - l_F^B + 1.96\sigma_{A-B} \right]$，即

$$l_F^A - l_F^B \in \left[-1.96\sigma_{A-B}, \ 1.96\sigma_{A-B} \right]$$

那么我们没有充分的理由拒绝 A, B 在测量特征 F 下真实值相等的假设，即我们可以在 95%的置信水平上认为 $l_R^A = l_R^B$ 是可以接受的。

在实际测量中，我们可以取 σ_{A-B} 为推荐值 σ_F，即通过实验得出的测量误差方差的推荐值。

3. 测量特征真实值估计举例

假定两个对比人像 A, B，记某一测量值如容貌面高(为发际点至颏下点的距离) F 分别为 l_F^A 和 l_F^B，测量特征 F 下测量误差的方差推荐值为 $\sigma_F = 0.3$，即在 95%置信区间，我们有

$$[-1.96\sigma_F, \ 1.96\sigma_F] = [-0.588, 0.588]$$

若我们测得 A，B 的值分别为 $l_F^A = 20.5$，$l_F^B = 19.7$，此时我们有

$$l_F^A - l_F^B = 0.8 \notin [-1.96\sigma_F, \ 1.96\sigma_F]$$

因此我们在 95%的置信水平上拒绝 A, B 在测量特征(容貌面高) F 这个真实值相等的假设，即比对人像 A 和 B 的测量特征(容貌面高) F 的真实值不相等。

另若我们测得 A，B 的值分别为 $l_F^A = 20.5$，$l_F^B = 20.2$，此时有

$$l_F^A - l_F^B = 0.3 \in [-1.96\sigma_F, \ 1.96\sigma_F]$$

因此我们没有充分的理由拒绝 A，B 在测量特征(容貌面高) F 下真实值相等的假设，即我们认为 $l_R^A = l_R^B$ 是可以接受的，比对人像 A 和 B 的测量特征(容貌面高) F 的真实值相等的结论是可接受的。

4. 全部测量特征集合的估计

下面考虑全部测量特征的集合 $\mathcal{F} = \{F_1, F_2, \cdots, F_n\}$。

对于比对人像 A, B，基于每个测量特征 F_i，$i \in \{1, 2, \cdots, n\}$ 我们可以取区间 L_i 如下：

$$L_i = [-1.96\sigma_{F_i}, \ 1.96\sigma_{F_i}]$$

构造随机变量 I_i：

$$若 l_{F_i}^A - l_{F_i}^B \in L_i, \ I_i = 1$$

$$若 \quad l_{F_i}^A - l_{F_i}^B \notin L_i, \quad I_i = 0$$

基于单个特征 F 的检验可知，我们接受样本 A，B 关于特征 F_i 的真实值一致的假设当且仅当 $I_i = 1$。

取随机变量 $I = \sum_{i=1}^{n} I_i$，显然 I 代表了比对样本 A，B 在所有 n 个特征的测量值中被接受为一致的特征数量。

为了比较 A，B 是否为同一人，进行如下假设检验：

$$H_0：A, B \text{ 为同一人}, \quad H_1：A, B \text{ 不为同一人}$$

若原假设为真，此时我们有

$$l_F^A - l_F^B \sim N\left(0, \sigma_{F_i}^2\right)$$

根据区间 L_i 的定义可知，I_i 服从伯努利分布，即

$$P\left(I_i = 1\right) = 0.95, \quad P\left(I_i = 0\right) = 0.05$$

因此，I 服从二项分布 $B(n, 0.95)$。我们可以构造 I 的 95% 置信区间 $[m, n]$ 满足

$$\sum_{i=m+1}^{n} C_n^i 0.95^i 0.05^{n-i} < 0.95, \quad \sum_{i=m}^{n} C_n^i 0.95^i 0.05^{n-i} \geqslant 0.95$$

当 $I \notin [m, n]$，即 $I < m$ 时，我们可以在 95% 的置信水平上拒绝原假设 H_0，即我们认为 A，B 不为同一人。

反之，当 $I \in [m, n]$，即 $I \geqslant m$ 时，我们可以在 95% 的置信水平上接受原假设 H_0，即我们没有充分的理由拒绝 A，B 为同一人的假设。

例如，$n = 60$ 时，可以计算

$$\sum_{i=55}^{n} C_n^i 0.95^i 0.05^{n-i} = 0.9213 < 0.95, \quad \sum_{i=54}^{n} C_n^i 0.95^i 0.05^{n-i} = 0.9703 > 0.95$$

若通过检验确定的 A，B 测量值一致的特征项数量 $I < 54$，则我们拒绝原假设 H_0，即在 95% 的置信水平上认为 A，B 不为同一人；若 $I \geqslant 54$，则我们没有充分的理由拒绝 A，B 为同一人的假设。

本例 $n = 60 > 54$，充分满足检验 A，B 是否为同一人假设的样本量要求。

6.3.3　统计模型应用

根据测量统计模型和统计检验，我们可以将 A，B 样本视为人像比对鉴定的检材和样本两个人像。人像的测量特征就是测量特征集。比对两个人像是否为同一人，就是做上述假设检验，最后给出检验结果。为此，我们需要做以下工作。

首先，为了完成这个是否为同一人的假设判断，我们对于每个测量特征，需要

通过统计和计算，找到该特征项合适的方差推荐值，从而计算出检材人像和样本人像的测量特征项的真实值，判断两者是否相等，相等为 1，不等为 0。

其次，验证测量数量是否满足假设检验的要求。根据模型，如果每个人像的独立特征数量超过 54 个，那么就可以在 95% 的置信水平上进行 A, B 是否为同一人的假设检验判断。实际人像的测量特征在 80 个以上，可以满足模型的要求，认为测量特征数量可以支持是否为同一人的假设判断。

最后，根据随机变量 $I = \sum_{i=1}^{n} I_i$，计算其是否在 95% 的置信区间内，来判断是否为同一人的假设检验。

由此可见，测量比对法依据的特征项本身的真实值，以及测量特征的数量都满足统计模型的要求，可以使用测量比对法进行是否为同一人的判断。

测量项目见表 6.3.3-1。

表 6.3.3-1　测量项目

序号	项目名称	平均值/mm	标准差/mm	百分位值/mm		
				5	50	95
1	鼻高	51	2.54	47	51	55
2	面宽	143	3.9	137	143	149

6.4　影响人像检验鉴定的因素

6.4.1　生理因素

1. 年龄变化的影响

在不同的年龄段，面部特征会发生改变，具体表现为随年龄增长，面部肌肉松弛，皮肤弹性减弱，皮下脂肪增多，眼睑下垂，面颊及颌下脂肪堆积，眉毛的浓密改变等。面部的其他部件，如额、鼻、口裂、耳等，受年龄变化的影响较小，可以作为稳定特征进行个体特征鉴定。图 6.4.1-1 为同一人(爱因斯坦)不同年龄面部特征变化图。

图 6.4.1-1　同一人不同年龄面部特征变化图 (网络图片)

2. 表情变化的影响

人类语言分为自然语言和人体语言(或形体语言)两类，面部表情是人体语言的一部分。1971 年，Ekman 和 Friesen 研究了 6 种基本表情(惊讶、恐惧、厌恶、愤怒、高兴和悲伤)，表 6.4.1-1 给出这几种表情对面部各部件的影响。

表 6.4.1-1　几种表情对面部各部件的影响

表情	额头、眉毛	眼睛	脸的下半部
惊讶	①眉毛抬起，变高变弯 ②眉毛下的皮肤被拉伸 ③皱纹可能横跨额头	①眼睛睁大，上眼皮抬高，下眼皮下落 ②眼白可能在瞳孔的上边和/或下边露出来	下颌下落，嘴张开，唇和齿分开，但嘴部不紧张，也不拉伸
恐惧	①眉毛抬起并皱在一起 ②额头的皱纹只集中在中部，而不横跨整个额头	上眼睑抬起，下眼皮拉紧	嘴张，嘴唇或轻微紧张，向后拉；或拉长，同时向后拉
厌恶	眉毛压低，并压低上眼睑	在下眼皮下部出现横纹，脸颊推动其向上，但并不紧张	①上唇抬起，下唇与上唇紧闭，推动上唇向上，嘴角下拉，唇轻微凸起 ②鼻子皱起 ③脸颊抬起
愤怒	①眉毛皱在一起，压低 ②在眉间出现竖直皱纹	①下眼皮拉紧，抬起或不抬起 ②上眼皮拉紧，眉毛压低 ③眼睛瞪大，可能鼓起	①唇：紧闭，唇角拉直或向下，张开，仿佛要喊 ②鼻孔可能张大
高兴	眉毛参考：稍微下弯	①下眼睑下边可能有皱纹，可能鼓起，但并不紧张 ②鱼尾纹从外眼角向外扩张	①唇角向后拉并抬高 ②嘴可能被张大，牙齿可能露出 ③一道皱纹从鼻子一直延伸到嘴角外部 ④脸颊被抬起
悲伤	眉毛内角皱在一起，抬高，带动眉毛下的皮肤	眼内角的上眼皮抬高	①嘴角下拉 ②嘴角可能颤抖

　　一般的面部表情可以用单个人脸部件完成，也可以用多个人脸部件配合来完成。同样，单个部件的运动也并不仅代表一种表情，比如嘴巴张开并不代表就是笑，也有可能是哭和惊讶等。

　　可见，在脸部发生表情变化时，面部的眉毛、眼睛、嘴唇都会有不同程度的变化，这些部件的不同运动方式虽可以表达丰富的面部表情，但会对面部特征鉴定带来一定的影响，所以这些部件特征属于不稳定特征，在有表情的人像鉴定时要慎用。而在人脸发生表情变化时，鼻子的运动就较少，是属于比较稳定的鉴定特征，可以灵活运用。

　　3. 面容改变的影响

　　面部改变包括手术改变五官的轮廓，俗称整容，还有非主观原因造成的毁容、已经腐烂尸体照等。这类面部改变对检验鉴定有很大的影响。

　　面部的整容如上睑皱褶重建(割双眼皮)、隆鼻、开大眼裂，纹眉、纹唇线等，可以部分改变面部五官的轮廓，但有些细节特征，如耳轮廓、鼻孔、鼻翼、人中形态、发际线等细节特征不易改变，利用这些相对稳定且不易改变的特征可以进行整容前后照片的鉴定。

面部毁容要先甄别是哪种毁容，刑侦案件中多发的如犯罪分子想毁灭证据烧毁现场时的毁容、面部被泼硫酸等人为因素的毁容。对毁损程度小的，依然可以针对部分未毁损的面部器官进行检验鉴定。对面部毁损程度较大，软组织破坏比较厉害的情况，人像鉴定的难度很大。毁容鉴定要根据当前面部毁容状态、五官损毁程度，判断生前面貌特征，再与疑似照片进行对比，以达到确认其身份信息的目的。

对于尸源等尸体照进行鉴别时，由于经过长时间浸泡或风吹雨淋，无名尸源常常发生腐烂变形，面部器官肿大，会直接影响到脸部及五官特征的判断。因为人体面部五官中，鼻尖及耳廓是以软骨为支架，尸体腐败后鼻尖的细节及耳廓的结构是不变的，因此可以进行个体间的比较鉴定。尽管腐败可以造成面型的改变，但红唇上缘的形态是相对稳定的，可以作为检验特征。但这类照片与疑似死者生前照片进行面貌鉴别时，难度很大。

在无名尸的鉴定时，有时需要与死者生前照片进行比对鉴定。皮革样化的尸体照片，通常情况下，不具备鉴定条件。

4. 双胞胎对辨识的影响

双胞胎是从一个母体内出来的，有着几乎完全相同的外貌，如图 6.4.1-2 双胞胎姐妹所示。在对双胞胎案件进行鉴别时，我们应该从特征的局部细节着手。观察图中两张照片的脸型、脸部轮廓、眉毛、眼睛、鼻子、嘴等主体特征，发现都较为接近；再观察细节部位特征，如发际线轮廓弧度、前额饱满程度、额形、颧骨位置、眼间距、鼻梁、嘴角、口裂线、下颏突出程度、下颏弧线圆润度等都略有差别，这样就可以通过细节进行鉴别分析，以确定两者之间的关系及与案件嫌疑人面部特征细节最接近的特征信息。

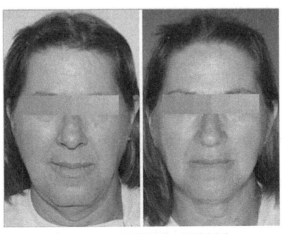

图 6.4.1-2　双胞胎姐妹 (网络图片)

6.4.2　面部伪装

随着电子信息系统的普及，犯罪分子的反侦查能力也日渐增强，面部伪装则是最普遍的掩饰真实面目的手段之一。常见的面部伪装主要有以下几种。

1. 戴深色眼镜

眼镜作为日常装饰品的同时，也为犯罪分子掩饰真实面目提供了便利条件。通常情况下，墨镜等深色镜片，因其颜色或材质影响，往往将人的眼睛、眉毛区域的特征信息隐藏，增加人像鉴定的难度。这时只能根据深色眼镜遮挡以外的人脸部件特征进行综合鉴定分析。

2. 假胡须

胡须作为面部特征的可变因素存在。如果犯罪分子在现场时的影像有胡须，之后再将胡须剃光，这种情况对嘴、下颏及人中的特征影响较大。如果犯罪分子有意佩戴假胡须，如络腮胡，则直接影响到整个下颌骨轮廓。这种情况下，我们只能从面部轮廓、额头、眉毛、眼睛、鼻子、颧骨等面部主要特征及细节进行鉴别分析。

3. 戴帽子

帽子能够直接遮挡额头、眉毛甚至上眼睑。犯罪分子如果戴了帽子，并有意将这些部位遮挡，会对后期的人像鉴定工作带来一定难度。这样只能从下颌轮廓、鼻子、耳朵等其他部位特征来进行鉴别分析。

4. 戴围巾

围巾对人脸的影响，视其遮挡的范围而定。如果犯罪分子将围巾整个裹在头上，将直接影响我们对脸型、脸部轮廓，甚至颧骨、下颏、耳朵的判断；如果仅仅是围在脖子上，那么会影响对耳垂、下颏轮廓、下颏形状、喉结等部件的判断。

5. 戴口罩

口罩是除了帽子、眼镜之外犯罪嫌疑人最容易使用的伪装工具之一，同时，因为口罩可以遮挡住下半边脸，这给人像鉴定工作带来更大难度。

6. 化妆

化妆会改变人的发型、胡须、眉毛、口唇的部分特征，还会影响人的面部斑、麻、纹等特征的发现。因此，检验时要认真研究分析化妆对相貌特征的影响。这是人像鉴定结论准确与否的关键问题之一。

上述是比较常见的面部伪装，更多的伪装手段如整容等，都会对人像鉴定带来很大的影响。

6.4.3　照片本身原因

1. 因保存时间长发黄或有残损的照片

这种照片一般情况下指老照片、历史人物照片。历史人物照片因保存时间较长，容易出现图像不清的情况。还有保存不当或者环境原因导致照片表面泛黄、照片表面有残损等。

历史档案保存的照片，由于当时摄影条件的限制，加之年代久远，放大后个体的面部特征细节不清，此时面部五官的轮廓及面部五官的相对位置比较十分重要。针对这类照片鉴定，除了要对照片的面部细节特征进行比较外，还要了解照片的历史背景，查找同时期尽可能多的比对照片，针对照片背景及个体衣着是否与时代背景相吻合等综合考虑。

2. 广告照片、艺术照片、美图照片

广告照片多是艺术照片，照片上的个体脸部大多有化妆，体态有特定的造型等。化妆对五官特征及细节信息影响较大，会针对部分面部器官，如眼睛、眉毛等进行纹理改变，但生理关键点并没有变化，因此化妆对人像检验鉴定的影响不大。

美图处理的照片也会对面部特征作修改，但要分清是哪种修改。如果只是将脸部疤痕、痣抹除，将肤色变亮等，这类处理不太会影响人脸的生理特征，尤其是测量特征保持不变，只是改变部分形态特征。但如果是将下巴拉长些、把眼睛变大等器官的比例特征变化，就会影响人像鉴定的结果。

第7章 人像检验鉴定分析报告

7.1 鉴定文书规范

人像鉴定是通过比较、分析，对声像资料记载的人体的同一性问题所进行的科学判断，最终形成鉴定意见书或鉴定检验报告书，统称为鉴定文书。鉴定文书一般由封面、正文和附件组成。

其中封面应当写明司法鉴定机构的名称、文书的类别和司法鉴定许可证号；封二应当写明声明、司法鉴定机构的地址和联系电话。

正文应符合下列规范和要求：

(1) 标题：写明司法鉴定机构的名称和委托鉴定事项。

(2) 编号：写明司法鉴定机构缩略名、年份、专业缩略语、文书性质缩略语及序号。

(3) 基本情况：写明委托人、委托鉴定事项、受理日期、鉴定材料、鉴定日期、鉴定地点、在场人员、被鉴定人等内容。鉴定材料应当客观写明委托人提供的与委托鉴定事项有关的检材和鉴定资料的简要情况，并注明鉴定材料的出处。

(4) 检案摘要：写明委托鉴定事项涉及案件的简要情况。

(5) 检验过程：写明鉴定的实施过程和科学依据，包括检材处理、鉴定程序、所用技术方法、技术标准和技术规范等内容。

(6) 检验结果：写明对委托人提供的鉴定材料进行检验后得出的客观结果。

(7) 分析说明：写明根据鉴定材料和检验结果形成鉴定意见的分析、鉴别和判断的过程。引用的资料应当注明出处。

(8) 鉴定意见：应当明确、具体、规范，具有针对性和可适用性。

(9) 落款：由司法鉴定人签名或者盖章，并写明司法鉴定人的执业证号，同时加盖司法鉴定机构的司法鉴定专用章，并注明文书制作日期等。

(10) 附注：对司法鉴定文书中需要解释的内容，可以在附注中作出说明。

司法鉴定文书的正文可以根据不同鉴定类别和专业特点作相应调整。

鉴定文书附件应当包括与鉴定意见、检验报告有关的关键图表、照片等以及有关音像资料、参考文献等的目录。附件是司法鉴定文书的组成部分，应当附在司法鉴定文书的正文之后。

以下章节将分别对检验过程、分析说明、鉴定意见等进行详细阐述。

7.2　检验过程

在这一部分中要写明对检材和样本的检验过程，包括对检材或样本的预处理、鉴定的程序、所使用的技术方法、参考的技术标准或规范等。

一般情况下，在这一部分中首先要写明本次鉴定所使用的工具软件及其版本，其次是参照的技术标准或规范，最后是本次鉴定程序的概述。

7.2.1　人像鉴定的工具软件

在工具软件这一部分，要写明工具软件的名称和版本。近些年，在国内外用于人像鉴定的专业工具软件比较少，人像鉴定工作大部分是有专业经验的技术人员才能做的，而且大部分人都是这方面的专家，他们主要通过一些辅助的工具软件，如Photoshop，以及人工比对的方法，来给出一些特征指标，进而进行同一性鉴定。

近两年，国内出现了一款专业的人像鉴定工具软件 —— 警视通人像鉴定分析系统。这款软件中综合了目前人像鉴定工作的所有技术和方法，参照国际通用的FISWG 标准和国内的相关标准，形成了一套完整的特征指标体系。这款软件给人像鉴定工作又增加了一个工具，也填补了目前国内外相关领域的空白。关于该系统的详细介绍见附录 7。

7.2.2　技术标准或规范

目前，我们做人像鉴定工作所依据的技术标准或规范主要有以下几个。

1) 国内人像鉴定标准

(1) 公安部的 GA/T 1023—2013《视频中人像检验技术规范》

(2) 司法部的 SF/Z JD0304001—2010《录像资料鉴定规范》第 3 部分：人像鉴定规范

(3) 公安部的违法犯罪信息管理标准：

① GA 428—2003《违法犯罪人员信息系统数据项规范》

② GA 240.3—2000《刑事犯罪信息管理代码　第 3 部分：体表特殊标记》

③ GA 240.24—2003《刑事犯罪信息管理标准　第 24 部分：体貌特征分类和代码》

(4) 国家标准：

① GB 10000—1988《中国成年人人体尺寸》

② GB/T 2428—1998《成年人头面部尺寸》

③ GB/T 5703—2010《用于技术设计的人体测量基础项目》

④ GB/T 23461—2009《成年男性头型三维尺寸》

⑤ GB/T 23698—2009《三维扫描人体测量方法的一般要求》

⑥ GB/T 22187—2008《建立人体测量数据库的一般要求》

2) 国外人像鉴定标准

人像鉴定科学工作组(FISWG)制定的标准。

7.2.3　鉴定程序

人像鉴定程序可按下述步骤进行。

1) 对检材或样本的甄选

一般地，检材和样本的素材类型有两种：照片和视频。

如果提供的检材或样本有多张照片或视频，甄选比对素材时遵循以下原则：

(1) 首先，由于人脸比对需要特征级比对，因此，对于比对素材的分辨率或清晰度要求比较高，选择图像帧或照片时，要选择特征清晰的而不是模棱两可的。

(2) 人脸没有变形。

(3) 两者的姿态同一或相近，这是检材和样本具备可比性的最重要的原则。

(4) 如果提供的素材较多，要尽量挑选检材和样本人像拍照时间相近的照片，其他为辅。

(5) 尽量选择光照条件一致或相近的照片。

(6) 如果有条件，检材和样本照片的表情尽量一致。

2) 预处理

人像鉴定必须保证所使用的素材中人脸特征的原始性，即对检材或样本视频图像进行预处理时，不能引进新的特征，必须保证在不破坏原始特征的基础上进行适当的预处理，如适当倍数的缩放、平面旋转、增强等。缩放时，应按等瞳距或以相等的任意两测量点间距为基准，将检材人像与样本人像制作成等大。

3) 特征检验

根据检材和样本的实际情况，选用形态分析、测量分析、重叠比对等分析方法，分别对检材和样本进行特征级的检验。

4) 数据比对

对特征检验的结果数据进行比对分析，分别得到相同特征和差异特征，并对差异特征进行解释。

5) 综合评判

根据相同特征和差异特征，按照由特征到部件，由部件到整体的比对思路，进行综合评判。

7.3　分析说明

在这一部分中，要详细描述根据鉴定材料和检验结果形成鉴定意见的分析、鉴别和判断的过程。

(1) 按照选用的分析方法，详述每种方法特征检验的过程和得到的特征指标。得到的特征指标有相同特征和差异特征，对于可解释的差异特征给出解释。这里可解释的差异特征是指由于检材和样本受以下因素的影响而导致的特征比较出现的差异：

(a) 人体自然生长发育引起的人像特征的变化；

(b) 人体伤病引起的人像特征的变化；

(c) 化妆、整容等引起的人像特征的变化；

(d) 死亡引起的人像特征的变化；

(e) 拍摄条件、拍摄对象的姿态变化引起的人像特征的变化；

(f) 照片/录像后期加工处理引起的变化。

(2) 综合分析每种方法得到的相同特征和差异特征，得到部件的相似性和差异性。

(3) 由部件的分析结果，分析人脸整体的相似性，并结合人脸的一些出现率低的局部特征、特殊标记特征等，得到同一或非同一或倾向性的分析意见。

7.4　鉴　定　意　见

根据委托方的鉴定要求给出针对性的明确的鉴定意见。

根据人像鉴定司法实践的需求，鉴定结论分为确定性、非确定性和无法判断三类五种，即肯定同一、否定同一；倾向肯定同一、倾向否定同一；无法判断是否同一。

1) 肯定同一

(1) 检材人像与样本人像存在足够数量的相同特征，且相同特征的价值充分反映了同一人的外貌特点；

(2) 检材人像与样本人像没有本质的差异特征；

(3) 检材人像与样本人像的差异或变化特征能得到合理的解释。

2) 否定同一

(1) 检材人像与样本人像存在足够数量的差异特征，且差异特征的价值充分反映了不同人的外貌特点；

(2) 检材人像与样本人像没有本质的相同特征；

(3) 检材人像与样本人像的相同或相似特征能得到合理的解释。

3) 倾向肯定同一

(1) 检材人像与样本人像存在较多的相同特征，且相同特征的价值基本反映了同一人的外貌特点；

(2) 检材人像与样本人像没有本质的差异特征；

(3) 检材人像与样本人像的差异或变化特征能得到较合理的解释。

4) 倾向否定同一

(1) 检材人像与样本人像存在较多的差异特征，且差异特征的价值基本反映了不同人的外貌特点；

(2) 检材人像与样本人像没有本质的相同特征；

(3) 检材人像与样本人像的相同或相似特征能得到较合理的解释。

5) 无法判断是否同一

(1) 检材人像不具备鉴定条件；

(2) 样本人像不具备比对条件；

(3) 根据检材人像和样本人像的具体情况,经综合评断既不能给出确定性结论,也不能给出非确定性结论。

参考资料：SF/Z JD0304001—2010《录像资料鉴定规范》第 3 部分：人像鉴定规范。

7.5　报 告 范 例

XXXXXX 鉴定中心
声像资料司法鉴定意见书

XXX 鉴定中心 [2016] 鉴字第 X 号

一、基本情况

委托人！XXX

联系地址：XXX

委托鉴定事项：检材视频与样本视频中的人是否同一人

受理日期：xxxx 年 x 月 xx 日

鉴定日期：xxxx 年 x 月 xx 日至 xxxx 年 x 月 xx 日

鉴定地点：XXX

鉴定物品：光盘 1 张(2016-XX)

二、检案摘要

在一起 XXX 案中，警方调取案发现场监控录像，经侦查抓获嫌疑人 XX。现要求鉴定机构对案发现场监控录像中的作案人进行鉴定。

三、检验过程

1. 检验工具

警视通人像鉴定分析系统 V2.0

2. 检验方法

(1) SF/Z JD0300001—2010《声像资料鉴定通用规范》

(2) SF/Z JD0304001—2010《录像资料鉴定规范》

(3) GA/T 1023—2013《视频中人像检验技术规范》

(4) 犯罪信息管理标准：

① GA 428—2003《违法犯罪人员信息系统数据项规范》

② GA 240.3—2000《刑事犯罪信息管理代码　第 3 部分：体表特殊标记》

③ GA 240.24—2003《违法犯罪信息管理标准　第 24 部分：体貌特征分类和代码》

(5) 测量标准：

① GB 10000—1988《中国成年人人体尺寸》

② GB/T 2428—1998《成年人头面部尺寸》

③ GB/T 5703—2010《用于技术设计的人体测量基础项目》

④ GB/T 23461—2009《成年男性头型三维尺寸》

(6) 人像鉴定科学工作组(FISWG)文件

3. 检材基本情况

编号为 2016-XX 的光盘，DVD 格式，蓝色外观，盘面印有"XXX 案鉴定材料"，在该光盘的"\鉴定材料"目录下存有检材视频、样本视频及图像。具体文件信息见表 1。

表 1

文件说明	文件名称	最后修改时间	大小/字节	MD5 值
检材视频	案发现场.mp4	2016/05/20 19:50:59	18815796	xxxxxxxxxxxxxxxxxxxxxxx
样本视频	样本录像.MTS	2016/05/20 19:50:36	431947776	xxxxxxxxxxxxxxxxxxxxxxx

4. 检验步骤

(1) 将编号为 2016-XX 的光盘中"\鉴定材料"目录下文件复制到声像资料鉴定平台。

(2) 样本视频采集。

样本视频采集：三维人像扫描仪扫描，三维重建，摄像机拍摄。

(样本照片采集：照相机拍摄，数字图像，已有照片。)

(3) 将检材视频和样本视频分别转换成序列图像。

(4) 样本制作。

观看样本视频序列，以嫌疑人为处理目标，在序列图像中挑选多个和检材同面观姿态的视频段(如−90°，75°，5°等)。

(5) 对挑选出的视频段进行预处理：

(a) 分别选择和检材姿态面观近似一致的样本截图；

(b) 对截图进行清晰化处理；

(c) 在检材帧和样本序列帧上分别锚点(水平两个点，垂直两个点)；

(d) 对图像进行旋转、缩放、移动位置等归一化操作，找出姿态角度和检材最接近的帧作为样本帧，归一化处理后两图达到同等比例的人像大小后进行裁切。

(6) 根据人体的具体特征进行以下检验和比对：

(a) 对人脸在此面观下进行生理关键锚点；

(b) 通过测量直线特征进行比对；

(c) 通过测量轮廓曲线特征进行比对；

(d) 进行形态特征比对；

(e) 进行重叠比对；

(f) 走路及穿衣姿势特征比对；

(7) 对特征检验的结果进行数据比对和分析；

(8) 根据特征比对的结果作综合评断。

四、分析说明

关于对检材录像中嫌疑人与样本视频中 xx 是否同一的分析说明：

1. 检材和样本视频图像帧的选取

从检材视频中选取近似−90°的原始帧作为检材图像，从样本视频中挑选与检材姿态面观一致的帧图像作为样本图像(此处为报告样例，只选了一个角度的面观进行检验，实际检验时建议选取多个角度的面观进行比对)。

2. 图像预处理

进行清晰化处理后，在检材帧和样本序列帧上分别锚点(水平两个点，垂直两个点)。对图像进行旋转、缩放、移动位置等归一化操作，归一化后两图达到同等比例的人像大小后进行裁切，并对样本图像进行−5°旋转后作比对检验。

3. 特征检验

1) 测量直线特征

进行生理关键特征锚点，连接检材和样本相对应的关键点，得到一组直线测量特征。

通过直线测量特征可见，检材和样本中人的耳朵、鼻子、额头、下巴等部件的关键点相对位置基本一致。

差异解释：在个别点位置稍有差异，如眉间点高度略有不同，分析认为这是由检材中人挑眉毛所致；发缘点稍有不同，分析认为这是由检材中人头发比较长密遮盖所致。由于在样本视频上无法找到与检材完全相同的姿态，所以稍有差别也是由姿态略有不同所致。

2) 测量轮廓曲线特征

测量的轮廓曲线特征包括：头顶至后脑轮廓曲线弧度、鼻梁曲线、后枕部的头发边缘轮廓、前额曲线轮廓、鼻唇角轮廓曲线、耳朵外耳轮的轮廓、耳朵的耳屏和对耳屏轮廓、侧面发际线轮廓曲线。

3) 形态特征比对

比对的形态特征中的特殊标志特征包括：额头都有抬头纹，鼻梁的上半部都有明显凸起，鼻翼纹明显，对耳屏、屏间切迹都基本一致，耳结节、耳舟三角窝都很接近。

差异解释：形态比对特征的差异点表现在样本视频的人像面部多个斑点清晰可见，分析认为是由于检材视频质量、环境光线等原因难以看到面部斑点。

4) 重叠特征比对

略。

4. 数据比对

上述直线测量特征、轮廓曲线特征、形态比对特征的结果都趋于一致。

5. 综合评判

综合多个面观的比对结果，检材和样本人像有足够多的相同特征，未发现本质的差异特征，且差异特征能得到合理的解释，倾向认定检材视频中的嫌疑人与样本视频中的 xx 为同一人。

五、鉴定意见

倾向认定检材视频中的嫌疑人和样本视频中的人像为同一人。

本鉴定意见书包括以下附件：

附件一：委托鉴定物品外观图片(共 1 页)。

六、落款

司法鉴定人(签名或者盖章)：

《司法鉴定人执业证》证号：**XXX**

司法鉴定人(签名或者盖章)：

《司法鉴定人执业证》证号：**XXX**

批准人(签名或者盖章)：

(司法鉴定机构司法鉴定专用章)

二○XX 年 X 月 XX 日

注：

(1) 本鉴定意见书仅对委托物品负责。文中编号为鉴定专用编号。

(2) 本鉴定意见书一式四份，三份交委托单位收执，一份本机构存档。

(3) 未经本中心的书面批准不得部分复印鉴定意见书(全部复印除外)。

第8章 结语和展望

8.1 计算机自动识别技术应用于检验鉴定

本书主要是依据人像的人类学特征进行检验鉴定,其过程涵盖了常用的检验鉴定方法,如形态学、测量法、重叠法等。在此检验过程中,对于特征的提取,以及对于检验的有效性或差异性判断,是摆在检验鉴定人员面前一个比较重要的问题。检验的最终目的是要给出是否同一人的结论(或是倾向性的结论),如何利用最新技术,降低检验的难度和复杂度,是一个值得考虑的问题。

随着深度学习技术的不断发展,计算机自动人像识别技术发展迅猛,其对于人像的识别和分析能力越来越强,其识别的结果直接表现在可以生成一个判断是否非常相似的相似度数据。

毋庸置疑,当检材和样本质量较好时,比如检材是一个分辨率、光线、姿态均较好的视频截图,样本是身份证照片,其相似度可以达到很高的数值,且错误率非常低(可以低于数亿分之一)。监控质量越来越好,即高质量检材的获取越来越容易,使得计算机自动识别技术在检验鉴定方面的应用具备广泛的应用前景。人像检验鉴定的需求直接普及到地市、区县公安的应用场景中,计算机自动识别技术给出的相似性数据,将大大降低检验鉴定的难度,对检验鉴定行业的发展势必产生较好的影响。

即使如此,人像检验鉴定领域仍然存在如下问题:

(1) 大部分人像检验鉴定中的人像检材,来源仍然非常复杂,质量能达到计算机可自动识别出较高相似度的,仅占据很小的比例。

(2) 应该看到,是否同一性检验鉴定最终结论,仍然需要检验鉴定工作者本身给出相关结论,计算机仍然是辅助工具。

(3) 对于特征的理解是检验鉴定下结论的关键所在,而计算机自动识别中采用的特征(深度学习特征)是一个非常抽象的特征数据,其对于检验鉴别而言,有效性有待进一步研究。简单地采用一个特定库给出的正确识别率和错误拒绝率,从而说明其检验鉴定的有效性,是值得商榷的。

8.2 结　　语

对于人像检验鉴定而言,对检验鉴定用的特征和方法的研究,是人像检验鉴定的核心。人像检验鉴定在行业中的应用越来越广泛，其需求随着案件类型、监控分布、作案手法等变化，总体保持持续的上升趋势。从行业中已经不断落实的案例来看，人像检验鉴定的成功案例，都体现了深入的多姿态人像特征的讨论和实际案件场景的关联，而并非简单地从图像上挖掘局部特征完成检验鉴定结论的全部工作。

应该看到，人像检验鉴定的实战应用与实际需求之间，还有着较大的差距，必须持续投入力量进行研究，确保人像检验鉴定行业的持续健康发展。

以后的工作中，可从如下几方面持续投入力量和关注度：

(1) 加强对方法有效性进行论证的研究，需要建立一定数量的检验鉴定库(案例库)，聚集比较丰富的检材和样本库，给方法的有效验证提供基础。

(2) 建立一定数量的三维人像库，用于对人像检验特征进行全方位的研究。由于人脸具有立体性、多姿态的特点，因此必须开展特定姿态下的人像特征可鉴别性的研究，该库最好能覆盖各年龄段、性别以及地域等。

(3) 人像检验标准的制定。对于司法检验鉴定而言，标准是支撑行业的重要基础，目前来讲，依据很多方法和特征所下的检验鉴定结论，还主要依赖于检验鉴定专家的个人经验，将这些经验知识凝练为标准，为更多的人员可用，支撑更多的司法检验和诉讼场景。

(4) 深入探讨类似深度学习相关的人像识别技术对人像检验的可用性，加强其在行业中应用的细分场景探讨，并促进落地应用。

参 考 文 献

蔡立明, 金波, 吴炬. 2010. 人像鉴定相关问题研究. 警察技术, 5: 31-33.

蔡鑫. 2012. 视频监控电子人像证据鉴定研究. 重庆: 西南政法大学.

国家质量技术监督局. 1998. 成年人头面部尺寸. GB/T 2428—1998.

国家质量技术监督局. 1988. 中国成年人人体尺寸. GB 10000—1988.

何良华, 邹采荣, 包永强, 等. 2005. 人脸面部表情识别的研究进展. 电路与系统学报, 10(1): 70-75.

蒋斌, 贾克斌, 杨国胜. 2011. 人脸表情识别的研究进展. 计算机科学, 38(4): 25-31.

兰玉文. 2014. 颅面识别检验图谱. 北京: 群众出版社.

廖根为. 2010. 监控录像系统中人像鉴定问题研究. 上海: 上海人民出版社.

邵象清. 1985. 人体测量手册. 上海: 上海辞书出版社.

王少仿, 吴启. 2014. 视频人像检验. 湖北警官学院学报, 27(2): 165-168.

王永全. 2012. 声像资料司法鉴定实务. 北京: 法律出版社.

王玉洲. 2013. 成人侧面相貌特征个体识别的研究. 北京: 中国人民公安大学.

王志群. 2008. 刑事相貌技术. 北京: 中国人民公安大学出版社.

席焕久, 陈昭. 2010. 人体测量方法. 2 版. 北京: 科学出版社.

张大治, 向宁, 周鹏. 2015. 低质量模糊视频人像的综合性检验与同一认定. 刑事技术, 40(4): 340-344.

张继宗, 闵建雄. 2001. 根据相片面部特征进行个体识别的方法. 刑事技术, 5: 42-43.

张继宗, 徐磊. 2013. 人像资料鉴定存在的问题及对策. 刑事技术, 1: 54-56.

张少实. 2013. 成人正面相貌特征个体识别的研究. 北京: 中国人民公安大学.

赵成文, 杜宇. 2004. 刑事相貌学侦查实用概述. 北京: 群众出版社.

中华人民共和国公安部. 2000. 刑事犯罪信息管理代码第 3 部分: 体表特殊标记. GA 240.3—2000.

中华人民共和国公安部. 2003a. 违法犯罪人员信息系统数据项规范. GA 428—2003.

中华人民共和国公安部. 2003b. 刑事犯罪信息管理标准第 24 部分: 体貌特征分类和代码. GA 240.24—2003.

中华人民共和国公安部. 2013. 视频中人像检验技术规范. GA/T 1023—2013.

中华人民共和国国家质量监督检验检疫总局, 中国国家标准化管理委员会. 2008. 建立人体测量数据库的一般要求. GB/T 22187—2008.

中华人民共和国国家质量监督检验检疫总局, 中国国家标准化管理委员会. 2009a. 成年男性头型三维尺寸. GB/T 23461—2009.

中华人民共和国国家质量监督检验检疫总局, 中国国家标准化管理委员会. 2009b. 三维扫描人体测量方法的一般要求. GB/T 23698—2009.

中华人民共和国国家质量监督检验检疫总局, 中国国家标准化管理委员会. 2011. 用于技术设计的人体测量基础项目. GB/T 5703—2010.

中华人民共和国司法部司法鉴定管理局. 2010a. 录像资料鉴定规范第 3 部分：人像鉴定规范. SF/Z JD0304001—2010.

中华人民共和国司法部司法鉴定管理局. 2010b. 声像资料鉴定通用规范. SF/Z JD0300001—2010.

Bailenson J N, Beall A C, Blascovich J, et al. 2004. Examining virtual busts: are photogrammetrically-generated head models effective for person identification? Presence Teleoperators & Virtual Environments, 13(4): 416-427.

Bruce V, Henderson Z, Greenwood K, et al. 1999. Verification of face identities from images captured on video. Journal of Experimental Psychology: Applied, 5: 339-360.

Burton A M, Wilson S, Cowan M, et al. 1999. Face recognition in poor-quality video: evidence from security surveillance. Psychological Science, 10: 243-248.

Butavicius M, Mount C, MacLeod V, et al. 2008. An experiment on human face recognition performance for access control. Knowledge-based Intelligent Information and Engineering Systems, 12th International Conference KES, 5177(13): 141-148.

Davis J P, Valentine T, Davis R E. 2010. Computer assisted photo-anthropometric analyses of full-face and profile facial images. Forensic Science International, 200: 165-176.

Edmond G, Biber K, Kemp R, et al. 2009. Law's looking glass: expert identification evidence derived from photographic and video images. Current Issues in Criminal Justice, 20: 337-377.

Edmond G. 2013. Just truth? Carefully applying history, philosophy and sociology of science to the forensic use of CCTV images. Studies in History and Philosophy of Biological and Biomedical Sci, 44: 80-91.

Facial Identification Scientific Working Group(FISWG). 2010a. Facial Comparison Overview. Version 1.0 [2010.06.27]. http://www.fiswg.org/.

Facial Identification Scientific Working Group (FISWG). 2010b. FISWG Overview. Version 1.0 [2010.06.27]. http://www.fiswg.org/.

Facial Identification Scientific Working Group (FISWG). 2011. Guidelines and Recommendations for Facial Comparison Trainingto Competency. Version 1.0 [2011.01.13]. http://www. fiswg.org/.

Facial Identification Scientific Working Group (FISWG). 2012a. FISWG Glossary. Version 1.1 [2012.02.02]. http://www.fiswg.org/.

Facial Identification Scientific Working Group (FISWG). 2012b. Guidelines for Facial Comparison Methods. Version 1.0 [2012.04.20]. http://www.fiswg.org/.

Facial Identification Scientific Working Group (FISWG). 2012c. Recommendations for a Training Program in Facial Comparison. Version 1.0 [2012.04.20]. http://www.fiswg.org/.

Facial Identification Scientific Working Group (FISWG). 2014. Facial Image Comparison Feature List for Morphological Analysis. Version 1.0 [2014.08.15]. http://www.fiswg.org/.

Farkas L G, Hajniš K, Posnick J C. 1993. Anthropometric and anthroposcopic findings of the nasal and facial region in cleft patients before and after primary lip and palate repair. The Cleft Palate-Craniofacial Journal, 30(1): 1-12.

Farkas L G, Posnick J C, Hreczko T M. 1992a. Anthropometric growth study of the ear. The Cleft Palate-Craniofacial Journal, 29(4): 324-329.

Farkas L G, Posnick J C, Hreczko T M. 1992b. Anthropometric growth study of the head. Cleft

Palate-Craniofacial Journal, 29(4): 303-308.

Farkas L G, Posnick J C, Hreczko T M. 1992c. Growth patterns of the face: a morphometric study. The Cleft Palate-Craniofacial Journal, 29(4): 308-315.

Farkas L G, Posnick J C, Hreczko T M, et al. 1992d. Growth patterns of the nasolabial region: a morphometric study. The Cleft Palate-Craniofacial Journal, 29(4): 318-324.

Farkas L G, Posnick J C, Hreczko T M, et al. 1992e. Growth patterns in the orbital region: a morphometric study. The Cleft Palate-Craniofacial Journal, 29(4): 315-318.

Farkas L G, Posnick J C. 1992. Growth and development of regional units in the head and face based on anthropometric measurements. The Cleft Palate-Craniofacial Journal, 29(4): 301-302.

Farkas L G. 1994. Anthropometry of the Head and Face. 2nd ed. New York: Raven Press, Ltd.

Farkas L G. 1996. Accuracy of anthropometric measurements: past, present, and future. The Cleft Palate-Craniofacial Journal, 33(1): 10-22.

Forensic Facial Reconstruction. 2004. Caroline Wilkinson.

Forensic Image Comparison and Interpretation Evidence: Guidancefor Prosecutors and Investigators. UK Image Comparison and Interpretation Guidance Issue 1. 2015.1.16.

George R M. 2007. Facial Geometry: Graphic Facial Analysis for Forensic Artists.

Kleinberg K F, Siebert J P. 2012. A study of quantitative comparisons of photographs and video images based on landmark derived feature vectors. Forensic Science International, 219: 248-258.

Kranioti E, Paine R. 2011. Forensic anthropology in Europe: an assessment of current status and application. Journal of Anthropological Sciences, 89: 71-92.

Lee W J, Wilkinson C, Memon A, et al. 2009. Matching unfamiliar faces from poor quality closed-circuit television (CCTV) footage: an evaluation of the effect of training on facial identification ability. AXIS, 1(1): 19-28.

Madjarova L M, Madzharov M M, Farkas L G, et al. 1999. Anthropometry of soft-tissue orbits in bulgarian newborns: norms for intercanthal and biocular widths and length of palpebral fissures in 100 boys and 100 girls. The Cleft Palate-Craniofacial Journal, 36(2): 123-126.

Megreya A M, Burton A M. 2006. Unfamiliar faces are not faces: evidence from a matching task. Memory & Cognition, 34: 865-876.

Porter G, Doran G. 2000. An anatomical and photographic technique for forensic facial identification. Forensic Science International, 114: 97-105.

Ritz-Timme S, Gabriel P, Tutkuviene J, et al. 2011. Metric and morphological assessment of facial features: a study on three European populations. Forensic Science International, 207: 239.e1-239.e8.

Roelofse M M, Steyn M, Becker P J. 2008. Photo identification: facial metrical and morphological features in South African males. Forensic Science International, 177(2-3): 168-175.

Sutisno M. 2010. Identification of "dancing man" report reference. No.06- 2001.

Valentine T, Davis J P. 2015. Forensic Facial Identification: Theory and Pratice of Idengtification from Eyewitnesses, Composites and CCTV. Wiley Blackwell.

Vanezis P, Lu D, Cockburn J, et al. 1996. Morphological classification of facial features in adult caucasian males based on an assessment of photographs of 50 subjects. Journal of Forensic Sciences, 41: 786-791.

附录1 人像鉴定术语

(1) FISWG：人像鉴定科学工作组(Facial Identification Scientific Working Group)。

(2) NIST：美国国家标准与技术研究院(National Institute of Standards and Technology)。

(3) OSAC：NIST 与法医科学委员会共同建立的新的科学地区委员会机构(Organization for Scientific Area Committees)。NIST 建立了 OSAC 以支持制定和颁布法医科学共识的文件标准与指南,并确保每个规定都有足够的科学依据。

(4) SWGs：科学工作组(Scientific Working Groups),FISWG 为其一,至 2012 年 1 月有 22 个标准和指南文档。20 世纪 90 年代初,美国和国际法庭科学实验室组建 SWGs,建立共识标准。2014 年,SWGs 划入 NIST 下的 OSAC。

(5) OSAC Facial Identification Subcommittee：OSAC 人像鉴定委员会。

(6) ROI：感兴趣区域(region of interest)。图像处理中,从被处理的图像以方框方式选择出需要处理的区域,称为感兴趣区域。这个区域是进行图像分析关注的重点,圈定该区域以便进行进一步处理。使用 ROI 圈定想读的目标,可以减少处理时间,增加精度。

(7) 椭圆形脸：额部较颊部稍宽,颏部圆润适中,面型轮廓线自然柔和。

(8) 卵圆形脸：额部稍宽而圆,颧颊部饱满,颏部稍窄而圆,面型轮廓不明显。

(9) 倒卵圆形脸：额部稍小,下颌圆钝较大。

(10) 圆形脸：上下颌骨较短,面颊显得饱满而圆,下颌下缘圆钝,五官比较集中。脸的长宽接近相等,面型轮廓以圆线为主。

(11) 方形脸：前额较宽,面部短阔,下颌角方正,脸的长宽几乎相等。

(12) 长方形脸：额骨棱角比较明显,上颌骨及外鼻较长,下颌角方正。

(13) 菱形脸：额线范围小,颧骨比较突出,面颊清瘦,下颏较尖,面型轮廓中宽上下窄。

(14) 梯形脸：额部较窄,颊角窄,两眼距离比较近,下颌骨宽,面型轮廓上窄下宽。

(15) 倒梯形脸：额部较宽,两眼距离比较远,颧骨比较高,上颌骨窄,下巴尖，面型轮廓上宽下窄。

(16) 五角形脸：上下颌骨发育良好，下颌角外展明显，颏部比较突出，面型轮廓突出。

(17) 分析：评估图像以确定其比较的适用性，包括辨别重要特性的能力。

(18) 测量比对：清晰的人脸关键点测量并比较两个样本的测量值。

(19) 长宽比：宽度与高度的比例，可以特指像素或图像。

(20) 生物特征匹配：基于某种程度上的计算机评估的相似性，来确定两个样本对应于同一源，但这并不必然意味着两个人是同一个人。

(21) 比对：观察两个或更多的面孔，以确定是否存在差异性或相似性。

(22) 压缩：减少数据文件大小的过程。

(23) 结论：一个合理的演绎或推理。

(24) 检材图像：按照人像鉴定(FI)和人像识别(FR)的标准或者准则而捕获的图像(如司机证件照)。

(25) 评价：①确定两个面部图像的异同值；②在考官评估分析和比较步骤期间观察到细节，并得出结论。

(26) 表情：由脸部肌肉运动或者位置变化导致。

(27) 人像识别：自动搜索计算机人脸数据库(一对多)，典型结果是产生一组由计算机评估的相似度排序的人脸图像。

(28) 人像鉴定：手工检测两张人脸图像或主体与人脸图像(一对一)的差异性和相似性，以判断他们是不同的人或同一个人。

(29) FI：人像鉴定的缩写。

(30) FR：人像识别的缩写。

(31) 正面姿态：直接从几乎与焦平面平行的主体脸的正面捕获的人脸图像。

(32) 直方图：频率分布图以矩形显示，水平轴上的宽度对应等级间隔、高度对应频率。数字图像直方图通常记录已知像素亮度值的数目(例如，0~255)。

(33) 个性特征：能区分个人具有相同的类特性(如雀斑、痣和疤痕)。

(34) 插值：一种图像处理的方法，基于以前和以后的像素、块或帧信息之间的差异，存储一个像素、块或帧的过程。这样做常常是为了提高图像的清晰度。

(35) 无损压缩：文件大小减少的过程中没有数据丢失，并且可以以原始形式恢复所有数据 (例如，LZW 压缩 TIF)。

(36) 有损压缩：文件大小减少过程中数据丢失且无法以其原始形式恢复

(例如，高压缩比 JPEG)。

(37) 扭曲畸变：扭曲或转换使图像中的目标的外观到相机的距离不充分(例如，大鼻子或小耳朵)。一个不到 2m 的距离往往引入明显的透视畸变。

(38) 俯仰：X(水平)轴旋转。正面姿态为 0°俯仰角，正角代表脸俯视(绕 X 轴的逆时针旋转)。

(39) 姿态：人脸对相机的方向，包括俯仰、滚转和水平偏转的方向。常见的姿态是正面和侧面。

(40) 分辨率：图像中区分两个独立但相邻元素的细节的行为、过程或能力。分辨率通常有三个组成部分：空间(如每英寸的像素)、光谱(如颜色数量)和辐射(如色调的数目)。

(41) 标准：相关团体建立和承认的协议。

(42) 水平偏转：在围绕 Y 轴(垂直轴)旋转。正面姿态为 0°偏航角，正面角代表脸看向左边(绕 Y 轴的逆时针旋转)。

(43) 滚转：在围绕 Z 轴(水平轴由前向后)旋转。正面姿态为 0°滚转角，正角表示脸斜倾向于他们的右肩(绕 Z 轴逆时针旋转)。0°滚转角表示左、右眼中心有相同的 Y 坐标。

(44) TIFF：tagged image file format，是由 Aldus 和 Microsoft 公司共同为计算机出版软件和扫描仪研制的较为通用的图像文件格式之一，是一种非失真的文件压缩格式。

(45) 颈部：上界就是头部的下界，而颈部的下界则为胸骨颈静脉切迹(胸骨上切迹)、胸锁关节、锁骨上缘和肩峰直至第 7 颈椎的棘突的连线。

(46) 人像：声像资料中通过照相、摄像等手段记录的人体外貌形象。记录人像的客体包括人像照片和人物视频两大类。

(47) 人像照片：通过照相设备将人体外貌真实地记录在感光材料或其他数字记录媒介上形成的，它反映的是人体外貌瞬时的静态形象。

(48) 视频人像：通过录像设备将人体外貌记录在录像磁带或其他数字媒介上形成的，它反映的是人体外貌的动态形象。

(49) 视频人像检验鉴定：对检材视频中被鉴定人的相貌特征、动态特征和佩饰特征、特殊标记特征等情况与样本视频人像进行检验鉴定，给出确定性、非确定性、不具备检验条件三类五种鉴定结论。

附录2 国内外人像鉴定标准及标准解读

本附录着重介绍国内外人像鉴定标准及标准解读。

F2.1 国内人像鉴定标准

F2.1.1 视频中人像检验技术规范 GA/T 1023—2013

2013-05-13 发布，2013-05-13 实施，由中华人民共和国公安部发布。

1. 范围

本标准规定了视频中人像检验的步骤和方法。

本标准适用于法庭科学领域声像资料鉴定中的视频中人像检验鉴定技术。

2. 术语和定义

下列术语和定义适用于本文件。

2.1 人像 human image

声像资料中通过照相、摄像等手段记录的人体外貌形象。记录人像的客体包括人像照片和人物视频两大类。

2.2 人像照片 human image picture

通过照相设备将人体外貌真实地记录在感光材料或其他数字记录媒介上，它是反映人体外貌瞬时的静态形象。

2.3 人物视频 human video

通过录像设备将人体外貌记录在录像磁带或其他数字媒介上形成的，它是反映人体外貌的动态形象。

2.4 样本人物视频 specimen of human video

用来和检材视频进行比对的视频。

2.5 人像特征 human image characteristic

人体外貌各部分生长特点及其运动习惯的具体征象，是人像鉴定的具体依据。人像特征分为人体外貌的解剖学特征、人体动态特征、人体特殊标记特征及人体着装、佩饰特征等。

2.6 目标人 target person

检材视频中的特定人。

2.7 被检验人 inspected person

样本视频中的特定人。

2.8 视频中人像检验鉴定 human image inspection and identification in video

对检材视频中目标人的体貌特征、动态特征、衣着和配饰特征、特殊标记特征、时空关联特征等情况与样本视频及照片的被检验人进行检验鉴定，做出确定性、非确定性、不具备检验条件三类五种鉴定意见。

3. 人像特征

3.1 人体外貌的解剖学特征

3.1.1 头部形态特征

人体外貌的关键部分在外形上分为脑颅和颜面两部分，因此头部形态特征可分为脑颅形态特征和颜面形态特征。脑颅部的骨骼(额骨，颞骨，顶骨，枕骨)决定了头的整体形态、大小、头顶的长短等；颜面部的骨骼(颧骨，鼻骨，上颌骨，下颌骨)决定了脸部的具体形状和比例。在检验侧面人像时，应注意枕骨的凹凸程度和颜面侧面轮廓形态，在检验正面人像时，既要注意分析颜面的整体形态，又要注意分析发际线，颧部，面颊及下颌各部分的具体形态。

3.1.2 五官形态特征

3.1.2.1 眼：由眼眶、眼睑、眼球三部分组成。眼眶决定了眼的大小，上眼睑、下眼睑及眼裂决定了眼开闭时的形态，眼球有突出，凹陷等情况。根据眼睑缘形态，眼可分为直线型、三角型、圆型等类型，各类型中眼有大、中、小，眼角有上翘、下翘、水平，眼皮有单层、双层、多层等形态。

3.1.2.2 眉：起自眼眶上缘内角延至外角，内端称眉头，外端称眉梢，眉分上列眉、下列眉，上列眉覆盖下列眉，两列眉相交成眉尖，形成眉的浓密处，眉的主要特征表现在眉的走向、浓淡、疏密、长短，以及眉尖、眉梢的具体形态等。

3.1.2.3 耳：主要由耳轮、对耳轮、耳屏、对耳屏和耳垂构成。其主要特征表现在耳的外部轮廓形态、大小、外张情况，耳轮、对耳轮、耳屏、对耳屏和耳垂的具体形态、宽窄、厚薄，以及两耳的相对位置等。

3.1.2.4 口：主要由上唇、下唇、牙齿组成。其特征主要表现在口的闭合形态、大小；上唇、下唇的具体形态，厚薄程度；口角的走向，口裂线的形态；以及牙齿的形态、大小、排列状况、突出程度等。

3.1.2.5 鼻：主要由鼻脊、鼻翼、鼻孔组成。其主要特征表现在鼻的外部轮廓形态、大小、高低，鼻梁的宽窄、曲直、隆起状况，鼻尖的形态、大小、突起程度，鼻孔的形态、大小、仰俯情况，及鼻翼的形态、大小等。

3.1.2.6　脸：由于颅骨的差异，常见脸部的形状有圆形、方形、菱形、目字形、三角形、倒三角形等，还有由于病理性原因形成的特殊形脸。

3.1.2.7　额头：额骨的宽、窄、高、低使额头形成宽额、窄额、高额、低额等特点。

3.1.3　五官配置关系特征

五官的配置关系是指眼、眉、耳、口、鼻在面部的相对位置及相互间的比例关系，包括五官的位置关系和五官的比例关系。具体内容如下：

a) 五官的位置关系指五官在面部的排列情况。检验时应特别注意眉、眼、耳对称关系，以及眉、眼、鼻、口等相邻器官的排列关系等。某一器官与周围骨骼、软组织的运动、组织关系。如眼睛的形状、朝向、凹凸与眉弓骨的形状、结构、凹凸有着密切的关系；

b) 五官的比例关系是指面部五官间的大小、长短、宽窄的比例关系，检验时应特别注意眉、眼、鼻、口与颜面的横向比例关系，以及前额、眉、眼、鼻长、耳长、下颌与颜面的纵向比例关系等。另外，由于两眼球瞳孔和鼻根部中心点形成一个等腰三角形；眼外眦至耳朵等于外眦至口角；眉间至下颏等于眉间至耳轮。

3.1.4　胡须特征

胡须特征主要指胡须的生长方向、长短、浓淡、疏密、粗细等特点。

3.1.5　皱纹特征

皱纹特征主要是指皱纹的生长部位、走向、长短、深浅、粗细、条数及排列等情况。

3.2　人体动态特征

3.2.1　颜面动态特征

颜面动态特征即颜面的表情特征，指拍摄对象在被拍摄时习惯性的表情特点，如微笑、抿嘴、蹙眉、忧郁等。

3.2.2　体态特征

体态特征是指人体外表的形态特征。如肥胖、瘦削、匀称、强壮、瘦弱等。以肩部、胸部、腰部、臀部、上下肢作为衡量的标准。

3.3　人体特殊标记特征

人体外貌的特殊标记特征是由人体生理、病理及损伤等原因形成的人体解剖学特征异常和运动功能异常特征。包括颜面特殊标记，如瘤、痣、斑、麻、斜眼、歪嘴、兔唇等；人体其他部位的特殊标记，如缺指、多指、跛脚、驼背、曲臂等先天性的畸形或残缺；以及人体因外伤、疾病或人为性质形成的纹身、疤痕、残疾等。

3.4　人体着装、佩饰特征

指拍摄对象的穿着习惯和常用佩带、装饰物等，如拍摄对象常穿的服装、常佩带的手表、戒指、手镯、手链、耳环、项链等物品。

4. 检验鉴定类型

4.1 连贯时间段不同空间视频中的目标人。

4.2 非连贯时间段不同空间视频中的目标人。

5. 要求

5.1 案件受理

5.1.1 登记送检单位、送检人姓名和联系电话。

5.1.2 检查送检材料(包括简要案情、样本、检材、检验要求)是否齐全和完好。

5.1.3 全面了解视频的拍摄条件及后期制作过程、拍摄对象情况。

5.1.4 如有需要可到实地拍摄测量,尽可能收集在拍摄时间、条件、构图、位置等方面与检材相近的样本。

5.1.5 送检单位在抓获犯罪嫌疑人时,要第一时间拍摄样本人像照片和密拍样本人物视频。并在送检时将这些材料提供给受理单位。

5.1.6 人像特征的选取是视频人像鉴定的重要环节,特征的选取应遵循下列原则:

a) 人像特征包括整体特征、局部特征和细节特征,特征价值有高有低。一般来说,整体特征出现率高,价值较低,如脸形特征等;局部特征和细节特征出现率低,价值较高,如特殊标记特征等;

b) 在选取人像特征时,应以检材人像为主,遵循先整体、后局部、再细节的原则,注意选取特征价值高的局部和细节特征;

c) 在选取人像特征时,应特别注意选择人像的特殊标记特征,如瘤、痣、斑、麻、斜眼、歪嘴、兔唇、缺指、多指、跛脚、驼背、曲臂等,以及人体因外伤、疾病或人为性质形成的纹身、疤痕、残疾等;

d) 在选取人像特征时,由于图像运动和模糊的特点,多选取个体的动态特征、体态特征和特殊的着装、佩饰特征。

5.2 送检材料

应当提供同时满足以下要求的材料:

a) 简要案情、人物在视频上出现的时间及基本特征、视频与北京时间校准的时间差、送检要求等内容;

b) 送检与案件相关的所有原始视频,特殊格式的视频需要提供播放和转换软件;

c) 视频质量必须达到图像清晰,层次分明,目标人形象清晰、完整;

d) 样本人像照片和样本人物视频要求:

1) 制作标准,要与检材的制作参数相近;

2) 拍摄角度应包括人像的正面、左右侧面、后面、头顶部以及和视频中最佳反映被检验人相貌特点画面相同的角度。

6. 检验步骤和方法

6.1 前期检验

6.1.1 全面了解案情。

6.1.2 对检材视频的截图进行清晰化处理，并制作成人像图片。同时，记录处理的技术手段和步骤，并且保留原图像。

6.1.3 观察检材视频中以下特征：

a) 被检验人的头面部特征和体态特征；

b) 被检验人行走时的动态特征；

c) 被检验人着装、配饰特征；

d) 被检验人的特殊标记特征；

e) 时空关联特征。

6.2 特征选取

分别采集检材视频中的目标人和样本视频中被检验人的以下特征：

a) 体态特征；

b) 不同角度的头面部特征；

c) 局部特征；

d) 习惯性动态特征和个人着装、配饰特征；

e) 交通工具的特征；

f) 特殊标记特征；

g) 时空关联特征。

6.3 分别检验

6.3.1 样本的收集

6.3.1.1 收集拍摄有被检验人的视频资料，以便利用各种人体动态，着装、配饰特征和时空关联等特征。

6.3.1.2 应拍摄实验样本，通过控制拍摄条件及让被检验人变换姿态等方式，拍摄与检材人像条件一致或相近的样本。

6.3.2 检材人像和样本人像的处理和制作

6.3.2.1 样本人像如果不太清晰，可通过图像处理技术对其进行处理，并将处理的图像制作成人像图片/视频片断。

6.3.2.2 将检材视频中的目标人和样本视频中的被检验人分别截图后，制成检材人像图片和样本人像图片，供比较检验使用。制作时，应按等瞳距或相等的任意两测量点间距作基准，将检材人像与样本人像制作成等大。

6.3.2.3 尽可能截取不同角度的人像图片，以便能反映出更多的人像特征。

6.3.2.4　对于视频反映出的动态特征，应分别截取检材视频和样本视频上反映出人体动态特征的片断或图片，供比较检验使用。

6.4　比较检验

6.4.1　测量比较法

即在检材和样本人像上选取若干共同的测量点，然后选用适当的测量工具进行测量，比较各测量点之间的数值及比例关系，也可以比较各连线交叉组合成的几何形态及交叉角度。

6.4.2　特征比较法

对检材视频中的目标人和样本视频中被检验人进行以下比对：

a) 由所处环境时空关系的差异所呈现差异特征的比对；

b) 个体特征比对；

c) 行为特征比对；

d) 特殊标记特征比对；

e) 关联物品特征(携带物品、使用交通工具等)比对。

6.4.3　重叠比较法

将检材视频和样本视频中的人像正面截图按同一大小、同一比例、同一分辨率、同一图像格式在检验软件中分别打开，通过软件的相关工具将图像脸部重叠，利用图层的透明度，进行定位和标识测量，通过计算比例关系或构成的几何形态、交叉角度等方法，检验人脸重叠的吻合程度。

6.4.4　拼接比较法

将检材视频和样本视频中的人像正面截图按同一大小、同一比例、同一分辨率、同一图像格式在检验软件中分别打开，通过软件的剪裁工具，将视频人像分别截取左边脸或右边脸，将截取的左边脸人像移到截取右边脸人像的文件里，将两者拼接到一起，根据人脸左右对称的原理，比对脸部左右边特征点的对称程度、眼睛、鼻、口唇、耳廓左右两边之间的对称程度，检验拼接在一起的人脸的对称程度。

6.5　综合评判

6.5.1　对人像特征差异点的分析和评价

对人像特征差异点的分析应充分考虑以下几方面因素：

a) 视频中由于拍摄角度、拍摄条件等因素的不同形成的差异；

b) 被检验人由于运动形成的差异；

c) 由于被检验人不同穿戴形成的差异；

d) 由于被检验人伪装或者整形引起的差异；

e) 人体自然发育生长引起的差异；

f) 检材视频中的目标人和样本视频中被检验人由于时空关系的差异而形成的特征差异。

6.5.2　对人像特征符合点的分析和评价

对人像特征符合点的分析应注意把握以下几个方面：

a) 一般情况下，出现率低的局部特征、特殊标记特征及个体性的动态特征；由于其特异性，特征价值较高，是同一认定的主要依据；

b) 对每一个符合特征，不能仅从外部形态去分析，还必须从其具体的走向、大小、高低、长短等细节特征，结合其对称的部分或相关联的部分综合分析，尽量提高每一特征的使用价值；

c) 分析人像的特殊标记特征的符合情况，如瘤、痣、斑、麻、斜眼、歪嘴、兔唇、缺指、多指、跛脚、驼背、曲臂等，以及人体因外伤、疾病或人为原因形成的纹身、疤痕、残疾等；

d) 分析被检验人特殊的着装、佩饰特征的符合情况；

e) 分析被检验人所使用交通工具特征的情况。

6.5.3　对人像特征符合点和差异点的综合评断

根据对检材人像与样本人像的特征符合点和差异点的分析和评价结果，综合评断检材人像与样本人像的特征符合点和特征差异点的总体价值，最终作出相应的鉴定意见。

7. 鉴定意见的种类

根据视频人像鉴定公安实践的需求，鉴定意见分为确定性、非确定性、不具备检验条件三类五种，即：

a) 肯定同一；

b) 否定同一；

c) 倾向肯定同一；

d) 倾向否定同一；

e) 不具备检验条件。

8. 鉴定意见的表述

8.1　确定性鉴定意见

8.1.1　肯定同一

检材、样本的视频人像具备下列条件，出具鉴定书，鉴定意见表述为同一人像：

a) 检材、样本视频人像存在足够数量的符合特征，且符合特征的价值充分反映了同一人的外貌特点；

b) 检材、样本的视频人像没有本质差异特征，或者差异或变化特征能得到合理的解释。

8.1.2　否定同一

检材、样本的视频人像存在足够数量的差异特征，且差异特征充分反映了不同人的外貌特点，出具鉴定书，鉴定意见表述不为同一人像。

8.2　非确定性鉴定意见

8.2.1　倾向肯定同一

检材、样本的视频人像具备下列条件，出具鉴定书，鉴定意见表述倾向为同一人像：

a) 检材、样本的视频人像存在较多的符合特征，且符合特征的价值基本反映了同一人的外貌特点；

b) 检材、样本的视频人像没有显著的差异特征；

c) 检材、样本的视频人像的差异或变化特征能得到较合理的解释。

8.2.2　倾向否定同一

检材、样本的视频人像具备下列条件，出具鉴定书，鉴定意见表述倾向不为同一人像：

a) 检材、样本的视频人像存在较多的差异特征，且差异特征的价值基本反映了不同人的外貌特点；

b) 检材、样本的视频人像没有显著的符合特征；

c) 检材、样本的视频人像的符合或相似特征能得到较合理的解释。

8.3　不具备检验条件

送检视频图像质量差、无法辨识，或人像图像反映出特征少、不稳定的情况，出具检验报告，检验结果表述为"不具备检验条件"。

F2.1.2　声像资料鉴定通用规范

司法鉴定技术规范——声像资料鉴定通用规范(SF/Z JD0300001—2010)

2010-04-07 发布，2010-04-07 生效，由中华人民共和国司法部司法鉴定管理局发布。

第 1 部分　声像资料鉴定通用术语

1. 范围

本部分规定了声像资料鉴定中常用的术语及其定义。

本部分适用于声像资料鉴定中的各项鉴定。

2. 术语和定义

2.1　声像资料 Audio/Video Materials

运用现代科学技术手段，以录音、录像、照相等方式记录并储存的有关案件所涉客体的声音和形象的证据。具体分为录音资料、录像资料和照片/图片资料。

2.2　声像资料鉴定　Forensic Audio/Video Examination

简称声像鉴定，指运用现代科学技术手段结合专业经验知识，对录音带、录像带、磁盘、光盘、存储卡、图片等载体上记录的声音、图像信息的真实性、所反映的情况过程及声音、人体、物体的同一性等问题所进行的科学判断。

2.3　录音资料鉴定　Forensic Examination of Audio Recordings

声像资料中的录音资料的鉴定。具体内容有录音资料真实性(完整性)鉴定、语音同一性鉴定、录音同源性鉴定、录音内容辨听、录音处理、录音设备分析等。

2.4　录像资料鉴定　Forensic Examination of Video Recordings

声像资料中的录像资料的鉴定。具体内容有录像资料真实性(完整性)鉴定、人像鉴定、物像鉴定、录像同源性鉴定、录像过程分析、录像/图像处理、录像设备分析等。

2.5　照片/图片资料鉴定　Forensic Examination of Photographs

声像资料中的照片/图片资料的鉴定。具体内容有图像真实性(完整性)鉴定、人像鉴定、物像鉴定、图像同源性鉴定、图像处理、照相设备分析等。

2.6　录音资料真实性(完整性)鉴定　Forensic Authentication of Audio Recordings

又称录音资料剪辑鉴定，指通过听觉感知、声谱分析、元数据分析、数字信号分析等技术手段，对录音资料的原始性、连续性和完整性所进行的科学判断，以确定其是否经过后期加工处理。

2.7　录像资料真实性(完整性)鉴定　Forensic Authentication of Video Recordings

又称录像资料剪辑鉴定，指通过视觉辨识、成像分析、音频信号分析、视频信号分析、元数据分析、数字信号分析等技术手段，对录像资料的原始性、连续性和完整性所进行的科学判断，以确定其是否经过后期加工处理。

2.8　照片/图片资料真实性(完整性)鉴定　Forensic Authentication of Photographs

又称图像篡改鉴定，指通过视觉辨识、成像分析、元数据分析、数字信号分析等技术手段，对照片/图片是否经过后期加工处理所进行的科学判断。

2.9　语音同一性鉴定　Forensic Voice Identification

又称声纹鉴定、话者识别/鉴定、说话人鉴定和嗓音鉴定，指通过比较、分析，对声像资料记载的语音的同一性问题所进行的科学判断。

2.10　人像鉴定　Forensic Identification of Human Images

通过比较、分析，对声像资料记载的人体的同一性问题所进行的科学判断。

2.11　物像鉴定　Forensic Identification of Object Images

通过比较、分析，对声像资料记载的物体的同一性问题所进行的科学判断。

2.12　录音内容辨听　Forensic Interpretation of Audio Recordings

通过听辨，必要时借助录音处理等技术手段，书面整理录音资料所反映的对话内容。

2.13　录像过程分析　Forensic Process Analysis of Video Recordings

通过观察，必要时借助图像处理等技术手段，对录像资料记载的人、物的状态和变化情况所进行的辨识。

2.14　录音处理　Enhancement of Audio Recordings

通过数字信号处理，降低录音中不希望的声音成分，增强需要的声音成分，改善听觉或声谱效果。

2.15　图像处理　Image Processing

通过数字信号处理，对照相、录像记载的图像进行增强、校正、去模糊等处理，突出、复原需要的画面，改善视觉效果。

2.16　同源性鉴定　Origin Identification

通过比较、分析，对不同声像资料记载的语音、音乐等声音及人体、物体等形象是否出自于同一次的记录所进行的科学判断。

2.17　检材　Questioned Audio/Video Materials

声像资料鉴定中特指需要进行鉴定的录音、录像、照片／图片资料。

2.18　样本　Known Audio/Video Materials

声像资料鉴定中特指供比较和对照的录音、录像、照片／图片资料。

2.19　检材语音　Questioned Voice

又称检材语声、需检语音和需检语声，指检材中需要鉴定的说话人语音。

2.20　检材人像　Questioned Human Images

又称需检人像，指检材中需要鉴定的人体的形象。

2.21　检材物像　Questioned Object Images

又称需检物像，指检材中需要鉴定的物体的形象。

2.22　样本语音　Known Voice

又称样本语声，指样本中供比较和对照的说话人语音。

2.23　样本人像　Known Human Images

样本中供比较和对照的人体的形象。

2.24　样本物像　Known Object Images

样本中供比较和对照的物体的形象。

2.25　原始录音　Original Audio Recordings

事件发生时用特定设备和介质记录生成的录音资料。

2.26　原始录像　Original Video Recordings

事件发生时用特定设备和介质记录生成的录像资料。

2.27 原始照片 Original Photographs

事件发生时用特定设备和介质记录生成的照片资料，一般表现为底片和图像文件。

2.28 声称的原始声像 The Alleged Original Audio/Video Materials

声像资料提交方(录制/拍摄方)声称的原始录音、录像、照片资料。

2.29 声像资料复制件 Copy of Audio/Video Materials

采用转录、采集、扫描、计算机拷贝等方式复制的录音、录像、照片/图片资料。

2.30 检材录制/拍摄设备 Recording Equipment of Audio/Video Materials

录制/拍摄原始检材录音、录像、照片资料的设备。

2.31 录制的检材录制/拍摄设备 The Alleged Recording Equipment of Questioned Audio/Video Materials

检材提交方(录制/拍摄方)声称的录制/拍摄检材的设备。

第 2 部分 声像资料鉴定通用程序

1. 范围

本部分规定了声像资料鉴定中案件的受理程序。

本部分规定了声像资料鉴定中案件的检验/鉴定程序。

本部分规定了声像资料鉴定中送检材料的流转程序。

本部分规定了声像资料鉴定中鉴定结果报告程序。

本部分规定了声像资料鉴定中检验记录程序。

本部分规定了声像资料鉴定中案件的档案管理程序。

本部分规定了声像资料鉴定中的出庭程序。

本部分适用于声像资料鉴定中的各项鉴定。

2. 规范性引用文件

下列文件中的条款通过本部分的引用而成为本部分的条款。凡是注明日期的引用文件，其随后所有的修改单(不包括勘误的内容)或修订版均不适用于本部分，然而，鼓励根据本部分达成协议的各方研究是否可适用这些文件的最新版本。凡是不注明日期的引用文件，其最新版本适用于本部分。

《司法鉴定程序通则》2007 年 8 月 7 日司法部颁布，2007 年 10 月 1 日起施行

SF/Z JD0300001—2010 声像资料鉴定通用规范 第 1 部分：声像资料鉴定通用术语

SF/Z JD0301001—2010 录音资料鉴定规范 第 1 部分：录音资料真实性(完整性)鉴定规范

SF/Z JD0301001—2010 录音资料鉴定规范 第 2 都分：录音内容辨听规范

SF/Z JD0301001—2010　录音资料鉴定规范　第 3 部分：语音同一性鉴定规范

SF/Z JD0304001—2010　录像资料鉴定规范　第 1 部分：录像资料真实性(完整性)鉴定规范

SF/Z JD0304001—2010　录像资料鉴定规范　第 2 部分：录像过程分析规范

SF/Z JD0304001—2010　录像资料鉴定规范　第 3 部分：人像鉴定规范

SF/Z JD0304001—2010　录像资料鉴定规范　第 4 部分：物像鉴定规范

3. 受理程序

3.1　案件的接受

3.1.1　案件可通过当面和邮件两种方式接受。

3.1.2　委托方必须提供介绍信、委托书等有关委托手续。

3.1.3　受理人应为具有声像资料鉴定资格的鉴定人。

F2.1.3　录像资料鉴定规范

司法鉴定技术规范——录像资料鉴定规范(SF/Z JD0304001—2010)

2010-04-07 发布，2010-04-07 生效，由中华人民共和国司法部司法鉴定管理局发布。

前　言

声像资料鉴定标准是由系列标准构成的标准体系。下面列出了这些标准的预计结构。

a) SF/Z JD0300001—2010　声像资料鉴定通用规范

第 1 部分：声像资料鉴定通用规范

第 2 部分：声像资料鉴定通用程序

b) SF/Z JD0301001—2010　录音资料鉴定规范

第 1 部分：录音资料真实性(完整性)鉴定规范

第 2 部分：录音内容辨听规范

第 3 部分：语音同一性鉴定规范

c) SF/Z JD0304001—2010　录像资料鉴定规范

第 1 部分：录像资料真实性(完整性)鉴定规范

第 2 部分：录像过程分析规范

第 3 部分：人像鉴定规范

第 4 部分：物像鉴定规范

本标准由司法部司法鉴定科学技术研究所提出。

本标准由司法部司法鉴定科学技术研究所负责起草。

本标准主要起草人：施少培、杨旭、孙维龙、卞新伟、陈晓红、奚建华、徐彻、钱煌贵。

第3部分 人像鉴定规范

1. 范围

本部分规定了声像资料鉴定中人像鉴定的步骤和方法。

本部分适用于声像资料鉴定中的人像鉴定。

2. 规范性引用文件

下列文件中的条款通过本部分的引用而成为本部分的条款。凡是注明日期的引用文件，其随后所有的修改单(不包括勘误的内容)或修订版均不适用于本部分，然而，鼓励根据本部分达成协议的各方研究是否可适用这些文件的最新版本。凡是不注明日期的引用文件，其最新版本适用于本部分。

SF/Z JD0300001—2010 声像资料鉴定通用规范 第1部分：声像资料鉴定通用术语

SF/Z JD0300001—2010 声像资料鉴定通用规范 第2部分：声像资料鉴定通用程序

3. 术语和定义

3.1 人像

人像是指声像资料中通过照相、摄像等手段记录的人体外貌形象。记录人像的客体包括人像照片和人体录像两大类。

3.2 人像照片

人像照片是通过照相设备将人体外貌真实地记录在感光材料或其它数字记录媒介上形成的，它反映的是人体外貌瞬时的静态形象。

3.3 人体录像

人体录像是通过录像设备将人体外貌记录在录像磁带或其它数字媒介上形成的，它反映的是人体外貌的动态形象。

3.4 人像特征

人像特征是人体外貌各部分生长特点及其运动习惯的具体征象，是人像鉴定的具体依据。人像特征分为人体外貌的解剖学特征、人体动态特征、人体特殊标记特征及人体着装、佩饰特征等。

4. 人像特征

4.1 人体外貌的解剖学特征

4.1.1 头部形态特征

头部是人体外貌的关键部分，在外形上分为脑颅和颜面两部分，因此头部形态特征可分为脑颅形态特征和颜面形态特征。脑颅部的骨骼(额骨、颞骨、顶骨、枕骨)决定了头的整体形态、大小、头顶的长短等；颜面部的骨骼(颧骨、鼻骨、上颌骨、下颌骨)决定了脸部的具体形状和比例。在检验侧面人像时，应注意枕骨的凹凸程度和颜面侧面轮廓形态。在检验正面人像时，既要注意分析颜面的整体形态，又要注意分析发际线、颞部、面颊及下颌各部分的具体形态。

4.1.2 五官形态特征

(1) 眼：由眼眶、眼睑、眼球三部分组成。眼眶决定了眼的大小，上眼睑、下眼睑及眼裂决定了眼开闭时的形态，眼球有突出、凹陷等情况。根据眼睑缘形态，眼可分为直线型、三角型、圆型等类型，各类型中眼有大、中、小，眼角有上翘、下翘、水平，眼皮有单层、双层、多层等形态。

(2) 眉：起自眼眶上缘内角延至外角，内端称眉头，外端称眉梢。眉分上列眉、下列眉，上列眉覆盖下列眉，两列眉相交成眉尖，形成眉的浓密处。眉的主要特征表现在眉的走向、浓淡、疏密、长短，以及眉尖、眉梢的具体形态等。

(3) 耳：主要由耳轮、对耳轮、耳屏、对耳屏、耳垂构成。其主要特征表现在耳的外部轮廓形态、大小、外张情况，及耳轮、对耳轮、耳屏、对耳屏、耳垂的具体形态、宽窄、厚薄，以及两耳的相对位置等。

(4) 口：主要由上唇、下唇、牙齿组成。其特征主要表现在口的闭合形态、大小，上唇、下唇的具体形态、厚薄程度，口角的走向，口裂线的形态，以及牙齿的形态、大小、排列状况、突出程度等。

(5) 鼻：主要有鼻脊、鼻翼、鼻孔组成。其主要特征表现在鼻的外部轮廓形态、大小、高低，鼻梁的宽窄、曲直、隆起状况，鼻尖的形态、大小、突起程度，鼻孔的形态、大小、仰俯情况，及鼻翼的形态、大小等。

4.1.3 五官配置关系特征

五官的配置关系是指眼、眉、耳、口、鼻在颜面上的相对位置及相互间的比例关系，包括五官的位置关系和五官的比例关系。

(1) 五官的位置关系指五官在颜面上的排列情况。检验时应特别注意眉、眼、耳对称关系，及眉眼、鼻、口等相邻器官的排列关系等。

(2) 五官的比例关系是指颜面上五官间的大小、长短、宽窄的比例关系。检验时应特别注意眉、眼、鼻、口与颜面的横向比例关系，及前额、眉、眼、鼻长、耳长、下颌与颜面的纵向比例关系等。

4.1.4 胡须特征

胡须特征主要指胡须的生长方向、长短、浓淡、疏密、粗细等特点。

4.1.5 皱纹特征

皱纹特征主要是指皱纹的生长部位、走向、长短、深浅、粗细、条数及排列等情况。

4.2　人体动态特征

人体动态特征是指人体通过颈部与腰部、肩关节与髋关节等运动形成的人体各种习惯性的动作，以及人体颜面在面部肌肉作用下形成的丰富多彩的表情特征，它包括颜面动态特征和头部、四肢、腰部习惯性的体态特征。

4.2.1　颜面动态特征

颜面动态特征即颜面的表情特征，指拍摄对象在被拍摄时习惯性的表情特点，如微笑、抿嘴、蹙眉、忧郁等。

4.2.2　体态特征

体态特征是指人体在拍摄时头部、四肢、腰部习惯性的姿态。检验时应特别注意头部和四肢的姿态及运动时的特点。头部姿态应注意头部的仰俯、右倾、左倾等情况；上肢姿态应注意两臂习惯性的伸屈动作，手腕、手指习惯性的造型，及运动时的手势特征等。下肢姿态应注意拍摄时习惯性的立、站、坐、蹲的姿态，及运动时的步态特征等。

4.3　人体特殊标记特征

人体外貌的特殊标记特征是由人体生理、病理及损伤等原因形成的人体解剖学特征异常和运动功能异常特征。包括颜面特殊标记，如瘤、痣、斑、麻、斜眼、歪嘴、兔唇等；人体其他部位的特殊标记，如缺指、多指、跛脚、驼背、曲臂等先天性的畸形或残缺；以及人体因外伤、疾病或人为性质形成的纹身、疤痕、残疾等。

4.4　人体着装、佩饰特征

指拍摄对象的穿着习惯和常用佩带、装饰物等，如拍摄对象常穿的服装，常佩带的手表、戒指、手镯、手链、耳环、项链等物品。

5. 人像鉴定的步骤和方法

人像鉴定是运用同一认定的原理和方法，因而和其他物证同一认定的方法一样，也包括分别检验、比较检验和综合评断三个基本步骤。

5.1　分别检验

5.1.1　对检材人像照片的审查

全面了解检材人像照片/录像的拍摄条件及后期制作过程、拍摄对象情况，以及有关案件情况。

5.1.2　样本的收集

(1) 检材是人像照片时，应尽可能收集在拍摄时间、条件、构图等方面与检材照片相近的样本照片，同时应注意收集这些样本照片的原始底片或数字图像；

(2) 检材是人体录像时，注意收集录有被鉴定人的录像资料，以便利用丰富多彩的人体动态特征；

(3) 需要时，应拍摄实验样本，通过控制拍摄条件及让被鉴定人变换姿态等方式，拍摄与检材人像条件一致或相近的样本。

5.1.3　检材人像和样本人像的处理和制作

(1) 对于模糊不清的样本人像，可通过图像处理技术对其进行处理，并将处理的图像制作成人像图片／录像片段。

(2) 将检材人像和样本人像复制或截图后，制成检材人像图片和样本人像图片，供比较检验使用。制作时，应按等瞳距或相等的任意两侧量点间距作基准，将检材人像与样本人像制作成等大。

(3) 当检材为录像时，尽可能截取不同角度的人像图片，以便能反映出更多的人像特征。

(4) 对于录像反映出的动态特征，应分别截取检材录像与样本录像上反映出人体动态特征的片断或图片，供比较检验使用。

5.1.4　人像特征的选取

人像特征是人像鉴定的具体依据，特征的选取应遵循以下原则：

(1) 人像特征包括整体特征、局部特征和细节特征，特征价值有高有低。一般来说，整体特征出现率高，价值较低，如脸形特征等；局部特征和细节特征出现率低，价值较高，如特殊标记特征等。

(2) 在选取人像特征时，应以检材人像为主，遵循先整体、后局部、再细节的原则，注意选取特征价值高的局部和细节特征。

(3) 在选取人像特征时，应特别注意选择人像的特殊标记特征，如瘤、痣、斑、麻、斜眼、歪嘴、兔唇、缺指、多指、跛脚、驼背、曲臂等，以及人体因外伤、疾病或人为性质形成的纹身、疤痕、残疾等。

(4) 在选取人像特征时，还应尽量利用那些习惯性的动态特征和特殊的个人着装、佩饰特征。

5.2　比较检验

比较检验的任务是将分别检验中选取的人像特征进行比对，找出检材人像与样本人像的特征符合点和差异点。比较检验主要采用以下几种方法：

5.2.1　特征标示法

将检材与样本人像特征逐一直接进行比对，并标示出特征的符合点和差异点。通常用红色标识符合特征，蓝色标识差异特征。

5.2.2　测量比较法

即在检材和样本人像上选取若干共同的测量点，然后选用适当的测量工具进行测量，比较各测量点之间的数值及比例关系，也可比较各连接线交叉组合成的几何形态及交叉角度等。

5.2.3　拼接比较法

用等大的检材人像和样本人像图片，选取两个相同的测量点连线，再沿连接线将对应的检材人像和样本人像进行接合，观察其吻合程度。另外，也可在投影比对仪等专门仪器上进行拼接比对。

5.2.4　定位比较法

选用带网线的透明胶片或玻璃片覆盖于检材人像和样本人像之上，确定各人像特征的位置、大小、相互间比例关系等。

5.2.5　重叠比较法

先将检材人像和样本人像制成等大的负片，然后用两负片进行透光重叠比较，或将两负片重叠曝光再制成正片，观察其吻合程度。另外，也可在投影比对仪等专门仪器上进行重叠比对。

5.2.6　计算机图像比对法

人像的比较检验也可借助计算机，选用适当的图像软件，将检材人像和样本人像进行拼接、重叠、定位、测量等综合的比对分析。

5.3　综合评断

综合评断是人像鉴定的关键步骤，是对比较检验中发现的检材人像与样本人像的特征符合点和差异点作出客观的评断和合理的解释，并根据人像特征符合点或差异点总和的价值作出相应的鉴定结论。

5.3.1　对人像特征差异点的分析和评价

对人像特征差异点的分析应充分考虑以下几方面因素：

(1) 人体自然发育生长引起的人像特征的变化；

(2) 人体伤病引起的人像特征的变化；

(3) 化妆、整容等引起的人像特征的变化；

(4) 死亡引起的人像特征的变化；

(5) 拍摄条件、拍摄对象的姿态变化引起的人像特征的变化；

(6) 照片/录像后期加工处理引起的变化。

5.3.2　对人像特征符合点的分析和评价

对人像特征符合点的分析应注意把握以下几个方面：

(1) 一般情况下，出现率低的局部特征、五官细节特征，特殊标记特征，以及习惯性的动态特征，其特征价值较高，是同一认定的主要依据；

(2) 对每一个符合特征，不能仅从外部形态去分析，还必须从其具体的走向、大小、高低、长短等细节特征，结合其对称的部分或相关联的部分综合分析，尽量提高每一特征的使用价值；

(3) 应特别注意人像的特殊标记特征的符合情况，如瘤、痣、斑、麻、斜眼、歪嘴、兔唇、缺指、多指、跛脚、驼背、曲臂等，以及人体因外伤、疾病或人为原因形成的纹身、疤痕、残疾等；

(4) 应特别注意个人特殊的着装、佩饰特征的符合情况。

5.3.3　对人像特征符合点和差异点的综合评断

根据对检材人像与样本人像的特征符合点和差异点的分析和评价结果，综合评断检材人像与样本人像的特征符合点和特征差异点的总体价值，最终作出相应的鉴定结论。

6. 鉴定结论的种类及判断标准

在人像鉴定实践中，由于存在检材或样本所反映出的人像特征的数量或质量等客观原因，其特征的总体价值尚不能充分反映出同一人或不同人的外貌特点。在此种情况下，根据司法实践的需要，鉴定人可依据人像特征反映的客观情况，运用所掌握的专业知识和积累的实践经验，对反映出的人像特征进行综合评断，作出非确定性结论(即推断性结论)。根据人像鉴定司法实践的需求，鉴定结论分为确定性、非确定性和无法判断三类五种，即：肯定同一、否定同一；倾向肯定同一、倾向否定同一、无法作出结论。

6.1　确定性结论

6.1.1　肯定同一

(1) 检材人像与样本人像存在足够数量的符合特征，且符合特征的价值充分反映了同一人的外貌特点；

(2) 检材人像与样本人像没有本质的差异特征；

(3) 检材人像与样本人像的差异或变化特征能得到合理的解释。

6.1.2　否定同一

(1) 检材人像与样本人像存在足够数量的差异特征，且差异特征的价值充分反映了不同人的外貌特点；

(2) 检材人像与样本人像没有本质的符合特征；

(3) 检材人像与样本人像的符合或相似特征能得到合理的解释。

6.2　非确定性结论

6.2.1　倾向肯定同一

(1) 检材人像与样本人像存在较多的符合特征，且符合特征的价值基本反映了同一人的外貌特点；

(2) 检材人像与样本人像没有本质的差异特征；

(3) 检材人像与样本人像的差异或变化特征能得到较合理的解释。

6.2.2　倾向否定同一

(1) 检材人像与样本人像存在较多的差异特征，且差异特征的价值基本反映了不同人的外貌特点；

(2) 检材人像与样本人像没有本质的符合特征；

(3) 检材人像与样本人像的符合或相似特征能得到较合理的解释。

6.3 无法判断是否同一

(1) 检材人像不具备鉴定条件；

(2) 样本人像不具备比对条件；

(3) 根据检材人像和样本人像的具体情况,经综合评断既不能作出确定性结论,也不能作出非确定性结论。

7. 鉴定结论的表述

7.1 鉴定结论的表述应准确全面，且简明扼要。

7.2 如样本所拍摄的对象是明确的，鉴定结论表述为"检材人像……是或不是(或非确定性)某人的人像"。

7.3 如样本所拍摄的对象不明确的，鉴定结论表述为"检材人像……与样本人像是或不是(或非确定性)同一人的人像"。

F2.1.4 违法犯罪人员信息系统数据项规范 GA 428—2003

前　　言

本标准的全部内容为强制性。

本标准由公安部刑事侦查局提出。

本标准由公安部计算机与信息处理标准化技术委员会归口。

本标准起草单位：公安部刑事侦查局。

本标准主要起草人：宋鲁韬、李东海。

1. 范围

本标准规定了违法犯罪人员信息系统的基本数据项及其格式。

本标准适用于违法犯罪人员信息的数据采集、存储以及系统之间的数据交换。

2. 规范性引用文件

下列文件中的条款通过本标准的引用而成为本标准的条款。凡是注日期的引用文件，其随后所有的修改单(不包括勘误的内容)或修订版均不适用于本标准，然而，鼓励根据本标准达成协议的各方研究是否可使用这些文件的最新版本。凡是不注日期的引用文件，其最新版本适用于本标准。

GB/T 2260　中华人民共和国行政区划代码

GB/T 2261　人的性别代码

GB 2312　信息交换用汉字编码字符集基本集

GB/T 2659　世界各国和地区名称代码

GB/T 3304　中国各民族名称的罗马字母写法和代码

GB/T 4658　文化程度代码

GB/T 6565　职业分类与代码

GB 11643　公民身份号码

GB 18030　信息技术信息交换用汉字编码字符集基本集的扩充

GA 24.4　机动车登记信息代码 第4部分：机动车辆类型代码

GA 240.1　刑事犯罪信息管理代码 第1部分：案件类别代码

GA 240.2　刑事犯罪信息管理代码 第2部分：专长代码

GA 240.3　刑事犯罪信息管理代码 第3部分：体表特殊标记代码

GA 240.4　刑事犯罪信息管理代码 第4部分：选择时机分类和代码

GA 240.5　刑事犯罪信息管理代码 第5部分：选择处所分类和代码

GA 240.6　刑事犯罪信息管理代码 第6部分：选择对象分类和代码

GA 240.7　刑事犯罪信息管理代码 第7部分：作案手段分类和代码

GA 240.8　刑事犯罪信息管理代码 第8部分：作案特点分类和代码

GA 240.9　刑事犯罪信息管理代码 第9部分：销赃方式分类和代码

GA 240.10　刑事犯罪信息管理代码 第10部分：涉案物品分类和代码

GA 240.11　刑事犯罪信息管理代码 第11部分：主要货币代码

GA 240.12　刑事犯罪信息管理代码 第12部分：管理方法代码

GA 240.13　刑事犯罪信息管理代码 第13部分：人身伤害程度代码

GA 240.14　刑事犯罪信息管理代码 第14部分：在逃人员类型代码

GA 240.15　刑事犯罪信息管理代码 第15部分：人员关系代码

GA 240.16　刑事犯罪信息管理代码 第16部分：违法犯罪经历代码

GA 240.17　刑事犯罪信息管理代码 第17部分：涉案单位类型代码

CJA 240.18　刑事犯罪信息管理代码 第18部分：破案方式分类和代码

GA 240.19　刑事犯罪信息管理代码 第19部分：作案原因代码

GA 240.20　刑事犯罪信息管理代码 第20部分：处理方式分类和代码

GA 240.21　刑事犯罪信息管理代码 第21部分：危害程度代码

GA 240.22　刑事犯罪信息管理代码 第22部分：可疑依据代码

GA 240.23　刑事犯罪信息管理代码 第23部分：不在业代码

GA 240.24　刑事犯罪信息管理代码 第24部分：体貌特征分类和代码

GA 240.25　刑事犯罪信息管理代码 第25部分：牙齿位置代码

GA 240.26　刑事犯罪信息管理代码 第26部分：票券代码

GA 240.27　刑事犯罪信息管理代码 第27部分：枪支弹药分类和代码

GA 240.28　刑事犯罪信息管理代码 第28部分：暂留缘由代码

GA 240.29　刑事犯罪信息管理代码 第29部分：发案地域类型代码

GA 240.30　刑事犯罪信息管理代码　第 30 部分：户籍地类型代码
GA 240.31　刑事犯罪信息管理代码　第 31 部分：人身受害形式代码
GA 240.32　刑事犯罪信息管理代码　第 32 都分：刑嫌类别代码
GA 240.33　刑事犯罪信息管理代码　第 33 部分：刑嫌调控对象来源代码
GA 240.34　刑事犯罪信息管理代码　第 34 部分：居住状况代码
GA 240.35　刑事犯罪信息管理代码　第 35 部分：撤控理由代码
GA 240.36　刑事犯罪信息管理代码　第 36 部分：指印分类和代码
GA 240.37　刑事犯罪信息管理代码　第 37 部分：指节印分类和代码
GA 240.38　刑事犯罪信息管理代码　第 38 部分：手掌印分类和代码
GA 240.39　刑事犯罪信息管理代码　第 39 部分：手套印代码
GA 240.40　刑事犯罪信息管理代码　第 40 部分：鞋印分类和代码
GA 240.41　刑事犯罪信息管理代码　第 41 部分：脚印分类和代码
GA 240.42　刑事犯罪信息管理代码　第 42 部分：工具痕迹分类和代码
GA 240.43　刑事犯罪信息管理代码　第 43 部分：车辆轮胎痕迹分类和代码
GA 240.44　刑事犯罪信息管理代码　第 44 部分：整体分离痕迹代码
GA 240.45　刑事犯罪信息管理代码　第 45 部分：纺织品痕迹代码
GA 240.46　刑事犯罪信息管理代码　第 46 部分：牙齿痕迹代码
GA 240.47　刑事犯罪信息管理代码　第 47 部分：笔迹分类和代码
GA 240.48　刑事犯罪信息管理代码　第 48 部分：步幅特征分类和代码
GA 240.49　刑事犯罪信息管理代码　第 49 部分：射击弹壳痕迹分类和代码
GA 240.50　刑事犯罪信息管理代码　第 50 部分：射击弹头痕迹分类和代码
GA 240.51　刑事犯罪信息管理代码　第 51 部分：微量物证分类郏代码
GA 240.52　刑事犯罪信息管理代码　第 52 部分：鞋底花纹分类和代码
GA 240.53　刑事犯罪信息管理代码　第 53 部分：印刷字迹分类和代码
GA 240.54　刑事犯罪信息管理代码　第 54 部分：通缉级别代码
GA 240.55　刑事犯罪信息管理代码　第 50 部分：督捕级别代码
GA 240.56　刑事犯罪信息管理代码　第 56 部分：在逃人员信息编号规则
GA 240.57　刑事犯罪信息管理代码　第 57 部分：汉语口音编码规则
GA 324.6　人口信息管理代码　第 6 部分：血型代码
GA 380　全国公安机关机构代码编制规则

3. 数据项及格式

3.1　人员基本数据项及格式
人员基本数据项及格式见表 1。

表 1　人员基本数据项及格式

序号	数据项	类型	长度	说明
1	人员编号	字符	23	见说明4.2
2	人员类型		1	见说明4.4
3	姓名		30	
4	性别		1	GB/T 2261
5	出生日期		8	填写年月日YYYYMMDD
6	年龄		3	
7	别名或绰号		30	
8	国籍或地区		3	GB/T 2659
9	民族		2	GB/T 3304
10	文化程度		2	GB/T 4658
11	身份		3*3	GA 240.6
12	工作单位		3	GB/T 6565
13	职业		40	
14	工作单位		2	GA 240.28
15	暂住地行政区划		6	GB/T 2260
16	暂住地址		40	
17	居住地行政区划		6	GB/T 2260
18	居住地址		40	
19	户籍地行政区划		6	GB/T 2260
20	户籍地址		40	
21	户籍地类型		2	GA 240.30
22	居住状况		1	GA 240.34
23	身份号码		18	GB 11643
24	其他证件名称		3*3	
25	其他证件号码		20*3	
26	管辖所		12	GA 380
27	指纹编号		23	见说明4.2，第一位字号为Z
28	正面照片	二进制流		300dpi
29	侧面照片	二进制流		300dpi
30	血型	字符	1	GA 324.6
31	身高	数字	3	单位：厘米(cm)
32	体型		4	GA 240.24
33	脸型		4*2	GA 240.24

续表

序号	数据项	类型	长度	说明
34	口音		6*3	GA 240.57
35	足长	数字	3	单位：毫米(mm)
36	特殊特征	字符	4*4	GA 240.24
37	体表标记		7*4	GA 240.3
38	专长		2*4	GA 240.2
39	通讯方式		20*4	
40	电子邮箱		40	

3.2　刑嫌调控数据项及格式

刑嫌调控数据项及格式见表2。

表 2　刑嫌调控数据项及格式

序号	数据项	类型	长度	说明
1	列控日期	字符	8	
2	列控级别	字符	1	1=一般　2=重点
3	列控单位	字符	40	
4	调控对象来源	字符	1	GA 240.33
5	刑嫌对象类别	字符	2	GA 240.32
6	控制措施	字符	2	1=特情　2=技侦　9=其他
7	撤控理由	字符	1	GA 240.35
8	撤控日期	字符	8	填写年月日

3.3　涉案数据项及格式

涉案数据项及格式见表3。

表 3　涉案数据项及格式

序号	数据项	类型	长度	说明
1	案件编号	字符	23	第一位字母为 A
2	案件类别	字符	6*3	GA 240.1
3	可疑依据	字符	2*4	GA 240.22
4	简要案情	字符		1000
5	作案手段	字符	4*4	GA 240.7
6	作案特点	字符	3*4	GA 240.8

序号	数据项	类型	长度	说明
7	作案工具	字符	5*4	GA 240.10
8	选择时机	字符	2*8	GA 240.4
9	选择处所	字符	4*4	GA 240.5
10	选择物品	字符	5*4	GA 240.10
11	选择对象	字符	3*4	GA 240.6
12	销赃方式	字符	3*3	GA 240.9
13	处理方式	字符	3	GA 240.20
14	违法犯罪经历	字符	2*5	GA 240.16
15	违法犯罪记录			见说明 4.3
16	处理日期	字符	8	填写年月日
17	处理事由	字符	20	
18	处理单位	字符	12	GA 380
19	处理结果	字符	20	

3.4　同案人及主要关系人数据项及格式

同案人及主要关系人数据项及格式见表 4。

表 4　同案人及主要关系人数据项及格式

序号	数据项	类型	长度	说明
1	人员关系	字符	2*2	GA 240.15
2	姓名	字符	30	
3	姓名拼音	字符	30	
4	别名/绰号	字符	30	
5	别名/绰号拼音	字符	30	
6	性别	字符	1	GB/T 2261
7	出生日期	字符	8	
8	年龄	字符	3	
9	居住地行政区划	字符	6	BG/T 2260
10	居住地址	字符	10	
11	电话	字符	20*4	
12	电子邮箱	字符	40	

4. 说明

4.1　所有字符采用 GB 2312 中规定的字符,GB 2312 中没有规定的字符，采用

GB 18030 中规定的字符，其中汉字用 2 字节表示，其余字符用 1 字节表示；所有字符数据项左起填写，长度不足时，用半角空格补足；数据交换时，各数据项序号按序号排列，凡数据项可用代码表示的，一律用代码。

4.2　人员编号共 23 字节，第一位为大写英文字母 R，第 2 至 13 位是填表单位代码，第 14 至 19 位是年份和月份，第 20 至 23 位为顺序号。案件编号和指纹编号第一位大写字母分别为 A 或 Z，第 2 至 23 位结构同人员编号。

4.3　违法犯罪记录采用"处理时间+处理事由+处理单位+处理结果"组合描述。有多次违法犯罪记录的应分别描述。

4.4　共 1 字节：采用 1 位数字填写。

　　　　1=抓获刑事作案人员

　　　　2=在逃人员

　　　　3=刑嫌人员

　　　　4=刑嫌调控人员

　　　　5=吸毒人员

　　　　6=治安处罚人员

　　　　9=其他

F2.1.5　刑事犯罪信息管理代码　第 3 部分：体表特殊标记 GA 240.3—2000 (详情略)

F2.1.6　刑事犯罪信息管理代码　第 24 部分：体貌特征分类和代码 GA 240.24—2003 (详情略)

F2.1.7　成年人头面部尺寸 GB/T 2428—1998 (详情略)

F2.1.8　用于技术设计的人体测量基础项目 GB/T 5703—2010 (详情略)

F2.1.9　成年男性头型三维尺寸 GB/T 23461—2009 (详情略)

F2.1.10　中国成年人人体尺寸 GB 10000—1988 (详情略)

F2.1.11　三维扫描人体测量方法的一般要求 GB/T 23698—2009 (详情略)

F2.1.12　建立人体测量数据库的一般要求 GB/T 22187—2008 (详情略)

F2.2　国外人像鉴定标准

1. FISGW 组织的构成

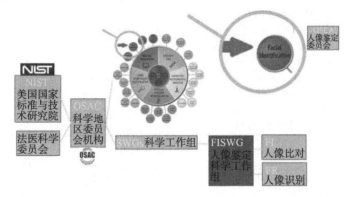

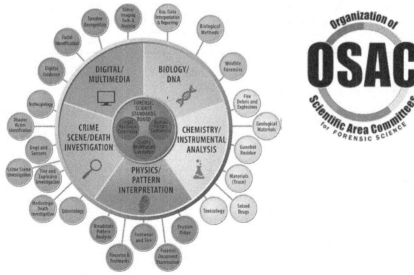

2. FISWG 标准的目录

FISWG 已批准的文档

文件名	版本	批准	在线展示
FISWG Overview (总览)	2009.06.15	2009.06.15	2010.06.27
FISWG Bylaws	2009.06.18	2009.06.18	2009.06.18
Facial Identification Practitioner Code of Ethics	2009.06.18	2009.06.18	2010.06.27

FISWG 已批准的标准，准则和建议

文件名	版本	批准	替换	在线展示
1. FISWG Glossary (缩略语)	1.1	2012.02.02		2011.06.03
	1.0	2010.11.18	2012.02.02	2011.01.13
2.人像比对总览	1.0	2010.04.29		2010.06.27
3.人像比对训练能力的指导方针和建议	1.1	2010.11.18		2011.01.13
	1.0	2010.04.29	2010.11.18	2010.06.27
4.人像识别系统指南	1.0	2010.11.18		2011.01.13
5.人像识别系统获取图像和设备评估	1.0	2011.05.05		2011.07.04
6.人像比对方法指南	1.0	2012.02.02		2012.04.20
7.人像比对培训计划建议书	1.0	2012.02.02		2012.04.20
8.人像识别系统方法和技术	1.0	2013.05.16		2013.08.13
9.人像识别系统的 DMV 使用示例	1.0	2013.05.16		2013.08.13
10.人像比对的形态分析法特征列表	1.0	2013.11.22		2014.08.15
11.人像识别系统的元数据用法	1.0	2014.05.09		2014.08.15

草稿文档

文件名	版本	批准	在线展示
Facial Recognition Systems Bulk Data Transfer	1.0	2009.06.15	2010.06.27
Understanding and Testing for Face Systems Operation Assurance	1.0	2009.06.18	2009.06.18
Standard for Facial Identification and Facial Recognition Proficiency Testing Programs	1.0	2009.06.18	2010.06.27

已批准的标准一共 11 个，FI 有 5 个，FR 有 5 个，1 个为缩略语。FI 的都有中文版。最近的更新于 2014 年 8 月。

3. FISGW 关于人像比对鉴定 FI 的标准目录

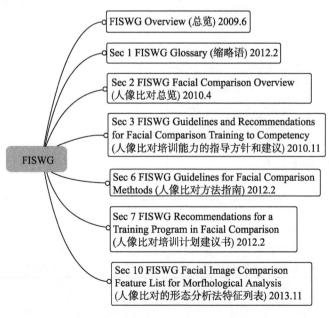

FISWG

- FISWG Overview (总览) 2009.6
- Sec 1 FISWG Glossary (缩略语) 2012.2
- Sec 2 FISWG Facial Comparison Overview (人像比对总览) 2010.4
- Sec 3 FISWG Guidelines and Recommendations for Facial Comparison Training to Competency (人像比对培训能力的指导方针和建议) 2010.11
- Sec 6 FISWG Guidelines for Facial Comparison Methtods (人像比对方法指南) 2012.2
- Sec 7 FISWG Recommendations for a Training Program in Facial Comparison (人像比对培训计划建议书) 2012.2
- Sec 10 FISWG Facial Image Comparison Feature List for Morfhological Analysis (人像比对的形态分析法特征列表) 2013.11

4. 使用 FISWG 标准的协会

(1) 美国：国际人像鉴定协会。

(2) 欧洲：European Network of Forensic Science Institutes (ENFSI), www.enfsi. eu/。

(3) 荷兰：Netherlands Forensic Institute (NFI), www.forensicinstitute.nl/。

(4) 国际鉴定协会 (International Association for Identification, IAI), www. theiai.org/。

F2.3　标 准 解 读

《视频中人像检验技术规范》(以下简称《人像检验规范》)针对视频中人像的检验，规定了相关步骤和方法。一直以来，人像检验都是一个困难的问题，其原因在于人像特征难以准确描述。在视频中出现的人像，一般都会存在视频图像的特点，如分辨率相对较低、噪声、压缩干扰、光照条件限制、变形、模糊等。这些情况导致本来难以准确描述的人像特征的可靠性更加脆弱。如何确定恰当的方法，保证一定条件下的人像检验的有效性，是这个规范面临的挑战。

首先看规范中的相关定义。其中"视频中人像检验鉴定"的定义为：对检材视频中目标人的体貌特征、动态特征、衣着和配饰特征、特殊标记特征、时空关联特征等情况与样本视频及照片的被检验人进行检验鉴定，做出确定性、非确定性、不具备检验条件三类五种鉴定意见。关于定义中的"体貌特征、动态特征、衣着和配饰特征、特殊标记特征"，在规范的第 3 部分有详细的叙述，包括：人体外貌的解剖学特征(头部形态特征、五官形态特征、五官配置关系特征、胡须特征、皱纹特征)，人体动态特征(颜面动态特征、体态特征)，人体特殊标记特征(颜面特殊标记、人体其他部位的特殊标记等)，人体着装、佩饰特征。然而需要注意的是，其中关于体态特征的定义"体态特征是指人体外表的形态特征。如肥胖、瘦削、匀称、强壮、瘦弱等。以肩部、胸部、腰部、臀部、上下肢作为衡量的标准。"只关注了形态特征，并没有反映出人体部分的动态特征。因而如果严格按照规定，会丢失一部分特征。

规范内容对样本制作、特征选取都有明确的要求。尤其是特征选取的原则，反映了实际鉴定过程的基本流程，有很强的指导意义。《人像检验规范》的核心部分是比较检验。其中包括四部分内容：测量比较法、特征比较法、重叠比较法、拼接比较法。下面详细分析。

(1) 测量比较法定义：在检材和样本人像上选取若干共同的测量点，然后选用适当的测量工具进行测量，比较各测量点之间的数值及比例关系，也可以比较各连线交叉组合成的几何形态及交叉角度。从测量比较法的定义来看，主要是选取多个同名点，比较其尺寸比例及其组成的几何形态之间的差异。然而，《人像检验规范》只给出了测量比较法的框架。究竟测量点选取哪些、具体选取原则、测量点的重要程度等问题在规范中没有明确，需要检验人员根据具体检材特征自行确定。下面针对规范中提到的五官形态特征进行讨论。

在五官形态特征中包括眼、眉、耳、口、鼻、脸、额头，其中眼、口的测量点选取相对容易，鼻、耳、眉的测量点选取相对困难，脸和额头的测量点选取更困难。就眼睛这一个单独目标特征来看，以瞳孔为测量点相对容易，选取眼裂相对困难，尤其在图像质量较差的时候。在比较时，需要考虑到这些因素，对不同的测量点赋予不同的权重，点选取后，连线就容易确定了。

具体到在图像上选点时，也需要注意几点。一般在比较时可能将图像放大，一些特征点在放大后会变成一片区域，在选点时需要将测量点确定在这片区域的中心。另外，选点造成的误差可以通过多次选点测量来减小。

(2) 特征比较法定义：检材视频中的目标人和样本视频中被检验人由于所处环境时空关系的差异所呈现差异特征的比对、个体特征比对、行为特征比对、特殊标记特征比对、关联物品特征(携带物品、使用交通工具等)比对。

测量比较法能够解决一部分问题，但很多条件下无法找到有效的测量点。此时可以通过特定的特征选取后实施特征比较法。一般情况下，特征反映的主要是形态，因而特征比较法的核心是形态比较。把握这一点后，特征比对法的要点就比较明确：一是清晰形态的比较可靠性高；二是特殊形态的可靠性比通常形态的可靠性高；三是多个形态特征比较比单个形态特征比较的可靠性高。值得注意的一点是，一些特征需要靠人来进行分类描述，此时可以设计相应的分类表，然后根据特征情况赋予不同权值后进行打分判断。

(3) 重叠比较法定义：将检材视频和样本视频中的人像正面截图按同一大小、同一比例、同一分辨率、同一图像格式在检验软件中分别打开，通过软件的相关工具将图像脸部重叠，利用图层的透明度，进行定位和标识测量，通过计算比例关系或构成的几何形态、交叉角度等方法，检验人脸重叠的吻合程度。

重叠比较法是基于人的直观判断的一种简单方法，尤其适用于否定判断。这种方法在支持图层操作的软件中进行，如 Photoshop 等。通过将检材和样本的参考基准点对齐后将二者重叠，如果有差异很容易发现，因而该方法较常用。其中需要注意的地方是对检材和样本的参考基准点对齐操作要仔细。在使用这一方法时的要求是同一大小、同一比例、同一分辨率、同一图像格式，但是这种要求不太容易操作，也容易产生二义性。如同一大小描述的较笼统，同一比例与同一大小、同一分辨率有时会彼此矛盾。一般按照规范中 6.3.2.2 的要求就可以。如果瞳孔位置不容易确定，可以找那些清晰并且相距尽可能远的参考点，将检材和样本对应的点对齐。如果参考点距离太短，容易引起较大的误差。此外，在不容易确定差异的情况下，可以调整检材和样本的透明度比例观察各部分的差异变化情况，如果差异有明显的变化，就需要考虑合理的解释。

(4) 拼接比较法定义：将检材视频和样本视频中的人像正面截图按同一大小、同一比例、同一分辨率、同一图像格式在检验软件中分别打开，通过软件的剪裁工具，将视频人像分别截取左边脸或右边脸，将截取的左边脸人像移到截取右边脸人像的文件里，将两者拼接到一起，根据人脸左右对称的原理，比对脸部左右边特征点的对称程度、眼睛、鼻、口唇、耳廓左右两边之间的对称程度，检验拼接在一起的人脸的对称程度。

拼接比较法主要依据的是人脸对称程度。该方法操作简单，具有一定的参考价值，但是需要引起注意的是，人脸的对称程度其实并不完美，一般而言，如果仔细观察可以发现，包括眼、鼻、嘴的形态很多都难以对称。因此在评价时会需要在区别度较大的情况下才能够进行否定，而如何掌握区别程度难有定论。另外，在选择左右脸的分界线时也需要特别注意尽可能准确，减小误差，否则也难以判断。

除了上述判断方法，《人像检验规范》中意见表述也是很重要的内容。有效的意见表述可以传达清晰而有价值的信息，对于检验意见的使用者而言，这一点是非常关键的。对于检验人员来说，恰当的意见在于最大可能地给出准确的判断。下面对意见表述形式进行分析讨论。

规范中给出了确定性、非确定性、不具备检验条件三类共五种表述形式，分别为：肯定同一、否定同一、倾向肯定同一、倾向否定同一、不具备检验条件。对于这五种形式，规范的第 8 部分有较详细的界定。

(1) 肯定同一。规范规定同时具备两个条件可以出具"肯定同一"的意见。这两个条件分别是"检材、样本视频人像存在足够数量的符合特征，且符合特征的价值充分反映了同一人的外貌特点"和"检材、样本的视频人像没有本质差异特征，或者差异或变化特征能得到合理的解释"。前一个条件规定了支撑"肯定同一"的基础，后一个条件考虑到了检材和样本之间可能存在差异性，这样在逻辑上更严密。然而，在实际执行过程中，依然有几个难以把握的地方。第一点就是"符合特征"的判断，即如何认为检材和样本的特征是符合的。鉴于对图像的评判并没有多少实用的客观标准，对"特征符合"的评价需要谨慎对待。首先，人类对图像中的特征判断的确定程度随着目标不同而不同，如针对特征的有和无的判断最为确定，或者说准确性最高(当然很多情况下也不是百分之百准确)，对特征形状的判断准确性则弱一些；其次，不同的特征符合的程度不同，如强特征和弱特征在符合性判断上需要不同把握。第二点是"足够数量"究竟是多少个。由于人脸图像的丰富性，支撑肯定同一的足够的特征数量难有定论。尽管一些研究工作讨论了一定样本容量情况下特征的表现，甚至给出了特征数目与区分度之间的关系，但就实际检验工作而言，有效地支持论证依然欠缺，需要更多实际工作来验证。

　　(2) 否定同一。规范规定的否定同一情况为"检材、样本的视频人像存在足够数量的差异特征，且差异特征充分反映了不同人的外貌特点，出具鉴定书，鉴定意见表述不为同一人像"。否定同一与肯定同一的条件相比更为明了。其中需要注意的有两点。一是差异特征的界定，即如何才算有差异。简单来看，不符合即意味着有差异。然而，除了有和无的差异容易判断外，依然面临与符合特征判断存在类似的问题。二是足够数量的问题。一般情况下认为，如果有本质差异特征，哪怕是只有一个也算足够。这与肯定同一的区别较大。

　　(3) 倾向肯定同一。规范规定这类结论需要包含三个条件："检材、样本的视频人像存在较多的符合特征，且符合特征的价值基本反映了同一人的外貌特点""检材、样本的视频人像没有显著的差异特征"和"检材、样本的视频人像的差异或变化特征能得到较合理的解释"。这种结论表述确定性比肯定同一弱，其条件的判断也更困难。如"较多的符合特征"如何判定；"基本反映"所述的是什么情况。不同的检验人员对这些条件的理解把握程度不同，可能导致对同样的检材得到不同的结论。因此更加需要引起检验人员的注意。

　　(4) 倾向否定同一。规范规定这类结论也需要包含三个条件："检材、样本的视频人像存在较多的差异特征，且差异特征的价值基本反映了不同人的外貌特点""检材、样本的视频人像没有显著的符合特征"和"检材、样本的视频人像的符合或相似特征能得到较合理的解释"。这一结论表述的判断较倾向肯定同一相对容易，需要注意的问题类似。

　　(5) 不具备检验条件。这种情况主要指"送检视频图像质量差、无法辨识，或人像图像反映出特征少、不稳定的情况"。从检验的角度来看，这种结论更安全，但是其应用价值比其他结论更低，因而实际工作中不能过度使用。

　　《人像检验规范》无疑是影像相关规范中最复杂的一个，无论是从特征选择还是从结论表述来看都有更多不易确定的地方。然而，这个规范是针对人像检验的第一个规范性文件，对法庭科学影像检验来说具有重要的意义。

附录 3　正面观特征集

本附录着重介绍正面观全部特征。

F3.1　正面观形态特征表

正面观形态特征包括：面部、额头、颧骨、眉毛、眼睛、鼻、人中、嘴、颏 (下巴)、耳朵及其他(鼻和嘴、眉和眼)。以下将对各个部件的正面观形态特征、特征值进行列举和说明，并给出例图供参考。

1. 面部

面部特征包括面型、面部脂肪、容貌额高、酒窝、对称性等，每个特征及其特征值说明如表 F3.1-1 所示。

表 F3.1-1　面部的部件例图、特征及特征值

部件例图(面部)

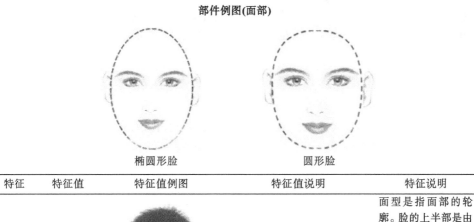

<table>
<tr><td align="center">椭圆形脸</td><td align="center">圆形脸</td></tr>
</table>

特征	特征值	特征值例图	特征值说明	特征说明
面型	倒大形		下宽上尖形。下巴、颧骨部位发达，额头偏尖	面型是指面部的轮廓。脸的上半部是由上颌骨、颧骨、颞骨、额骨和顶骨构成的圆弧形结构，下半部取决于下颌骨的形态。颌骨影响面型的结构

特征	特征值	特征值例图	特征值说明	特征说明
面型	倒梯形		上宽下窄形。额部较宽,两眼距离较远,颧骨较高,上颌骨窄,下巴尖	
	四方形		下颌角较宽,侧面的颧骨突出,下巴较短	
	圆形		轮廓以圆线为主。上下颌骨较短,面颊显得饱满而圆,下颌下缘圆钝,五官比较集中。脸的长宽接近相等	面型是指面部的轮廓。脸的上半部是由上颌骨、颧骨、颞骨、额骨和顶骨构成的圆弧形结构,下半部取决于下颌骨的形态。颌骨影响面型的结构
	椭圆形		额部较颊部稍宽,颏部圆润适中,面型轮廓线自然柔和	
	瓜子形		下尖上圆形似瓜子,额圆下巴尖,颧骨无明显突出	
	狭长形		与瓜子脸类似,额圆下巴尖,颧骨无突出但稍微靠下,面颊较瓜子脸狭长	

续表

特征	特征值	特征值例图	特征值说明	特征说明
面型	菱形		额线范围小，颧骨比较突出，面颊清瘦，下巴较尖。面型轮廓中央宽，上下窄	面型是指面部的轮廓。脸的上半部是由上颌骨、颧骨、颞骨、额骨和顶骨构成的圆弧形结构，下半部取决于下颌骨的形态。颌骨影响面型的结构
	长方形		额骨棱角比较明显，上颌骨及外鼻较长，下颌角方正	
面部脂肪	厚		一般指面部脂肪比较厚，造成面部骨骼形状不明显或者微显，胖脸人居多	面部脂肪一般跟人的胖瘦直接相关，但不绝对，面部脂肪配合骨骼会影响对面型的判断
	中		面部脂肪无堆积，能够明显辨识骨骼形状及特征	
	薄		一般指瘦人，脸部无肉或俗话说的皮包骨	
容貌额高	高		额面宽阔	一般是发缘点到鼻根点的距离为容貌额高

续表

特征	特征值	特征值例图	特征值说明	特征说明
容貌 额高	中		额高适中	一般是发缘点到鼻根点的距离为容貌额高
	低		额面较窄	
酒窝	有		有酒窝	微笑时脸部肌肉相互牵动,在脸颊或嘴角旁形成的凹陷,亦称笑窝或笑靥
	无		无酒窝	
对称性	对称		左右大小一致,高低一致	面部轮廓是否左右对称
	不对称		左右大小不一,高低不一	

2. 额头

额头特征包括额型、额高、额宽、发际线、额结节、疤和痣等特殊标志,每个特征及其特征值如表 F3.1-2 所示。

表 F3.1-2　额头的部件例图、特征及特征值

部件例图(额头)

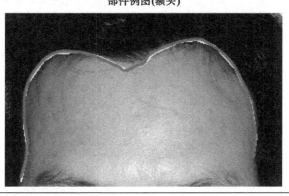

特征	特征值	特征值例图	特征值说明	特征说明
额型	圆		发际线轮廓呈半圆状	额型是发际线轮廓形状，占整个头部形状 1/3 位置，额的形状大小与面型没有直接关系
	尖		额头较高，呈凸起状。额型接近头顶或与头顶部相连。头顶的头发也较少	
	平		发际线轮廓呈方形，额头发际线轮廓较直	
额高	高		额高，额面宽阔，俗称天庭饱满	额的高度与头大小有一定关系。额又宽又高的人，头一般很大；而额又窄又低的人，头一般较小
	中		额高度占整脸比例接近于 1/3 的黄金比例	
	低		额面较窄，或者额头在整个面部中占的比例较低，明显低于整个面部的 1/3	
	不确定		额头被额前刘海或者因额前头发长遮挡，看不见额形状	

续表

特征	特征值	特征值例图	特征值说明	特征说明
额宽	阔		额的两侧边缘与脸轮廓基本接近，基本会露出整个额型，类似高额型和尖额型	两侧发际线的边缘轮廓显示额的宽窄，发际线靠后，则显示额较宽；否则额较窄
	中		额的两侧边缘与面部边缘靠近，露出前额面，可见两侧发际线轮廓	
	窄		发际线两侧靠下，导致额型变窄、变小	
发际线	直		发际线在额顶位置呈直线状，与水平状眉弓持平	发际线指头发边缘与面部轮廓交界之处，发际线的位置会随着脱发的严重程度而变高或靠后，脱发的发际线就会变高或者靠后，男性较突出
	中间圆		发际线在额顶位置呈拱形，两侧下垂呈半圆	
	中间尖		发际线在额顶中间位置向下呈尖形	
	凸		发际线额头位置严重靠后，露出整个头顶的形状，一般秃顶的人较为常见	
	凹		发际线在额顶中间位置向下呈凹形，凹下部位的头发常常直立生长	
	不确定		额前有刘海或者头发较长者容易将额前发际线遮挡，导致无法判断发际线形状	

续表

特征	特征值	特征值例图	特征值说明	特征说明
额结节	显著		显著可见	额结节是额骨正面、眉弓上方，靠近头顶的两个高点。从这两点向上逐渐向头顶过渡
	不显著		不明显可见	
疤	有		明显疤痕	一层结痂附着在柔软皮肤的表面，伤口或疮平复以后留下的痕迹
	无		无疤痕	
痣	有		有痣	人体皮肤所生的有色斑点
	无		无痣	

3. 颧骨

颧骨特征包括颧骨位置、颧骨形状、颧弓、颧骨突出度等，每个特征及其特征值说明如表 F3.1-3 所示。

表 F3.1-3　颧骨的部件例图、特征及特征值

部件例图(颧骨)

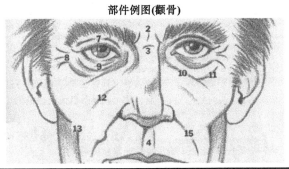

续表

特征	特征值	特征值例图	特征值说明	特征说明
颧骨位置	高		颧骨位置与颧骨眶面和上颌骨眶面位置接近	颧骨位于面中部前面，眼眶的外下方，形成面颊部的骨性突起。颧骨共有四个突起，分别是：额蝶突、颌突、颞突和眶突。颧骨位置的高低，会直接影响到我们对一个人面部特征的判断
	中		颧骨位置适中，位于鼻梁或靠下位置	
	低		颧骨较低，位于鼻尖或靠下位置	
	不对称		指颧骨的位置不对称，如一面高一面低	
颧骨形状	内敛		颧骨靠里，整个颧骨部分基本处于外眼角内侧位置	一般情况下，颧骨的形状大小不会影响到面部外轮廓，但是如果颧骨较大或者颧骨弓外展的，会影响到面部外轮廓
	外展		颧骨棱角明显，颧骨大部分处于外眼角到外眼角外侧位置	
	正常		颧骨无明显棱角并且颧骨基本位于下眼睑至鼻尖位置	
颧弓	显著		颧骨棱角分明，颧骨显著，一般处于外眼角或外眼角外侧位置	颧骨的颞突向后接颞骨的颧突，构成颧弓
	不显著		颧骨圆润，无明显棱角或突起变化	
	不可视		颧骨在面颊处不明显，外观上看不出颧骨形状。如果面部脂肪较厚也会看不出颧弓形状	
颧骨突出度	显著		这种颧骨明显靠近或处于面部轮廓线上，颧骨突出并且棱角明显	表明颧骨体的发达程度是否遮住鼻梁和颊前面的界线
	中等		能够看出颧骨凸起程度，颧弓圆润，整个颧骨形状无明显棱角	
	微弱		颧骨稍显凸起，颧弓形状不明显，无明显棱角	

特征	特征值	特征值例图	特征值说明	特征说明
颧骨突出度	扁平		面相较平，颧骨在面颊处不明显，无明显棱角，大饼脸属于这种颧骨类型	表明颧骨体的发达程度是否遮住鼻梁和颊前面的界线

4. 眉毛

眉毛特征包括对称性、眉形、眉毛密度、眉厚度、眉峰突度、眉梢形状、印堂纹、疤和痣等特殊标志，每个特征及其特征值说明如表 F3.1-4 所示。

表 F3.1-4　眉毛的部件例图、特征及特征值

部件例图（眉毛）

眉头　眉峰　眉心　眉梢　印堂纹　印堂　眉骨

特征	特征值	特征值例图	特征值说明	特征说明
对称性	对称		左右高低、长短、疏密、薄厚一致	指眉毛的形状、疏密、高低等的对称性
	不对称		左右长短、高低、疏密、厚薄不一	
眉形	一字眉		形如一字，眉间有稀疏不同的眉毛呈连接状	眉头到眉梢的具体形状
	三角眉		眉峰与眉梢形似三角状	
	上扬眉		自眉峰处上扬并眉梢向外甩	
	八字眉		形如八字，眉梢低于眉头	
	剑眉		眉梢与眉头近似于直线上挑	
	扫帚眉		靠近眉峰或自眉峰处的眉毛不规则散开，眉梢宽而向下	
	新月眉		形如新月，眉峰位置向上呈弧度弯曲，眉梢下垂	

续表

特征	特征值	特征值例图	特征值说明	特征说明
眉形	柳叶眉		形细而长像柳叶，眉峰处略上扬	眉头到眉梢的具体形状
	畸形眉		两条眉毛无规则形状或者其中一条眉毛无规则形状	
	立眉		眉峰明显上挑而眉梢短而向下	
	半截眉		半截眉毛浓密，另半截眉毛较稀，多数情况下是眉头密，眉峰和眉梢较稀疏	
	短促眉		眉毛较短而且浓密	
	秃眉		眉毛偏黄色或者特别稀疏露出眉下皮肤	
眉毛密度	浓密		眉毛完全盖住皮肤	眉毛的稀疏程度
	正常		眉毛几乎完全盖住皮肤	
	稀疏		眉毛不能完全盖住皮肤	
	不确定		如纹眉后无法确定原形状或者遮挡	
眉厚度	厚		眉毛较宽厚	眉毛上下边缘对应的宽度，即眉毛的薄厚程度
	中		眉毛厚度适中	
	薄		眉毛较薄	
	极薄		眉毛极窄薄	
眉峰突度	显著		眉峰向前突出，且两侧眉峰可与鼻骨上端相连	眉峰又称眉弓或眉骨，眼眶上突出呈弓状的骨质嵴
	不显著		眉峰不突出	

续表

特征	特征值	特征值例图	特征值说明	特征说明
眉梢形状	上翘		微向上挑	眉梢的方向
	下垂		向下方向	
	水平		水平方向	
	不确定		眉短或看不到眉梢	
	不对称		眉梢一边向下，一边水平	
印堂纹	有		印堂处有皱纹	印堂部位的纹理。印堂为前额部两眉头间连线与头部正中线的交点
	无		印堂处无皱纹	
特殊标志	痣		眉毛处有痣	眉毛区域的痣、疤痕
	疤		眉毛处有疤	

5. 眼睛

眼睛特征包括对称性、眼型、睫毛、上眼睑下垂、上眼睑皱褶、上眼睑皱褶宽度、下眼睑皱褶、眼裂高度、眼裂倾斜度、眼窝凹度、眼袋、卧蚕、蒙古褶、眼镜等，每个特征及其特征值说明如表 F3.1-5 所示。

表 F3.1-5　眼睛的部件例图、特征及特征值

部件例图（眼睛）

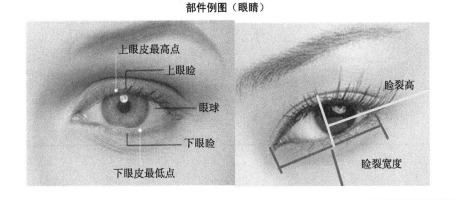

续表

特征	特征值	特征值例图	特征值说明	特征说明
对称性	对称		大小、高低、宽窄、单双一致	左右眼睛是否对称，包括眼睛形状、眼裂高度等
	不对称		大小、高低、宽窄、单双不一	
眼型	丹凤眼		外眦略高于内眦，睑裂细长，内窄外宽，呈弧形。黑珠与眼白露出适中，眼睑皮肤较薄	眼睛的形状
	吊角眼		外眦角高于内眦角，眼轴线向外上倾斜度过高，外眦角呈上挑状。正面观看呈反"八"字形	
	斗鸡眼		眼睛中间的瞳孔朝中间靠拢，看起来就像两只鸡斗架一样，所以称为斗鸡眼，也叫做对眼	
	眯缝眼		细长眼，长宽比例均缩小，眼睑裂小狭短，内外眦角均小，黑珠、眼白大部分被遮挡，眼球显小	
	三角眼		上睑皮肤中外侧松弛下垂，外眦角被遮盖显小，眼裂近似三角形	
	鼠眼		眼小且圆，似老鼠眼睛	
	下垂眼		外形特征与吊角眼相反，外眦角低于内眦角，眼轴线向下倾斜形成了外眼角下斜的眼型。正面观看呈"八"字形	
	杏核眼		常说的肿眼泡，肉泡眼，又叫水泡眼、肉里眼。睑裂宽度比例适当，较丹凤眼宽，外眦角较钝圆，黑眼珠、眼白露出较多。男性多见	
	鱼眼		眼睛比较圆，上眼皮靠近眼梢三分之一处下垂，好像盖住眼珠似的，眼白混浊不清，无光彩	
	圆眼		睑裂较高宽，睑缘呈圆弧形，黑珠、眼白露出多，使眼睛显得圆大	
	残疾眼		有伤	

续表

特征	特征值	特征值例图	特征值说明	特征说明
睫毛	长密		睫毛长且数量多	生长在上下睑缘的前缘,有保护作用
	中		睫毛长短与数量适中	
	短稀		睫毛短且数量少	
上眼睑下垂	严重		眼睑提肌严重松弛,造成眼睑下垂	眼睑提肌因发育不良或松弛造成的,后天性眼睑下垂大部分发生于中老年人
	轻微		眼睑提肌轻微松弛,眼睑轻微下垂	
	无		无下垂	
上眼睑皱褶	单睑		单眼皮,整个上睑皮肤较厚,睫毛的根部不可见,单睑者睑裂较短、狭细	在上眼睑上有无横行皱褶,以及皱褶层数
	双睑		双眼皮,上睑皮肤在睑缘上方有一浅沟,当眼睛睁开时,上眼睑有一道皱褶	
	多重		多层眼皮,有两条或两条以上的皱褶	
	单双		单双不一,左右不对称	
	不确定		有伤或者有遮挡	
上眼睑皱褶宽度	0 级		无皱褶,单眼皮	上眼睑皱褶的有无及发育程度
	1 级		皱褶距睫毛超过 2mm	
	2 级		皱褶距睫毛 1~2mm	
	3 级		皱褶距睫毛–1mm,皮肤松弛	

续表

特征	特征值	特征值例图	特征值说明	特征说明
下眼睑皱褶	曲度大于下眼睑		下眼睑有明显皱褶，下眼皮松弛	下眼睑有小皱褶，泪沟处有细纹，下眼皮松弛
	轻微可见		下眼睑有轻微皱褶	
	无		无皱褶	
眼裂高度	高宽		高度大于 10mm	平视正前方时，上下眼睑边缘间距离
	中等		高度在 7~10mm	
	细窄		高度小于 7mm	
	不对称		左右大小不一	
	不确定		遮挡和有伤	
眼裂倾斜度	水平型		内外眼角在同一水平线上	内眼角、外眼角位置的高低程度
	内倾型		内眼角低于外眼角	
	外倾型		内眼角高于外眼角	
	不对称		左右内外眼角高低不一致	
	不确定		遮挡和有伤无法确定	
眼窝凹度	深		眼窝凹陷程度大	眼窝凹陷也称上下睑凹陷，指上下睑与眶缘之间的软组织不饱满，萎缩
	一般		眼窝凹陷程度一般	
	浅		无眼窝凹陷	
眼袋	有		下睑臃肿、皮肤松弛、皱纹增多	下眼睑浮肿，是带状的突起物
	无		无眼袋	

续表

特征	特征值	特征值例图	特征值说明	特征说明
卧蚕	有		有卧蚕，要区分于眼袋	4~7mm 带状隆起物，像一条蚕宝宝横卧在下眼睑睫毛的边缘
	无		无卧蚕	
蒙古褶	0级 无褶		褶襞不盖泪阜	医学上称"内眦赘皮"，即内眼角上眼皮盖住下眼皮；在内眼角处，由上眼睑微微下伸，遮掩泪阜而呈一小小皮褶；如果比较明显的话会给人"内斜视"(斗鸡眼)的感觉
	1级 微显		褶襞稍盖泪阜	
	2级 中等		褶襞盖泪阜一半	
	3级 甚显		褶襞完盖泪阜	
眼镜	有		有眼镜	矫正视力，保护眼睛，饰物之一
	无		无眼镜	

6. 鼻

鼻特征包括对称性、鼻型、鼻形态 (胖瘦)、鼻梁高度、鼻翼沟、鼻翼宽度、鼻翼深度、鼻根高度、鼻孔、鼻孔形状、疤和痣等特殊标志，每个特征及其特征值说明如表 F3.1-6 所示。

表 F3.1-6　鼻的部件例图、特征及特征值

部件例图（鼻）

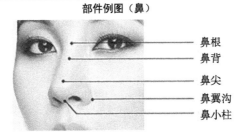

鼻根

鼻背

鼻尖

鼻翼沟

鼻小柱

续表

特征	特征值	特征值例图	特征值说明	特征说明
对称性	对称		左右大小、宽窄一致	左右鼻翼鼻孔的对称程度
	不对称		左右大小、宽窄不一	
鼻型	朝天鼻		鼻尖位于鼻翼之后，鼻孔可见度大	鼻子的形状
	葱头鼻		鼻子比较肉坨,特别是鼻尖,整个鼻子菱角不是很分明	
	方翼鼻		指两侧鼻翼呈方形外展，鼻头整体上观察呈方形	
	高梁鼻		一般指鼻梁较高，特别显著者鼻梁中间弓起	
	蒜头鼻		鼻翼鼻尖圆大，连在一起如蒜头状	
	鹰钩鼻		鼻梁隆凸，鼻尖向下内弯呈钩状	

续表

特征	特征值	特征值例图	特征值说明	特征说明
鼻型	直梁鼻		鼻梁挺直，没有大的弧度变化	
	塌鼻		鼻梁扁平，鼻和鼻根上部有一定的高度，中间明显凹陷，形似马鞍	
	畸形鼻		鼻子不对称或者形状不规则	
鼻形态(胖瘦)	肥厚		鼻子又肥又厚	
	适中		鼻子胖瘦适中	鼻子的胖瘦形态
	瘦小		鼻子比较瘦	
鼻梁高度	高		鼻梁较高	从鼻根延伸至鼻尖的鼻背部的高低程度

续表

特征	特征值	特征值例图	特征值说明	特征说明
	中		鼻梁高度适中	从鼻根延伸至鼻尖的鼻背部的高低程度
	低		鼻梁很低，塌鼻梁	
鼻翼沟	非常明显		鼻翼旁皱褶很深	鼻翼旁有条很深的皱褶
	中等		鼻翼旁皱褶一般	
	不明显		鼻翼旁没有皱褶	
鼻翼宽度	宽阔		鼻翼宽度大于两眼内眼间距	鼻翼的最大宽度（即鼻宽）与两眼内眼间距的关系
	狭窄		鼻翼宽度小于两眼内眼间距	

续表

特征	特征值	特征值例图	特征值说明	特征说明
鼻翼宽度	适中		鼻翼宽度等于两眼内眼间距	**鼻翼的最大宽度（即鼻宽）与两眼内眼间距的关系**
鼻翼深度	低		高约占鼻高的 1/5	从鼻翼下缘到鼻翼沟的最大垂直距离
	高		高约占鼻高的 1/3	
	中		高约占鼻高的 1/4	
鼻根高度	高		鼻根点凸起	鼻根即鼻梁上端与额部相连处，鼻根点是鼻额角的最深点
	中		鼻根点处较平	
	低		额骨与鼻骨相连处有明显的转折，略凹陷	

特征	特征值	特征值例图	特征值说明	特征说明
鼻孔	大		鼻孔可见部分较大	指鼻子的外开口；鼻子外开口的鼻窝的前部，鼻腔跟外面相通的孔道
	中		鼻孔可见部分较适中	
	小		鼻孔可见部分较小	
	不对称		左右鼻孔可见部分大小不一	
	不可见		鼻孔不可见	
鼻孔形状	扁椭圆		鼻孔呈扁椭圆状	鼻孔的形状
	椭圆		鼻孔呈椭圆状	
	狭缝		鼻孔呈狭窄的条缝状	

续表

特征	特征值	特征值例图	特征值说明	特征说明
鼻孔形状	圆		鼻孔呈圆状	鼻孔的形状
	不确定		看不到	
特殊标志	疤		鼻上有疤	鼻子的特殊标志
	痣		鼻上有痣	

7. 人中

人中特征包括人中宽度、人中高度、人中沟深、人中沟深形态、人中嵴形态等，每个特征及其特征值说明如表 F3.1-7 所示。

表 F3.1-7　人中的部件例图、特征及特征值

部件例图(人中)

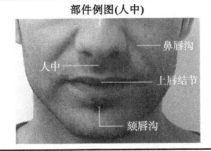

特征	特征值	特征值例图	特征值说明	特征说明
人中宽度	宽		人中较宽	从鼻下至唇间的直沟的宽窄程度
	中		人中宽度较适中	
	窄		人中较窄	
	不确定		没有明显的人中宽度	
人中高度	高		人中较长	从鼻下至唇间的直沟的高度,人中的长短不包含红唇部
	中		人中的高度适中	
	低		人中较短	
人中沟深	深		人中沟较深	衡量人中的深浅程度,人中沟又名水沟,是位于鼻尖正下方、口唇正上方之间的皮肤纵沟
	中		人中沟深度适中	
	浅		人中沟较浅	

续表

特征	特征值	特征值例图	特征值说明	特征说明
人中沟深	不确定	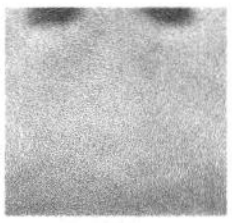	人中沟不可见	衡量人中的深浅程度,人中沟又名水沟,是位于鼻尖正下方、口唇正上方之间的皮肤纵沟
人中沟深形态	人中嵴平行	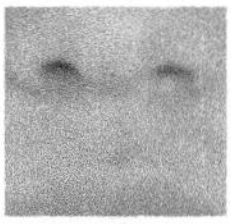	人中沟两侧边缘平行	人中沟两侧边缘的人中嵴的形态
	不平行	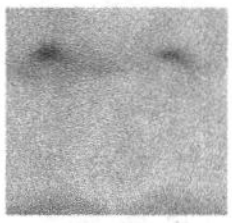	人中沟两侧边缘不平行	
	不确定	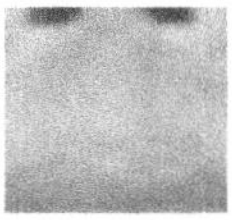	人中不可见	
人中嵴形态	人中嵴窄于鼻中隔	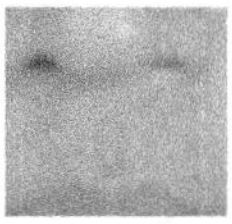	人中嵴窄于鼻中隔	人中沟两侧边缘的人中嵴和鼻中隔比较宽度的情况
	人中嵴等于鼻中隔	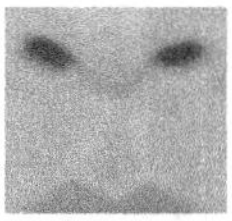	人中嵴等于鼻中隔	
	人中嵴宽于鼻中隔	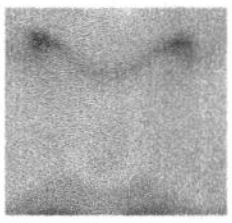	人中嵴宽于鼻中隔	
	不确定	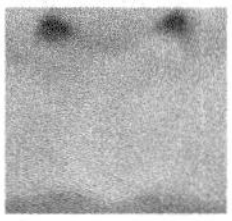	人中嵴不可见	

8. 嘴

嘴特征包括唇状态、唇峰、唇厚度、前牙裸露度、口角形态、上红唇厚度、下红唇厚度、唇大小、胡须、疤和痣等特殊标志等,每个特征及其特征值说明如表 F3.1-8 所示。

表 F3.1-8 嘴的部件例图、特征及特征值

部件例图（嘴）

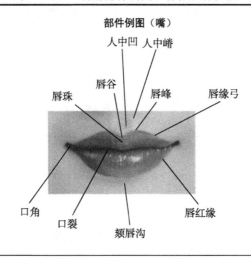

特征	特征值	特征值例图	特征值说明	特征说明
唇状态	自然闭合		唇自然闭合，无其他动作	
	露齿		唇不能闭拢，部分前牙外露	
	撅嘴		唇圆而上翘	
	抿嘴		唇向内缩合拢、收敛，最大程度则可完全抿成一条线翻在嘴里看不到嘴唇	
	畸形		唇形状不规则，不对称	自然状态下唇的状态
	龅牙		唇不能闭拢，微笑时牙龈外露，常常伴有颏后缩，强迫闭口时，下唇下方与颏部之间有明显的软组织隆起	
	瘪上唇		上嘴唇薄下嘴厚，上牙床位于下牙床之后，形成上唇缩后，下唇前突的状况	

续表

特征	特征值	特征值例图	特征值说明	特征说明
唇状态	凸上唇		唇峰高而有棱角，唇珠小而前突，唇轮廓线不够圆润、整个口唇薄而向前凸出	自然状态下唇的状态
	地包天唇		下颌骨比上颌骨往前突出，也叫做撅下巴	
	残疾唇		唇有残疾	
唇峰	适中		唇峰形状适中标准	人中两侧的唇弓最高点
	无		无唇峰	
	不对称		唇峰不对称	
唇厚度	厚		上下嘴唇都比较肥厚	唇的厚度指口轻闭时，上下红唇部的厚度
	中		上下嘴唇肥厚适中	
	薄		上下嘴唇都较单薄	
	薄厚		上下嘴唇薄厚不一	
	非常薄		上下嘴唇都非常薄	
前牙裸露度	上齿全露		上牙完全裸露	牙齿裸露程度
	上齿半露		上牙裸露一半	
	上齿微露		上牙微微裸露	

续表

特征	特征值	特征值例图	特征值说明	特征说明
前牙裸露度	下齿全露		下牙完全裸露	牙齿裸露程度
	下齿半露		下牙裸露一半	
	下齿微露		下牙微微裸露	
	无		牙齿没有裸露	
口角形态	上翘		嘴角微微上翘	两唇之间的横行裂称为口裂，口裂两端叫做口角
	下垂		嘴角的弧线向下	
	平直		嘴角持平	
	不对称		嘴角高低不一	
上红唇厚度	厚		上嘴唇比较肥厚	红唇部，是口唇轻闭时，正面所见到的赤红色口唇部，红唇部皮肤极薄，没有角质层和色素，因而能透过血管中血液颜色，形成红唇
	中		上嘴唇肥厚适中	
	薄		上嘴唇比较单薄	
下红唇厚度	厚		下嘴唇比较肥厚	下唇厚度
	中		下嘴唇肥厚适中	
	薄		下嘴唇比较单薄	

续表

特征	特征值	特征值例图	特征值说明	特征说明
唇大小	大	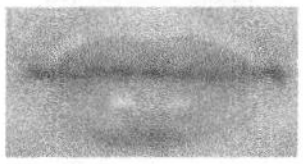	大于 50mm	口角间长度
	中	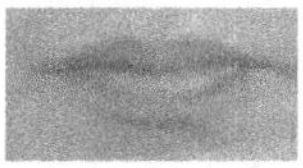	36~50mm	
	小		小于 35mm	
胡须	有	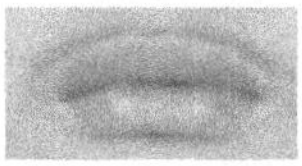	唇边有胡须	唇边胡须情况
	无	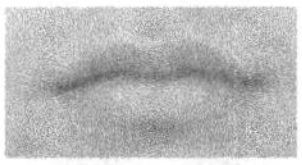	唇边无胡须	
疤	有	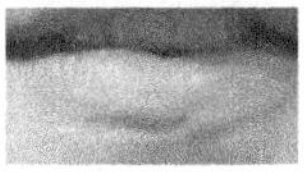	唇上有疤	唇上疤情况
	无		唇上无疤	
痣	有	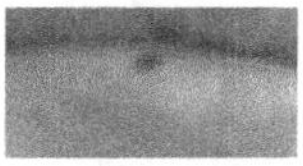	唇上有痣	唇上痣情况
	无	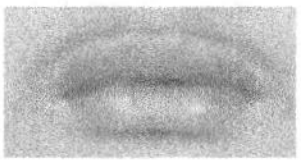	唇上无痣	

9. 颏

颏特征包括颏型、颏过渡、颏外翻、胡须、疤和痣等特殊标志，每个特征及其特征值说明如表 F3.1-9 所示。

表 F3.1-9　颏的部件例图、特征及特征值

部件例图(颏)

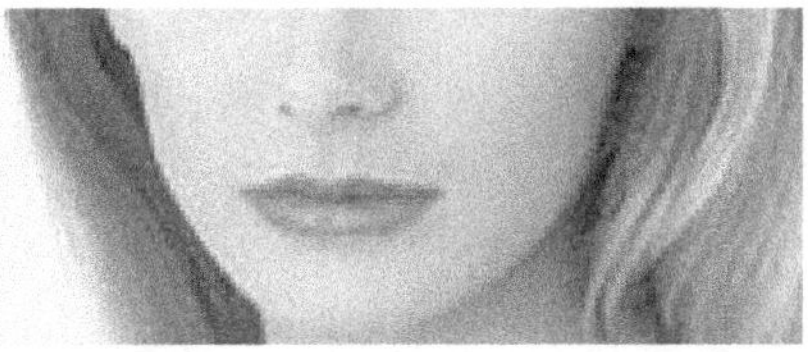

续表

特征	特征值	特征值例图	特征值说明	特征说明
颏型	圆		下巴的轮廓呈圆形	下巴的形状
	尖		下巴的轮廓呈尖形，略长	
	方		下巴的轮廓呈四方形	
	凹		下巴中间有凹陷	
	双下巴		双层下巴，较肥厚，胖人居多	
	分叉下巴		下巴略有分叉，似两部分	
颏过渡	明显过渡		下巴呈明显方形，给人棱角分明的感觉	下巴与下颌角间的轮廓边缘形状
	适中过渡		下巴较圆润，介于方形与尖形之间，下巴外翻	
	看不到过渡		下颌角与下巴边缘中间位置基本浅弧线过渡，外观上看下巴较尖，呈倒三角状	
颏外翻	内扁		颏面扁平靠下，内有凹陷	下巴向前向侧的趋势和轮廓形状
	前凸		颏面鼓起，像椭圆形或扁圆形小包包	
	前双凸		颏中间有凹线，颏面向两侧鼓起，像两颗鹌鹑蛋	
	平		指颏面较平，无明显凹凸状	

续表

特征	特征值	特征值例图	特征值说明	特征说明
颏 外翻	适中		颏面微凸圆润，从美学上属标准颏形	下巴向前向侧的趋势和轮廓形状
胡须	有		下巴有胡须	俗称胡子，泛指生长于男性上唇、下巴、面颊、两腮或脖子的毛发
	无		下巴无胡须	
疤	有		下巴有疤	下巴疤痕情况
	无		下巴无疤	
痣	有		下巴有痣	下巴痣的情况
	无		下巴无痣	

10. 耳朵

耳朵特征包括外耳凸度、耳环等，每个特征及其特征值说明如表 F3.1-10 所示。

表 F3.1-10　耳朵的部件例图、特征及特征值

部件例图(耳朵)

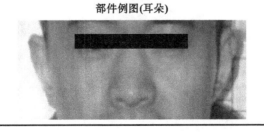

续表

特征	特征值	特征值例图	特征值说明	特征说明
外耳凸度	明显		可见整个耳廓	
	正常		可见部分耳廓	
	微显		可见耳轮及部分耳垂	外耳的轮廓形状
	不对称		高矮大小不一	
	不确定		遮挡	
耳环	有		有耳环	耳朵上是否有耳环
	无		无耳环	

11. 其他

其他特征包括鼻唇沟长度、眉眼间距、眼内角间距、眉眼中心距等，每个特征及其特征值说明如表 F3.1-11 所示。

表 F3.1-11　其他部件例图、特征及特征值

部件例图（其他）

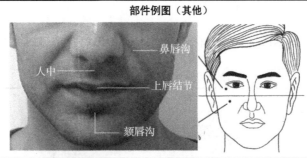

特征	特征值	特征值例图	特征值说明	特征说明
鼻唇沟长度	长		鼻唇沟较长，至嘴角	鼻唇沟由上唇方肌和颧骨的上颌突构成，其位置在鼻翼两侧至嘴角两侧

续表

特征	特征值	特征值例图	特征值说明	特征说明
鼻唇沟长度	短	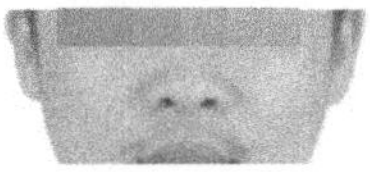	鼻唇沟较短，鼻翼附近	鼻唇沟由上唇方肌和颧骨的上颌突构成，其位置在**鼻翼两侧至嘴角两侧**
	无	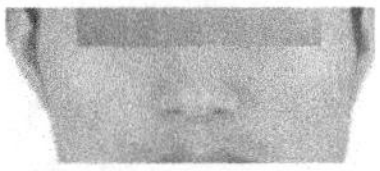	无鼻唇沟	
眉眼间距	大		眉毛与眼睛的距离较大	眉毛下边缘至上眼睑边缘的距离
	中		眉毛与眼睛的距离适中	
	小	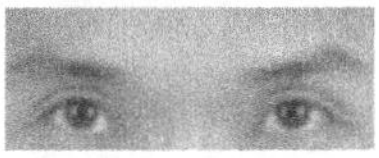	眉毛与眼睛的距离较小，几乎靠近	
眼内角间距	宽	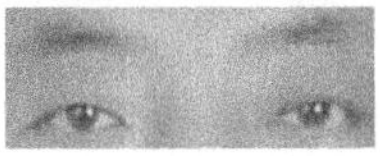	眼内角间距大于眼的横径	眼的横径是指内外眼角间距离
	中		眼内角间距等于眼的横径	
	窄		眼内角间距小于眼的横径	
眉眼中心距	离心	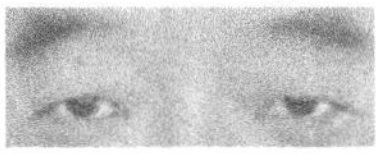	眉头间距大于眼内角间距	衡量眉头间距和眼内角间距之间的关系
	标准	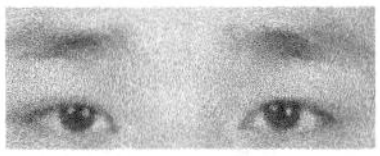	眉头间距等于眼内角间距	
	向心		眉头间距小于眼内角间距	
	连心	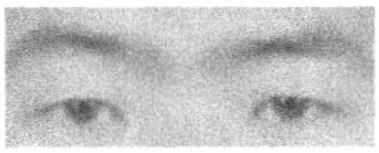	两侧眉头相连	

F3.2　正面观测量特征表

1. Basel 三维人像的关键点

Basel 三维人像一共有 70 个关键点，其关键点的位置如图 F3.2-1 所示，其关键点的缩写及序号如表 F3.2-1 所示。其中 58 个关键点和《人体测量手册》的生理关键点的名称缩写位置都一致，所以选用这 58 个生理关键点作为三维人像特征测量的关键点。选用的关键点编号也在表中列出。

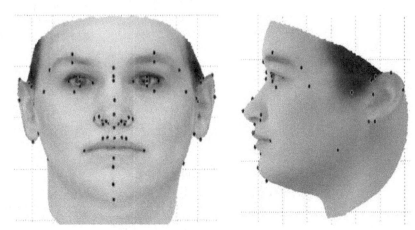

图 F3.2-1　Basel 三维人像正侧面关键点

表 F3.2-1　Basel 关键点缩写及序号

Basel 关键点缩写	序号	是否选用	Basel 关键点缩写	序号	是否选用
li	10				
sl	11				
gn	12				
g	14				
ls	17				
sto	18				
n	20				
s/se	21				
stb/se	22	选用			选用
prn	24				
sn	25				
pg	41				
sa*	42		sa	1	
sba*	43		sba	2	
pra*	44		pra	3	
pa*	45		pa	4	
obs*	46		obs	5	

Basel 关键点缩写	序号	是否选用	Basel 关键点缩写	序号	是否选用
obi*	47		obi	6	
t*	48		t	7	
zy*	49		zy	8	
go*	50		go	9	
cdl*	51		cdl	13	
ft*	52		ft	15	
cph*	53		cph	16	
ch*	54		ch	19	
al*	55	选用	al	23	选用
sbal*	56		sbal	26	
en*	62		en	32	
ex*	63		ex	33	
p*	64		p	34	
or*	65		or	35	
pi*	66		pi	36	
sci*	67		sci	37	
ps*	70		ps	40	
os*	68		os	38	
ac*	57		ac	27	
c'*	58		c'	28	
al'*	59		al'	29	
al'*	60	未选用	al'	30	未选用
sn'*	61		sn'	31	
ls'*	69		ls'	39	

2. 警视通人像鉴定分析系统关键点

为适于法庭鉴定，综合相关资料，警视通人像鉴定分析系统最终选定 80 个生理关键点，其中常用生理关键点 67 个，补充关键点 13 个。常用正侧面生理关键点编号如图 F3.2-2 所示。

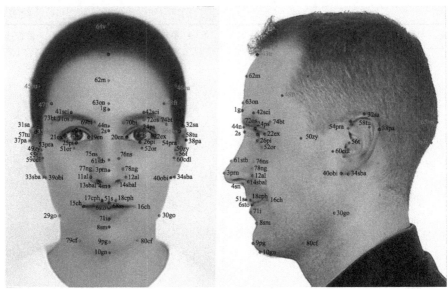

图 F3.2-2　脸部关键点的正面和侧面显示

当头部保持耳眼平面时，80 个关键点的具体编号如表 F3.2-2 所示。

表 F3.2-2　脸部关键点

序号	名称	英文	缩写	点	定义
1	眉间点	glabella	g	1	额下部鼻根上方、两侧眉毛间隆起部(眉间)最向前突出的一点
2	鼻梁点	sellion	s	1	鼻梁在正中矢状面上的最凹点
3	鼻尖点	pronasale	prn	1	鼻尖最向前突出的一点
4	鼻下点	subnasale	sn	1	鼻中隔下缘与上唇皮肤部相接最深点
5	上唇中点	labrale superius	ls	1	上红唇两弧切线与正中矢状面的交点
6	口裂点	stomion	sto	1	上下唇闭合时，口裂的正中点
7	下唇中点	labrale inferius	li	1	下红唇下缘与正中矢状面的交点
8	颏上点	sublabiale	sm	1	颏唇沟最深处与正中矢状面的交点
9	颏前点	pogonion	pg	1	侧面时下巴凸处最突出的点
10	颏下点	gnathion	gn	1	颏部在正中矢状面上最低的一点
11,12	鼻翼点	alare	al	2	鼻翼最外侧点
13,14	鼻翼下点	subalare	sbal	2	鼻翼最低处，和上唇皮肤渐合
15,16	口角点	cheilion	ch	2	口两侧外唇上，上下唇在外端相接之点
17,18	人中嵴标点	crista philtri landmark	cph	2	两侧红唇峰的最高点，人中沟起点
19,20	眼内角点	entocanthion	en	2	眼内角上，上下眼睑缘相接之点，位于泪阜的内侧
21,22	眼外角点	ectocanthion	ex	2	眼外角上，上下眼睑缘相接之点
23,24	上眼睑点	palpebrale superius	ps	2	上眼睑中部的最高点
25,26	下眼睑点	palpebrale inferius	pi	2	下眼睑中部的最低点
27,28	瞳孔点	pupilla	p	2	瞳孔中心点

续表

序号	名称	英文	缩写	点	定义
29,30	下颌角点	gonion	go	2	下颌角最向外、向下和向后突出的一点
31,32	耳上点	superaurale	sa	2	耳轮上缘最高的一点
33,34	耳下点	subaurale	sba	2	耳垂最向下的一点
35,36	耳上附着点	otobasion superius	obs	2	耳廓上缘附着于头侧部皮肤的一点，在耳轮与头侧部皮肤之间的深凹上
37,38	耳后点	postaurale	pa	2	耳轮后缘最向后突出的一点
39,40	耳下附着点	otobasion inferius	obi	2	耳垂下缘附着颊部皮肤点，耳廓基线下端
41,42	眉上点	superciliare	sci	2	眉毛中间边缘的最高点
43	发缘点	trichion	tr	1	前额发缘中点
44	鼻根点	nasion	n	1	额鼻缝和正中矢状面的交点，鼻梁点上方数毫米处
45,46	头侧点	euryon	eu	2	头的两侧最向外突出之点
47,48	颞嵴点	frontotemporale	ft	2	额部两侧颞嵴弧最向内侧的两对称点
49,50	颧点	zygion	zy	2	颧弓上最向外侧突出的一点，颊部后外方
51,52	眶下点	orbitale	or	2	眶下缘最低一点，眶下缘外侧 1/3 段上
53,54	耳前点	praeaurale	pra	2	耳上基点和耳下基点的连线即耳廓基线上与耳后点等高的一点
55,56	耳屏点	tragion	t	2	在外耳门上缘的高度上，位于形成外耳门前缘的耳屏上缘的起始部
57,58	耳结节点	tuberculare	tu	2	达尔文结节的尖端，通常位于耳廓上缘和耳廓后缘的移行部稍下方
59,60	髁突外点	condyliom laterale	cdl	2	下颌骨髁突上最向外突出之点
61	鼻尖上折点	supratip break	stb	1	鼻尖上方轻微的弯曲附近
62	额中点	metopion	m	1	左右侧额结节最高点的连线与正中矢状面的交点
63	眉间上点	ophryon	on	1	位于眉间点上方数毫米处
64	头顶点	vertex	v	1	头顶部在正中矢状面上的最高点
65	头后点	opisthocranion	op	1	头部在正中矢状面上向后最突出的一点，即离眉间点最远的一点
66	前囟点	bregma	b	1	在颅骨为冠状缝与矢状缝交点
67	枕外隆凸点	inion	i	1	位于枕外隆凸的尖端
68	口裂上点	stomion superius	ss	1	上下唇闭合时，口裂的正中点稍上
69,70	眉头点	brow initial	bi	2	内眼角上方，稍偏里，眉毛最内侧
71,72	眉下点	brow inferius	os	2	位于眉下边缘中部，和眉上点对应
73,74	眉尾点	brow tail	bt	2	外眼角上方，稍偏外，眉毛最外侧

序号	名称	英文	缩写	点	定义
75,76	鼻侧点	nose side	ns	2	鼻梁侧面
77,78	鼻沟点	nose groove	ng	2	鼻翼沟和鼻唇沟交界处
79,80	下颌拐点	chin flex	cf	2	下颌角点和颏下点中间，和颏前点水平

3. 正面观测量特征

正面观测量特征包括面部、额头、眉毛、眼睛、耳朵、鼻、嘴、人中、颏、头、夹角等部分。以下将对各个部件的正面观测量特征、特征涉及的关键点进行列举和说明，并给出例图供参考。

1）面部

面部测量特征包括面宽、容貌面高、容貌半面高、容貌上面高、形态面高、形态下面高、形态面指数、容貌面指数等，每个特征及其特征说明如表 F3.2-3 所示。

表 F3.2-3　面部的测量特征

部件测量特征例图（面部）

特征	关键点名称	特征说明	关键点缩写
面宽	颧点-颧点	两个颧点之间的距离	zy-zy
容貌面高	发缘点-颏下点	发缘点与颏下点之间的距离	tr-gn
容貌半面高	眉间点-颏下点	眉间点与颏下点之间的距离	g-gn
容貌上面高	鼻根点-口裂点	鼻根点与口裂点之间的距离	n-sto
形态面高	鼻根点-颏下点	鼻根点与颏下点之间的距离	n-gn
形态下面高	鼻下点-颏下点	鼻下点与颏下点之间的距离	sn-gn
形态面指数	形态面高/面宽	形态面高与面宽相除的结果	n-gn/zy-zy
容貌面指数	容貌面高/面宽	容貌面高与面宽相除的结果	tr-gn/zy-zy

2) 额头

额头测量特征包括额高、容貌额高、额最小宽、额指数、额宽指数、额高指数、前额指数、额顶宽指数等，每个特征及其特征说明如表 F3.2-4 所示。

表 F3.2-4 额头的测量特征

部件测量特征例图（额头）

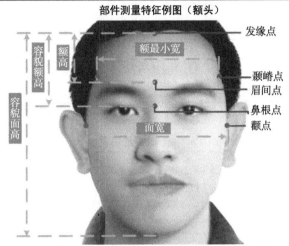

特征	关键点名称	特征说明	关键点缩写
额高	发缘点-眉间点	发缘点与眉间点之间的距离	tr-g
容貌额高	发缘点-鼻根点	发缘点与鼻根点之间的距离	tr-n
额最小宽	颞嵴点-颞嵴点	两个颞嵴点之间的距离	ft-ft
额指数	额高/额最小宽	额高与额最小宽相除的结果	tr-g/ft-ft
额宽指数	额最小宽/面宽	额最小宽与面宽相除的结果	ft-ft/zy-zy
额高指数	容貌额高/容貌面高	容貌额高与容貌面高相除的结果	tr-n/tr-gn
前额指数	额高/全头高	额高与全头高相除的结果	tr-g/v-gn
额顶宽指数	额最小宽/头宽	额最小宽与头宽相除的结果	ft-ft/eu-eu

3) 眉毛

眉毛测量特征包括眉宽、眉高、眉心距离、眉指数等，每个特征及其特征说明如表 F3.2-5 所示。

表 F3.2-5 眉毛的测量特征

部件测量特征例图（眉毛）

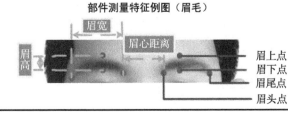

续表

特征	关键点名称	特征说明	关键点缩写
眉宽	眉尾点-眉头点	眉尾点与眉头点之间的距离	bt-bi
眉高	眉上点-眉下点	眉上点与眉下点之间的距离	sci-os
眉心距离	眉头点-眉头点	两个眉头点之间的距离	bi-bi
眉指数	眉高/眉宽	眉高与眉宽相除的结果	sci-os/bt-bi

4) 眼睛

眼睛测量特征包括两眼内宽、两眼外宽、眼裂宽度、眼裂高度、眼角间指数、眼指数、眉眼间距等，每个特征及其特征说明如表 F3.2-6 所示。

表 F3.2-6　眼睛的测量特征

部件测量特征例图（眼睛）

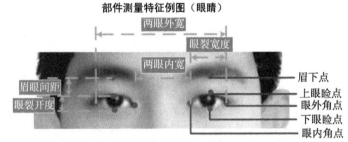

特征	关键点名称	特征说明	关键点缩写
两眼内宽	眼内角点-眼内角点	两个眼内角点之间的距离	en-en
两眼外宽	眼外角点-眼外角点	两个眼外角点之间的距离	ex-ex
眼裂宽度	眼外角点-眼内角点	眼外角点与眼内角点之间的距离	ex-en
眼裂高度	上眼睑点-下眼睑点	上眼睑点与下眼睑点之间的距离	ps-pi
眼角间指数	两眼内宽/两眼外宽	两眼内宽与两眼外宽相除的结果	en-en/ex-ex
眼指数	眼裂宽度/眼裂高度	眼裂宽度与眼裂高度相除的结果	ex-en/ps-pi
眉眼间距	眉下点-上眼睑点	眉下点与上眼睑点之间的距离	os-ps

5) 耳朵

耳朵测量特征包括容貌耳长、容貌耳宽、容貌耳指数、耳长指数等，每个特征及其特征说明如表 F3.2-7 所示。

表 F3.2-7　耳朵的测量特征

部件测量特征例图（耳朵）

特征	关键点名称	特征说明	关键点缩写
容貌耳长	耳上点-耳下点	耳上点与耳下点之间的距离	sa-sba
容貌耳宽	耳前点-耳后点	耳前点与耳后点之间的距离	pra-pa
容貌耳指数	容貌耳宽/容貌耳长	容貌耳宽与容貌耳长相除的结果	pra-pa/sa-sba
耳长指数	容貌耳长/容貌面高	容貌耳长与容貌面高相除的结果	sa-sba/tr-gn

6) 鼻

鼻测量特征包括鼻宽、鼻高、鼻高指数、鼻宽指数、鼻面指数、内眦鼻指数、鼻口指数等，每个特征及其特征说明如表 F3.2-8 所示。

表 F3.2-8　鼻的测量特征

部件测量特征例图（鼻）

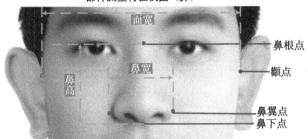

特征	关键点名称	特征说明	关键点缩写
鼻宽	鼻翼点-鼻翼点	两个鼻翼点之间的距离	al-al
鼻高	鼻根点-鼻下点	鼻根点与鼻下点之间的距离	n-sn
鼻高指数	鼻宽/鼻高	鼻宽与鼻高相除的结果	al-al/n-sn
鼻宽指数	鼻宽/面宽	鼻宽与面宽相除的结果	al-al/zy-zy
鼻面指数	鼻高/形态面高	鼻高与形态面高相除的结果	n-sn/n-gn
内眦鼻指数	两眼内宽/鼻宽	两眼内宽与鼻宽相除的结果	en-en/al-al
鼻口指数	鼻宽/口裂宽	鼻宽与口裂宽相除的结果	al-al/ch-ch

7) 嘴

嘴测量特征包括口裂宽、唇高、上唇高、下唇高、口指数、口高度指数、上唇厚指数、下唇厚指数、口宽指数等，每个特征及其特征说明如表 F3.2-9 所示。

表 F3.2-9 嘴的测量特征

部件测量特征例图（嘴）

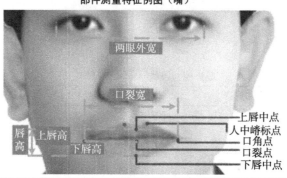

特征	关键点名称	特征说明	关键点缩写
口裂宽	口角点-口角点	两个口角点之间的距离	ch-ch
唇高	上唇中点-下唇中点	上唇中点与下唇中点之间的距离	ls-li-(ss-sto)
上唇高	上唇中点-口裂点	上唇中点与口裂点之间的距离	ls-sto(ss)
下唇高	口裂点-下唇中点	口裂点与下唇中点之间的距离	sto-li
口指数	唇高/口裂宽	唇高与口裂宽相除的结果	ls-li/ch-ch
口高度指数	唇高/形态面高	唇高与形态面高相除的结果	ls-li/n-gn
上唇厚指数	上唇高/唇高	上唇高与唇高相除的结果	ls-sto(ss)/ls-li
下唇厚指数	下唇高/唇高	下唇高与唇高相除的结果	li-sto/ls-li
口宽指数	口裂宽/两眼外宽	口裂宽与两眼外宽相除的结果	ch-ch/ex-ex

8) 人中

人中测量特征包括人中高、人中宽、人中指数等，每个特征及其特征说明如表 F3.2-10 所示。

表 F3.2-10 人中的测量特征

部件测量特征例图（人中）

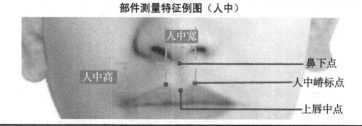

特征	关键点名称	特征说明	关键点缩写
人中高	鼻下点-上唇中点	鼻下点与上唇中点之间的距离	sn-ls
人中宽	人中嵴标点-人中嵴标点	两个人中嵴标点之间的距离	cph-cph
人中指数	人中高/人中宽	人中高与人中宽相除的结果	sn-ls /cph-cph

9) 颏

颏测量特征包括两下颌角间宽、颏高、唇颏高、颌宽度指数、颏大小指数、颏指数等，每个特征及其特征说明如表 F3.2-11 所示。

表 F3.2-11　颏的测量特征

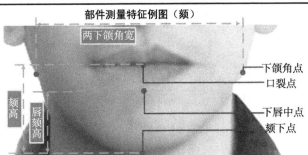

部件测量特征例图（颏）

特征	关键点名称	特征说明	关键点缩写
两下颌角间宽	下颌角点-下颌角点	两个下颌角点之间的距离	go-go
颏高	口裂点-颏下点	口裂点与颏下点之间的距离	sto-gn
唇颏高	下中唇点-颏下点	下唇中点与颏下点之间的距离	li-gn
颌宽度指数	两下颌角间宽/面宽	两下颌角间宽与面宽相除的结果	go-go/zy-zy
颏大小指数	唇颏高/形态面高	唇颏高与形态面高相除的结果	li-gn/n-gn
颏指数	颏高/两下颌角间宽	颏高与两下颌角间宽相除的结果	sto-gn/go-go

10) 头

头测量特征包括头耳高、全头高、容貌半头高、形态半头高、头宽、两耳屏间宽、两外耳间宽、头宽高指数、容貌上面指数、面垂直指数、面水平指数等，每个特征及其特征说明如表 F3.2-12 所示。

11) 夹角

夹角测量特征包括眼耳颏角、耳颏角、唇颏角、口眼鼻角、眼鼻角、口眉角、口眼耳角、眼口耳角、内眼口角、外眼口角、口鼻根角、口下鼻角、发缘颞颏角、耳鼻口角、眼耳角等，每个特征及其特征说明如表 F3.2-13 所示。

表 F3.2-12　头的测量特征

部件测量特征例图（头）

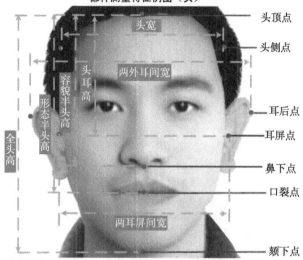

特征	关键点名称	特征说明	关键点缩写
头耳高	头顶点-耳屏点	头顶点与耳屏点之间的距离	v-t
全头高	头顶点-颏下点	头顶点与颏下点之间的距离	v-gn
容貌半头高	头顶点-鼻下点	头顶点与鼻下点之间的距离	v-sn
形态半头高	头顶点-口裂点	头顶点与口裂点之间的距离	v-sto
头宽	头侧点-头侧点	头侧点与头侧点之间的距离	eu-eu
两耳屏间宽	耳屏点-耳屏点	耳屏点与耳屏点之间的距离	t-t
两外耳间宽	耳后点-耳后点	耳后点与耳后点之间的距离	pa-pa
头宽高指数	头耳高/头宽	头耳高与头宽相除的结果	v-t/eu-eu
容貌上面指数	容貌上面高/面宽	容貌上面高与面宽相除的结果	n-sto/zy-zy
面垂直指数	形态面高/头耳高	形态面高与头耳高相除的结果	n-gn/v-t
面水平指数	面宽/头宽	面宽与头宽相除的结果	zy-zy/eu-eu

表 F3.2-13　夹角的测量特征

部件测量特征例图(夹角)

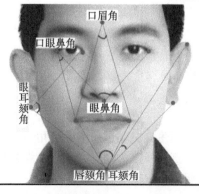

【口眉角】口角点、眉间点、口角点

【眼鼻角】眼外角点、鼻下点、眼外角点

【唇颏角】口角点、颏下点、口角点

【耳颏角】耳上点、颏下点、耳下点

【口眼鼻角】鼻下点、眼外角点、口角点

【眼耳颏角】眼内角点、耳下点、颏下点

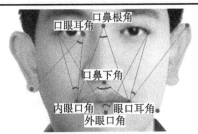

【口眼耳角】口角点、眼内角点、耳下点
【眼口耳角】眼外角点、口角点、耳下点
【内眼口角】眼内角点、口角点、眼外角点
【外眼口角】眼外角点、下唇中点、眼外角点
【口鼻根角】口角点、鼻根点、口角点
【口鼻下角】口角点、鼻下点、口角点

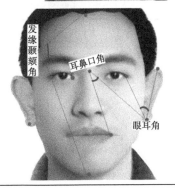

【发缘颞颏角】发缘点、颞峰点、颏下点
【耳鼻口角】耳下点、鼻梁点、口角点
【眼耳角】眼外角点、耳下点、耳上点

特征	特征说明	关键点缩写
眼耳颏角	以耳下点为顶点，耳下点到眼内角点连线为一条边，耳下点到颏下点连线为另一条边，形成的最小夹角	acos(en,sba,gn)
耳颏角	以颏下点为顶点，颏下点至耳上点连线为一条边，颏下点至耳下点连线为另一条边，形成的最小夹角	acos(sa,gn,sba)
唇颏角	以颏下点为顶点，颏下点至口角点连线为一条边，颏下点至口角点为另一条边，形成的最小夹角	acos(ch,gn,ch)
口眼鼻角	以外眼角点为顶点，外眼角点至口角点连线为一条边，外眼角点至鼻下点边线为另一条边，形成的最小夹角	acos(ch,ex,sn)
眼鼻角	以鼻下点为顶点，鼻下点至鼻外眼角点连线为一条边，鼻下点至眼外眼角点连线为另一条边，形成的最小夹角	acos(ex,sn,ex)
口眉角	以眉中间点为顶点，眉中间点至口角点连线为一条边，眉中间点至口角点连线为另一条边，形成的最小夹角	acos(ch,g,ch)
口眼耳角	眼内角点为顶点，眼内角点至耳下点连线为一条边，眼内角点至口角点连线为另一条边，形成的最小夹角	acos(ch,en,sba)
眼口耳角	以口角点为顶点，口角点至外眼角点连线为一条边，口角点至耳上点连线为另一条边，形成的最小夹角	acos(ex,ch,sa)
内眼口角	以口角点为顶点，口角点至眼内角点连线为一条边，口角点至眼外角点连线为另一条边，形成的最小夹角	acos(en,ch,ex)
外眼口角	以下唇中点为顶点，下唇中点至眼外角点连线为一条边，唇下点至右眼外角点连线为另一条边，形成的最小夹角	acos(ex,li,ex)
口鼻根角	以鼻根点为顶点，鼻根点至口角点连线为一条边，鼻根点至口角点连线为另一条边，形成的最小夹角	acos(ch,n,ch)

特征	特征说明	关键点缩写
口鼻下角	以鼻下点为顶点，鼻下点至口角点连线为一条边，鼻下点至口角点连线为另一条边，形成的最小夹角	acos(ch,sn,ch)
发缘颞颏角	以颞嵴点为顶点，颞嵴点至发缘点连线为一条边，颞嵴点至颏下点连线为另一条边，形成的最小夹角	acos(tr,ft,gn)
耳鼻口角	以鼻梁点为顶点，鼻梁点至耳下点连线为一条边，鼻梁点至口角点连线为另一条边，形成的最小夹角	acos(sba,s,ch)
眼耳角	以耳下点为顶点，耳下点至眼外角点连线为一条边，耳下点至耳上点连线为另一条边，形成的最小夹角	acos(ex,sba,sa)

附录 4　侧面观特征集

本附录着重介绍侧面观全部特征项。

F4.1　侧面观形态特征表

侧面观形态特征包括面部、额头、颧骨、眉毛、眼睛、鼻、人中、嘴、颏、耳朵。以下将对各个部件的侧面观形态特征、特征值进行列举和说明，并给出例图供参考。

1. 面部

面部特征包括侧脸轮廓、面部脂肪、酒窝、侧面发际线等，每个特征及其特征值说明如表 F4.1-1 所示。

表 F4.1-1　面部的部件例图、特征及特征值

部件例图(面部)

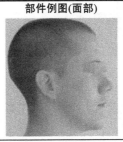

特征	特征值	特征值例图	特征值说明	特征说明
侧脸轮廓	凸		向前弯曲，中部突出，额骨和下颌骨后缩，边缘轮廓整体呈现出向外的圆弧形	侧面轮廓是由额骨、蝶骨、顶骨、颞骨、枕骨、颧骨、上颌骨和下颌骨这些主要因素决定的。另外，一些软骨及肌肉组织也会对其造成影响

特征	特征值	特征值例图	特征值说明	特征说明
侧脸轮廓	直		额头、鼻梁、颧骨、嘴巴基本在一条直线	侧面轮廓是由额骨、蝶骨、顶骨、颞骨、枕骨、颧骨、上颌骨和下颌骨这些主要因素决定的。另外，一些软骨及肌肉组织也会对其造成影响
	凹		额骨和下颌骨向前突出，颧骨和上颌骨较平，边缘轮廓整体向内凹陷	
	下突出		整体呈现上半部后缩，下半部前突的感觉	
	上突出		与下突出型相反，额骨突出明显，整体呈现上半部前突的感觉	
面部脂肪	薄		一般指瘦人，脸部无肉或俗话说的皮包骨	面部脂肪一般跟人的胖瘦直接相关，但不绝对，面部脂肪配合骨骼会影响对面型的判断

续表

特征	特征值	特征值例图	特征值说明	特征说明
面部脂肪	中		面部脂肪无堆积，能够明显辨识骨骼形状及特征	面部脂肪一般跟人的胖瘦直接相关，但不绝对，面部脂肪配合骨骼会影响对面型的判断
	厚		面部脂肪较厚，造成面部骨骼形状不明显或者微显，胖脸人居多	
酒窝	有		有酒窝	微笑时脸部肌肉相互牵动，在脸颊或嘴角旁形成的凹陷，亦称笑窝或笑靥
	无		无酒窝	
侧面发际线	直		发际线呈一条竖直线	发际线指头发边缘与脸部轮廓交界之处，发际线的位置会随着脱发的严重程度而变高或靠后，脱发的发际线就会变高或者靠后，男性较突出
	凸		发际线向前突出	
	凹		发际线呈凹陷状	
	尖		发际线向前突出成尖角	

续表

特征	特征值	特征值例图	特征值说明	特征说明
侧面发际线	微凸		发际线向前微凸	发际线指头发边缘与脸部轮廓交界之处,发际线的位置会随着脱发的严重程度而变高或靠后,脱发的发际线就会变高或者靠后,男性较突出
	不规则		发际线形状无规则	
	不确定		由于遮挡等因素不能确定发际线的形状	

2. 额头

额头特征包括额高,特征及其特征值说明如表 F4.1-2 所示。

表 F4.1-2　额头的部件例图、特征及特征值

部件例图(额头)

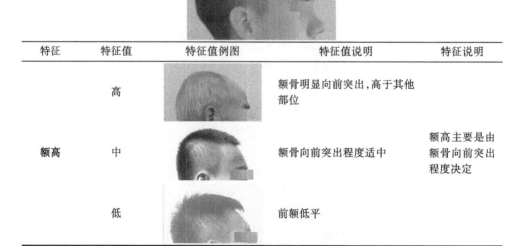

特征	特征值	特征值例图	特征值说明	特征说明
额高	高		额骨明显向前突出,高于其他部位	额高主要是由额骨向前突出程度决定
	中		额骨向前突出程度适中	
	低		前额低平	

3. 颧骨

颧骨特征包括颊前突，特征及其特征值说明如表 F4.1-3 所示。

表 F4.1-3　颧骨的部件例图、特征及特征值

部件例图(颧骨)

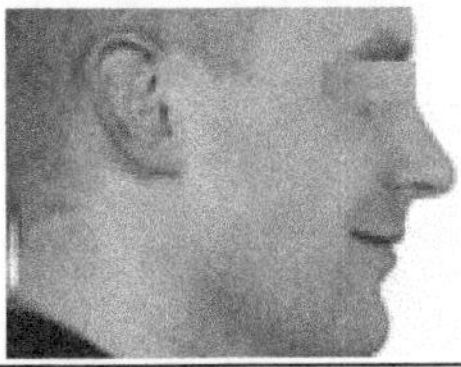

特征	特征值	特征值例图	特征值说明	特征说明
颊前突	扁平	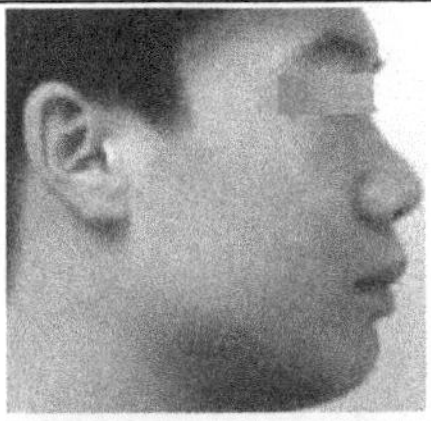	颧骨扁平	颊前突是由颧骨的高低决定的
	微弱突出	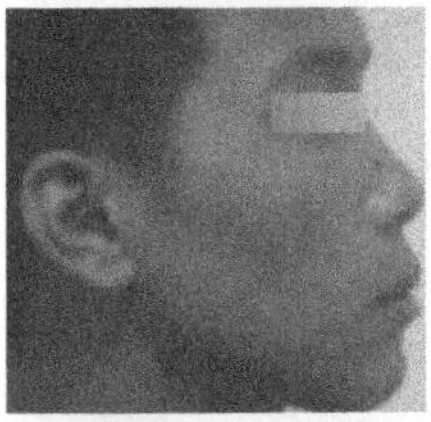	颧骨体不突出，颧骨前面逐渐转为侧面，鼻颊间界限清晰	
	中等突出	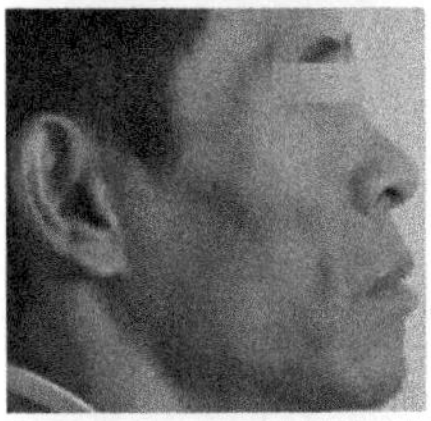	颧骨体发达适中，侧面鼻颊间界限大部可见	
	显著突出	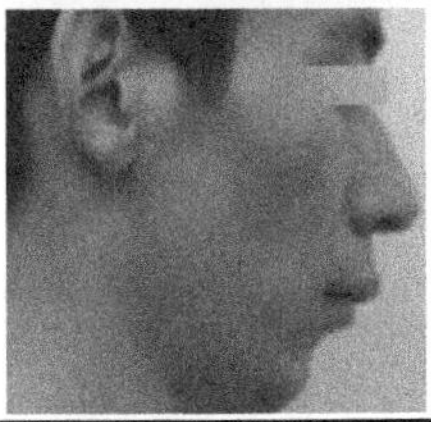	颧骨突出	

4. 眉毛

眉毛特征包括眉厚度、眉毛密度、眉嵴突度、疤和痣等特殊标志、眉眼间距等，每个特征及其特征值说明如表 F4.1-4 所示。

表 F4.1-4　眉毛的部件例图、特征及特征值

部件例图(眉毛)

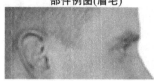

特征	特征值	特征值例图	特征值说明	特征说明
眉厚度	厚		眉毛宽粗	眉厚度主要是由眉的毛发薄厚决定的
	适中		宽窄适中	
	薄		眉毛细窄	
	极薄		眉毛极窄薄	
眉毛密度	浓密		眉毛浓而多	眉毛密度是由眉的稀疏分布决定的
	正常		适中	
	稀疏		眉毛较少	
	不确定		由于遮挡等原因无法确定	
眉峰突度	显著		眉峰突出显著，面部轮廓比较有立体感	眉峰又称眉弓或眉骨，眼眶上突出呈弓状的骨质峰
	不显著		眉峰突出不显著	
疤	有		眉毛处有疤	结痂附着在柔软皮肤的表面，伤口或疤平复以后留下的痕迹
	无		眉毛处无疤	

续表

特征	特征值	特征值例图	特征值说明	特征说明
痣	有		眉毛附近有痣	人体皮肤所生的有色斑点
	无		眉毛附近无痣	
眉眼间距	大	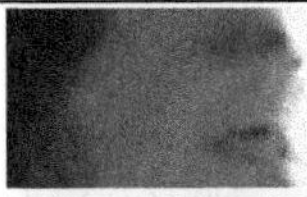	眉毛与眼睛的距离较长	眉眼间距的标准量法就是从眉毛上缘到瞳孔中间的直线距离
	中		眉毛与眼睛的距离适中	
	小	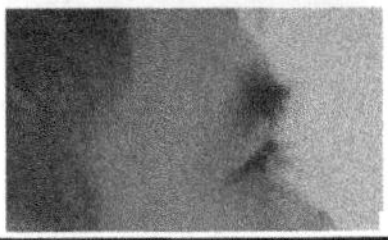	眉毛与眼睛的距离较短	

5. 眼睛

眼睛特征包括眼裂高度、上眼睑皱褶、上眼睑皱褶宽度、上眼睑下垂、眼袋、卧蚕、睫毛、眼镜、眼球凸度等，每个特征及其特征值说明如表 F4.1-5 所示。

表 F4.1-5　眼睛的部件例图、特征及特征值

部件例图(眼睛)

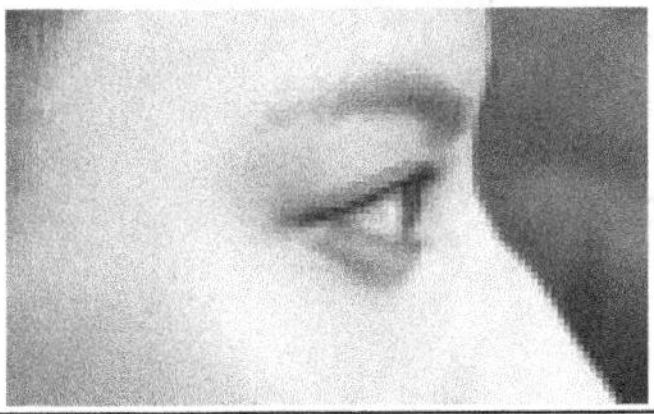

特征	特征值	特征值例图	特征值说明	特征说明
眼裂高度	高	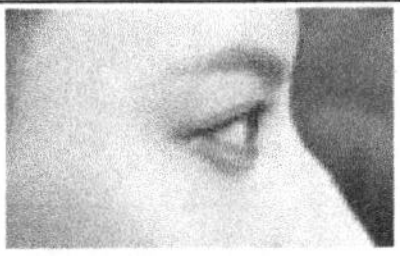	高度大于 10mm	指上、下眼睑之间形成的裂隙，也就是平常所说的眼缝
	中等	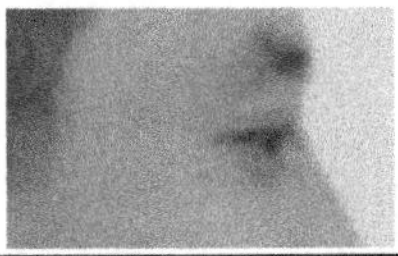	高度在 7～10mm	

特征	特征值	特征值例图	特征值说明	特征说明
眼裂高度	窄		高度小于 7mm	指上、下眼睑之间形成的裂隙，也就是平常所说的眼缝
	不确定		由于遮挡等原因无法确定	
上眼睑皱褶	单睑		单眼皮，整个上睑皮肤较厚，睫毛的根部不可见，单睑者睑裂较短、狭细	在上眼睑上有无横行皱褶，以及皱褶层数
	双睑		双眼皮，上睑皮肤在睑缘上方有一浅沟，当眼睛睁开时，上眼睑有一道皱褶	
	多重		多层眼皮，有两条或两条以上的皱褶	
上眼睑皱褶宽度	0 级		无皱褶，单眼皮	
	1 级		皱褶距睫毛超过 2mm	
	2 级		皱褶距睫毛 1～2mm	
	3 级		皱褶距睫毛 –1mm，皮肤松弛	
上眼睑下垂	有		眼睑提肌松弛而引起的眼睑下垂	眼睑提肌因发育不良或松弛造成的，后天性眼睑下垂大部分发生于中老年人

续表

特征	特征值	特征值例图	特征值说明	特征说明
上眼睑下垂	无		无下垂	眼睑提肌因发育不良或松弛造成的，后天性眼睑下垂大部分发生于中老年人
眼袋	有		眼袋表现为下睑臃肿、皮肤松弛、皱纹增多、形成水袋结构	下眼睑浮肿，是带状的突起物
	无		无眼袋	
卧蚕	有		有卧蚕，要区分于眼袋	4～7mm 带状隆起物，像一条蚕宝宝横卧在下眼睑睫毛的边缘
	无		无卧蚕	
睫毛	长密		睫毛长且数量多	生长在上下睑缘的前缘，有保护作用
	中		睫毛长短与数量适中	
	短稀		睫毛短且数量少	
眼镜	有		有眼镜	矫正视力，保护眼睛
	无		无眼镜	

续表

特征	特征值	特征值例图	特征值说明	特征说明
眼球凸度	凸		向外突出状	眼球突出的程度影响眼型
	中		适中	
	凹		向内凹陷状	

6. 鼻

鼻特征包括鼻孔、鼻梁、鼻根高度、鼻侧面、鼻尖、鼻基部侧面形态、鼻根点凹陷、鼻中隔下点、鼻中隔倾斜等，每个特征及其特征值说明如表 F4.1-6 所示。

表 F4.1-6 鼻的部件例图、特征及特征值

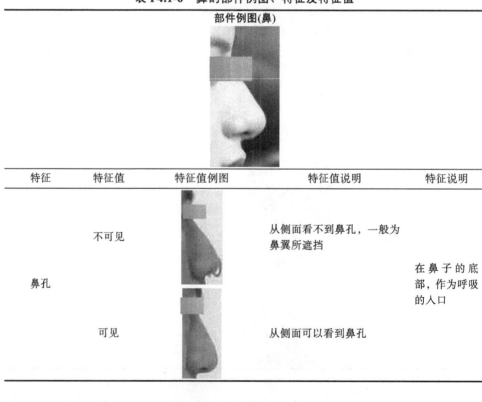

部件例图(鼻)

特征	特征值	特征值例图	特征值说明	特征说明
鼻孔	不可见		从侧面看不到鼻孔，一般为鼻翼所遮挡	在鼻子的底部，作为呼吸的入口
	可见		从侧面可以看到鼻孔	

续表

特征	特征值	特征值例图	特征值说明	特征说明
鼻孔	显著		侧面可以明显看到鼻孔,鼻翼较鼻中隔向上	在鼻子的底部,作为呼吸的入口
鼻梁	高		鼻背部向前突出明显	从鼻根延伸至鼻尖的鼻背部
	中		鼻背部向前突出适中	
	低		鼻背部较平,甚至凹陷	
鼻根高度	高		鼻根点凸起	鼻根即鼻梁上端与额部相连处,鼻根点是鼻额角的最深点
	中等		鼻根点处较平	
	低平		额骨与鼻骨相连处有明显的转折,略凹陷	

续表

特征	特征值	特征值例图	特征值说明	特征说明
鼻侧面	直		鼻根至鼻尖呈一条直线	鼻根至鼻尖的形状
	凸		鼻根至鼻尖向外弯曲突出	
	凹		鼻根至鼻尖向内弯曲凹陷	
鼻尖	尖头		鼻头较尖	由两个鼻翼软骨构成的鼻尖的形状
	圆		鼻尖较圆钝	
	鹰鼻		鼻尖形似鹰嘴	
鼻基部侧面形态	上翘		鼻基部平面和水平面成大于90°角	根据鼻基部平面和水平面角度可分为三种类型

续表

特征	特征值	特征值例图	特征值说明	特征说明
鼻基部侧面形态	水平		鼻基部平面和水平面相平	根据鼻基部平面和水平面角度可分为三种类型
	下垂		鼻基部平面和水平面成小于90°角	
鼻根点凹陷	无凹陷		鼻根无凹陷，从侧面能够明显看到鼻根点	外鼻与额相连的狭窄部称为鼻根，鼻根的凹陷程度
	浅凹陷		鼻根微凹陷，从侧面能够清楚看到鼻根点	
	中凹陷		从侧面基本能够看到鼻根点	
	深凹陷		鼻根凹陷，从侧面不能看到鼻根点	
	非常深凹陷		鼻根凹陷严重，从侧面不能看到鼻根点	

特征	特征值	特征值例图	特征值说明	特征说明
鼻中隔下点	低于鼻翼点		鼻中隔最下点低于鼻翼最下点	根据鼻中隔最下点与鼻翼最下点的位置关系分为三种类型
	平		鼻中隔最下点和鼻翼最下点相平	
	高或不可见		鼻中隔最下点高于鼻翼最下点或鼻中隔最下点被鼻翼遮挡而在侧面照片上不可见	
鼻中隔倾斜	向上		鼻中隔向上倾斜角度大	鼻中隔与水平线的角度
	微向上		鼻中隔向上倾斜角度小	
	水平		鼻中隔水平线	
	微向下		鼻中隔向下倾斜角度小	
	向下		鼻中隔向下倾斜角度大	

7. 人中

人中的特征包括人中高度，特征及其特征值说明如表 F4.1-7 所示。

表 F4.1-7　人中的部件例图、特征及特征值

部件例图(人中)

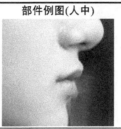

特征	特征值	特征值例图	特征值说明	特征说明
人中高度	高		人中比较长	从鼻下至唇间的直沟,人中的长短不包含红唇部
	中		人中高度适中	
	低		人中比较短	

8. 嘴

嘴的特征包括唇厚度、疤和痣等特殊标志、胡须、上唇侧面观、上红唇厚度、下红唇厚度等，每个特征及其特征值说明如表 F4.1-8 所示。

表 F4.1-8　嘴的部件例图、特征及特征值

部件例图(嘴)

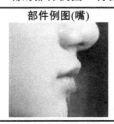

特征	特征值	特征值例图	特征值说明	特征说明
唇厚度	厚		上下红唇部比较厚	唇的厚度指口轻闭时,上下红唇部的厚度
	适中		上下红唇部厚度适中	
	薄		上下红唇部较薄	
	非常薄		上下红唇部非常薄	
疤	有		有疤	一层结痂附着在柔软皮肤的表面,伤口或疤平复以后留下的痕迹
	无		无疤	
痣	有		有痣	人体皮肤所生的有色斑点
	无		无痣	

续表

特征	特征值	特征值例图	特征值说明	特征说明
胡须	有		下巴有胡须	俗称胡子,泛指生长于男性上唇、下巴、面颊、两腮或脖子的毛发
	无		下巴无胡须	
上唇侧面观	凸唇		上唇明显突出	上唇侧面观指上唇红唇高度和突出度
	正唇		上唇大体直立	
	缩唇		上唇明显后缩	
上红唇厚度	厚		上红唇较厚	红唇部是口唇轻闭时,正面所见到的赤红色口唇部,红唇部皮肤极薄,没有角质层和色素,因而能透过血管中血液颜色,形成红唇
	中		上红唇薄厚适中	
	薄		上红唇较薄	

续表

特征	特征值	特征值例图	特征值说明	特征说明
	厚		下红唇较厚	
下红唇厚度	中		下红唇薄厚适中	同上
	薄		下红唇较薄	

9. 颏

颏特征包括下颌侧面形态等，特征及其特征值说明如表 F4.1-9 所示。

表 F4.1-9　颏的部件例图、特征及特征值

部件例图(颏)

特征	特征值	特征值例图	特征值说明	特征说明
	后缩		下颌后缩	颏俗称下巴，从侧面根据下颌尖是否位于鼻尖及上下唇连线延长线，分为三种类型
下颌侧面形态	直		下颌上下大体呈一直线	
	前突		下颌前突	

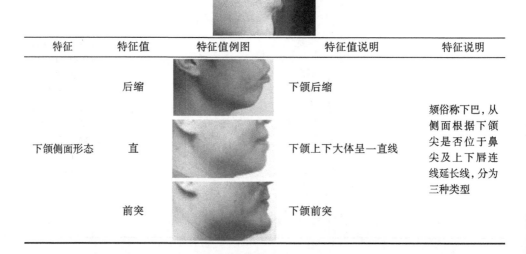

10. 耳朵

耳朵特征包括达尔文结节、耳垂、耳大小、耳垂形状、耳轮上内侧缘、对耳轮上脚和耳轮内缘关系、耳屏间切迹形态、对耳屏形态等，每个特征及其特征值说明如表 F4.1-10 所示。

表 F4.1-10　耳朵的部件例图、特征及特征值

部件例图(耳朵)

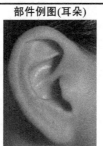

特征	特征值	特征值例图	特征值说明	特征说明
达尔文结节	有		有达尔文结节	人的耳轮外后上部内缘的一个稍肥厚的结节状小突起
	无		无达尔文结节	
耳垂	离生		正常耳垂外部边缘向外展，像挂在耳垂边上多余的一块肉	耳轮下端之柔软部分，无软骨，仅含结缔组织和脂肪
	无		外耳形较尖，看不出明显耳垂体	
耳大小	小		耳较小	耳廓长、宽(从耳屏至耳轮结节的距离)的整体衡量
	中		耳大小适中	
	大		耳较大	

特征	特征值	特征值例图	特征值说明	特征说明
耳垂形状	圆		耳垂向下悬垂呈圆形	耳垂的形状
	方		耳垂与颊部皮肤连接几乎呈一水平线	
	三角		耳垂内侧完全与面部相连,其外侧缘与面部之间呈明显的钝角相连	
耳轮上内侧缘	平滑弧形		耳轮上边缘内侧呈平滑弧线形	耳轮上内侧边缘形状
	非平滑无角		非平滑,上内侧缘呈不规则形状,但无明显成角	
	一角		成一个明显折角	
	二角		成两个明显折角	
对耳轮上脚和耳轮内缘关系	前		对耳轮上脚和耳轮上缘相交之点位于耳轮最高点之前	对耳轮上脚和耳轮内缘关系
	中		对耳轮上脚和耳轮上缘相交之点位于耳轮最高点,或者耳轮上缘是平的	
	后		对耳轮上脚和耳轮上缘相交之点位于耳轮最高点之后	
耳屏间切迹形态	U形		底部平滑,包括一些变化,两边同时出现平行性扭曲,也归到此类	耳屏与对耳屏之间的凹陷
	V形		底部只有一个角,上口宽于下口	
	凹槽形		底部有两个角,上、下口等宽,但较 U 形宽,有些底部边和两边不连贯	

续表

特征	特征值	特征值例图	特征值说明	特征说明
对耳屏形态	平		对耳屏呈一直线状	耳甲腔后方对耳轮下部有一突起,称对耳屏
	波凸		中间略高或高于两端,但中间突出部分圆钝,尚未明显成角	
	峰凸		有明显的一个角型突起	

F4.2　侧面观测量特征表

1. 侧面观人像关键点

见 F3.2 节的警视通人像鉴定分析系统关键点。

2. 侧面观测量特征

侧面观测量特征包括面部、额头、眉和眼、耳朵、鼻、嘴、人中、颏、头、夹角等部件。以下将对各个部件的侧面观测量特征、特征涉及的关键点进行列举和说明,并给出例图供参考。

1) 面部

面部测量特征包括形态面高、容貌面高、形态下面高、容貌上面高、容貌下面高、容貌半面高、面高指数等,每个特征及其特征说明如表 F4.2-1 所示。

表 F4.2-1　面部的测量特征

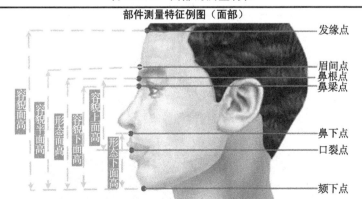

部件测量特征例图（面部）

发缘点

眉间点
鼻根点
鼻梁点

鼻下点

口裂点

颏下点

容貌面高　容貌半面高　形态面高　容貌下面高　容貌上面高　形态下面高

续表

特征	关键点名称	特征说明	关键点缩写
形态面高	鼻根点-颏下点	鼻根点与颏下点之间的距离	n-gn
容貌面高	发缘点-颏下点	发缘点与颏下点之间的距离	tr-gn
形态下面高	鼻下点-颏下点	鼻下点与颏下点之间的距离	sn-gn
容貌上面高	鼻根点-口裂点	鼻根点与口裂点之间的距离	n-sto
容貌下面高	鼻梁点-颏下点	鼻梁点与颏下点之间的距离	s-gn
容貌半面高	眉间点-颏下点	眉间点与颏下点之间的距离	g-gn
面高指数	容貌上面高/容貌面高	容貌上面高与容貌面高相除的结果	n-sto/ tr-gn

　　2) 额头

　　额头测量特征包括额高、容貌额高、额高指数、前额指数等，每个特征及其特征说明如表 F4.2-2 所示。

表 F4.2-2　　额头的测量特征

部件测量特征例图（额头）

特征	关键点名称	特征说明	关键点缩写
额高	发缘点-眉间点	发缘点与眉间点之间的距离	tr-g
容貌额高	发缘点-鼻根点	发缘点与鼻根点之间的距离	tr-n
额高指数	容貌额高/容貌面高	容貌额高与容貌面高相除的结果	tr-n/tr-gn
前额指数	额高/全头高	额高与全头高相除的结果	tr-g/v-gn

　　3) 眉和眼

　　眉和眼测量特征包括眉高、眼裂高度、眉眼间距等，每个特征及其特征说明如表 F4.2-3 所示。

表 F4.2-3　　眉和眼的测量特征

部件测量特征例图（眉和眼）

特征	关键点名称	特征说明	关键点缩写
眉高	眉上点-眉下点	眉上点与眉下点之间的距离	sci-os
眼裂高度	上眼睑点-下眼睑点	上眼睑点与下眼睑点之间的距离	ps-pi
眉眼间距	眉下点-上眼睑点	眉下点与上眼睑点之间的距离	os-ps

4) 耳朵

耳朵测量特征包括容貌耳宽、容貌耳长、形态耳长、形态耳宽、容貌耳指数、形态耳指数、耳长指数等，每个特征及其特征说明如表 F4.2-4 所示。

表 F4.2-4　耳朵的测量特征

部件测量特征例图（耳朵）

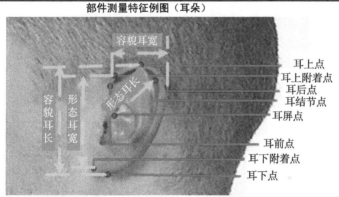

特征	关键点名称	特征说明	关键点缩写
容貌耳宽	耳前点-耳后点	耳前点与耳后点之间的距离	pra-pa
容貌耳长	耳上点-耳下点	耳上点与耳下点之间的距离	sa-sba
形态耳长	耳结节点-耳屏点	耳结节点与耳屏点之间的距离	tu-t
形态耳宽	耳上附着点-耳下附着点	耳上附着点与耳下附着点之间的距离	obs-obi
容貌耳指数	容貌耳宽/容貌耳长	容貌耳宽与容貌耳长相除的结果	pra-pa/sa-sba
形态耳指数	形态耳宽/形态耳长	形态耳宽与形态耳长相除的结果	obs-obi/tu-t
耳长指数	容貌耳长/容貌面高	容貌耳长与容貌面高相除的结果	sa-sba/tr-gn

5) 鼻

鼻测量特征包括鼻深、形态鼻深、鼻高、形态鼻高、鼻长、鼻投影、鼻面指数等，每个特征及其特征说明如表 F4.2-5 所示。

6) 嘴

嘴测量特征包括上唇高、下唇高、唇高、全上唇高、全下唇高、口高度指数、上唇厚指数、下唇厚指数、全上唇指数、全下唇指数等，每个特征及其特征说明如表 F4.2-6 所示。

表 F4.2-5　鼻的测量特征

部件测量特征例图（鼻）

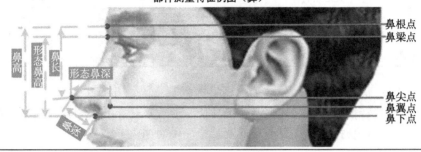

特征	关键点名称	特征说明	关键点缩写
鼻深	鼻下点-鼻尖点	鼻下点与鼻尖点之间的距离	sn-prn
形态鼻深	鼻翼点-鼻尖点	鼻翼点与鼻尖点之间的距离	al-prn
鼻高	鼻根点-鼻下点	鼻根点与鼻下点之间的距离	n-sn
形态鼻高	鼻梁点-鼻下点	鼻梁点与鼻下点之间的距离	s-sn
鼻长	鼻根点-鼻尖点	鼻根点与鼻尖点之间的距离	n-prn
鼻投影	形态鼻深/鼻高	形态鼻深与鼻高相除的结果	al-prn/n-sn
鼻面指数	鼻高/形态面高	鼻高与形态面高相除的结果	n-sn/n-gn

表 F4.2-6　嘴的测量特征

部件测量特征例图（嘴）

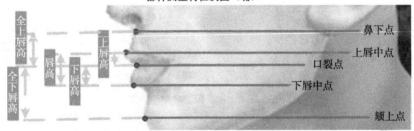

特征	关键点名称	特征说明	关键点缩写
上唇高	上唇中点-口裂点	上唇中点与口裂点之间的距离	ls-ss
下唇高	口裂点-下唇中点	口裂点与下唇中点之间的距离	sto-li
唇高	上唇中点-下唇中点	上唇中点与下唇中点之间的距离	ls-li
全上唇高	鼻下点-口裂点	鼻下点与口裂点之间的距离	sn-sto
全下唇高	口裂点-颏上点	口裂点与颏上点之间的距离	sto-sm
口高度指数	唇高/形态面高	唇高与形态面高相除的结果	ls-li/n-gn
上唇厚指数	上唇高/唇高	上唇高与唇高相除的结果	ls-ss/ls-li
下唇厚指数	下唇高/唇高	下唇高与唇高相除的结果	li-sto/ls-li
全上唇指数	全上唇高/形态下面高	全上唇高与形态下面高相除的结果	sn-ss/sn-gn
全下唇指数	全下唇高/形态下面高	全下唇高与形态下面高相除的结果	sto-sm/sn-gn

7) 人中

人中测量特征包括人中高等，特征及其特征说明如表 F4.2-7 所示。

表 F4.2-7　人中的测量特征

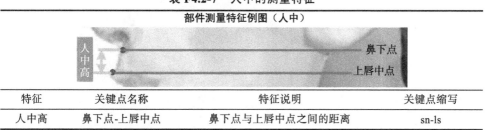

部件测量特征例图（人中）

特征	关键点名称	特征说明	关键点缩写
人中高	鼻下点-上唇中点	鼻下点与上唇中点之间的距离	sn-ls

8) 颏

颏测量特征包括颏高、形态颏高、唇颏高、颏大小指数、颏高指数等，每个特征及其特征说明如表 F4.2-8 所示。

表 F4.2-8　颏的测量特征

部件测量特征例图（颏）

口裂点
下唇中点
颏上点
颏下点

颏高　唇颏高　形态颏高

特征	关键点名称	特征说明	关键点缩写
颏高	口裂点-颏下点	口裂点与颏下点之间的距离	sto-gn
形态颏高	颏上点-颏下点	颏上点与颏下点之间的距离	sm-gn
唇颏高	下唇中点-颏下点	下唇中点与颏下点之间的距离	li-gn
颏大小指数	唇颏高/形态面高	唇颏高与形态面高相除的结果	li-gn/n-gn
颏高指数	形态颏高/形态下面高	形态颏高与形态下面高相除的结果	sm-gn/sn-gn

9) 头

头测量特征包括头长、颅长、容貌颅长、头耳高、容貌半头高、形态半头高、全头高、形态颅长、头顶头后高、头高指数、头高长指数等，每个特征及其特征说明如表 F4.2-9 所示。

10) 夹角

夹角 1 测量特征包括侧面三角形、鼻面角、鼻颏前角、颏面角、眼口耳角、耳颏角、眼耳角等，每个特征及其特征说明如表 F4.2-10(a)所示。

表 F4.2-9 头的测量特征

部件测量特征例图（头）

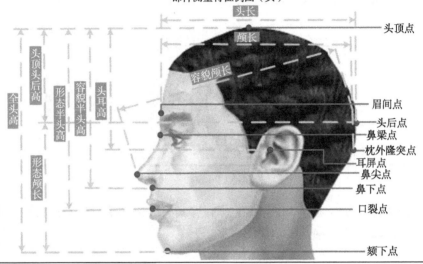

特征	关键点名称	特征说明	关键点缩写
头长	眉间点-头后点	眉间点与头后点之间的距离	g-op
颅长	眉间点-枕外隆突点	眉间点与枕外隆突点之间的距离	g-i
容貌颅长	头后点-鼻尖点	头后点与鼻尖点之间的距离	op-prn
头耳高	头顶点-耳屏点	头顶点与耳屏点之间的距离	v-t
容貌半头高	头顶点-鼻下点	头顶点与鼻下点之间的距离	v-sn
形态半头高	头顶点-口裂点	头顶点与口裂点之间的距离	v-sto
全头高	头顶点-颏下点	头顶点与颏下点之间的距离	v-gn
形态颅长	头后点-颏下点	头后点与颏下点之间的距离	op-gn
头顶头后高	头顶点-头后点	头顶点与头后点之间的距离	v-op
头高指数	形态面高/头耳高	形态面高与头耳高相除的结果	n-gn/v-t
头高长指数	头耳高/头长	头耳高与头长相除的结果	v-t/g-op

表 F4.2-10(a) 夹角 1 的测量特征

部件测量特征例图（夹角1）

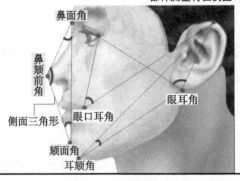

【侧面三角形】鼻尖点、颏前点、鼻根点
【鼻面角】颏前点、鼻尖点、鼻根点
【鼻颏前角】鼻根点、鼻尖点、颏前点
【颏面角】鼻尖点、颏前点、鼻根点
【眼口耳角】眼外角点、口角点、耳上点
【耳颏角】耳上点、颏下点、耳下点
【眼耳角】眼外角点、耳下点、耳上点

续表

特征	特征说明	关键点缩写
侧面三角形	鼻根点，鼻尖点，颏前点形成由鼻面角、鼻颏角和颏面角构成的三角形	n,prn,pg
鼻面角	以鼻根点为顶点，鼻根点至鼻尖点连线为一条边，鼻根点至颏前点连线为另一条边，形成的最小夹角	acos(pg,n,prn)
鼻颏前角	以鼻尖点为顶点，鼻尖点至颏前点连线为一条边，鼻尖点至鼻根点连线为另一条边，形成的最小夹角	acos(n,prn,pg)
颏面角	以颏前点为顶点，颏前点至鼻尖点连线为一条边，颏前点至鼻根点连线为另一条边，形成的最小夹角	acos(prn,pg,n)
眼口耳角	以口角点为顶点，口角点至眼外角点连线为一条边，口角点至耳上点连线为另一条边，形成的最小夹角	acos(ex,ch,sa)
耳颏角	以颏下点为顶点，颏下点至耳下点连线为一条边，颏下点至耳上点连线为另一条边，形成的最小夹角	acos(sa,gn,sba)
眼耳角	以耳下点为顶点，耳下点至眼角外点连线为一条边，耳下点至耳上点连线为另一条边，形成的最小夹角	acos(ex,sba,sa)

夹角 2 测量特征包括鼻耳眼角、颏下鼻角、侧鼻梁角、侧唇颏角等，每个特征及其特征说明如表 F4.2-10(b)所示。

表 F4.2-10(b) 夹角 2 的测量特征

部件测量特征例图（夹角2）

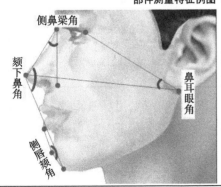

【鼻耳眼角】鼻尖点、耳下点、眼角外点
【颏下鼻角】颏下点、鼻尖点、鼻梁点
【侧鼻梁角】鼻尖点、鼻梁点、鼻翼点
【侧唇颏角】下唇中点、颏前点、颏下点

特征	特征说明	关键点缩写
鼻耳眼角	以耳下点为顶点，耳下点至眼角外点连线为一条边，耳下点至鼻尖点连线为另一条边，形成的最小夹角	acos(prn,sba,ex)
颏下鼻角	以鼻尖点为顶点，鼻尖点至鼻梁点连线为一条边，鼻尖点至颏下点连线为另一条边，形成的最小夹角	acos(gn,prn,s)
侧鼻梁角	以鼻梁点为顶点，鼻梁点至鼻翼点连线为一条边，鼻梁点鼻尖点连线为另一条边，形成的最小夹角	acos(prn,s,al)
侧唇颏角	以颏前点为顶点，颏前点至颏下点连线为一条边，颏前点下唇中点连线为另一条边，形成的最小夹角	acos(li,pg,gn)

夹角 3 测量特征包括耳鼻口角、侧鼻尖角、鼻唇角、侧唇角、颏凹角、颏凸角

等，每个特征及其特征说明如表 F4.2-10(c)所示。

表 F4.2-10(c)　夹角 3 的测量特征

部件测量特征例图（夹角3）

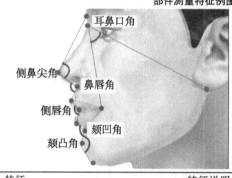

【耳鼻口角】耳下点、鼻梁点、口角点
【侧鼻尖角】鼻根点、鼻尖点、鼻下点
【鼻唇角】鼻尖点、鼻下点、上唇中点
【侧唇角】上唇中点、口裂点、下唇中点
【颏凹角】下唇中点、颏上点、颏前点
【颏凸角】颏上点、颏前点、颏下点

特征	特征说明	关键点缩写
耳鼻口角	以鼻梁点为顶点，鼻梁点至耳下点连线为一条边，鼻梁点至口角点边线为一条边，形成的最小夹角	acos(sba,s,ch)
侧鼻尖角	以鼻尖点为顶点，鼻尖点到鼻根点连线为一条边，鼻尖点到鼻下点连线为另一条边，形成的最小夹角	acos (n,prn,sn)
鼻唇角	以鼻下点为顶点，鼻下点到上唇中点连线为一条边，鼻下点到鼻尖点连线为另一条边，形成的最小夹角	acos (prn,sn,ls)
侧唇角	以口裂点为顶点，口裂点到上唇中点连线为一条边，口裂点到下唇中点连线为另一条边，形成的最小夹角	acos (ls,sto,li)
颏凹角	以颏上点为顶点，颏上点到下唇中点连线为一条边，颏上点到颏前点连线为另一条边，形成的最小夹角	acos (li,sm,pg)
颏凸角	以颏前点为顶点，颏前点到颏上点连线为一条边，颏前点到颏下点连线为另一条边，形成的最小夹角	acos (sm,pg,gn)

夹角 4 测量特征包括耳鼻梁三角形、耳鼻梁角(Ⅰ，Ⅱ，Ⅲ)、耳鼻颏三角形、耳鼻颏角(Ⅰ，Ⅱ，Ⅲ)等，每个特征及其特征说明如表 F4.2-10(d)所示。

表 F4.2-10(d)　夹角 4 的测量特征

部件测量特征例图（夹角4）

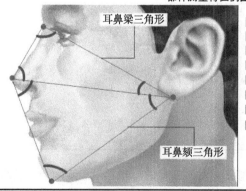

【耳鼻梁三角形】耳下点、鼻梁点、鼻尖点
【耳鼻梁角Ⅰ】耳下点、鼻梁点、鼻尖点
【耳鼻梁角Ⅱ】鼻梁点、鼻尖点、耳下点
【耳鼻梁角Ⅲ】鼻尖点、耳下点、鼻梁点
【耳鼻颏三角形】耳下点、鼻尖点、颏下点
【耳鼻颏角Ⅰ】耳下点、鼻尖点、颏下点
【耳鼻颏角Ⅱ】鼻尖点、颏下点、耳下点
【耳鼻颏角Ⅲ】颏下点、耳下点、鼻尖点

续表

特征	特征说明	关键点缩写
耳鼻梁三角形	耳下点、鼻梁点和鼻尖点构成的三角形	sba,s,prn,sba
耳鼻梁角 I	以鼻梁点为顶点，鼻梁点至耳下点连线为一条边，鼻梁点至鼻尖点连线为另一条边，形成的最小夹角	acos(sba,s,prn)
耳鼻梁角 II	以鼻尖点为顶点，鼻尖点至鼻梁点连线为一条边，鼻尖点至耳下点连线为另一条边，形成的最小夹角	acos(s,prn,sba)
耳鼻梁角 III	以耳下点为顶点，耳下点至鼻尖点连线为一条边，耳下点至鼻梁点连线为另一条边，形成的最小夹角	acos(prn,sba,s)
耳鼻颏三角形	耳下点、鼻尖点和颏下点构成的三角形	sba,prn,gn,sba
耳鼻颏角 I	以鼻尖点为顶点，鼻尖点至耳下点连线为一条边，鼻尖点至颏下点连线为另一条边，形成的最小夹角	acos(sba,prn,gn)
耳鼻颏角 II	以颏下点为顶点，颏下点至鼻尖点连线为一条边，颏下点至耳下点连线为另一条边，形成的最小夹角	acos(prn,gn,sba)
耳鼻颏角 III	以耳下点为顶点，耳下点至颏下点连线为一条边，耳下点至鼻尖点连线为另一条边，形成的最小夹角	acos(gn,sba,prn)

附录 5　水平前面观特征集

本附录着重介绍水平前面观全部特征项。

F5.1　水平前面观测量特征表

水平前面观测量特征包括面部、额头、眉毛、眼睛、耳朵、鼻、嘴、人中、颏、头、夹角等。以下将对各个部件的水平前面观测量特征、特征涉及的关键点进行列举和说明，并给出例图供参考。

1) 面部

面部测量特征包括形态面高、容貌面高、容貌半面高、容貌上面高、形态下面高、鼻尖耳后距、鼻尖额颞距、鼻尖颧点距、半鼻宽、发缘耳后距、发缘颞峰距、发缘颧点距等，每个特征及其特征说明如表 F5.1-1 所示。

表 F5.1-1　面部的测量特征

部件测量特征例图（面部） 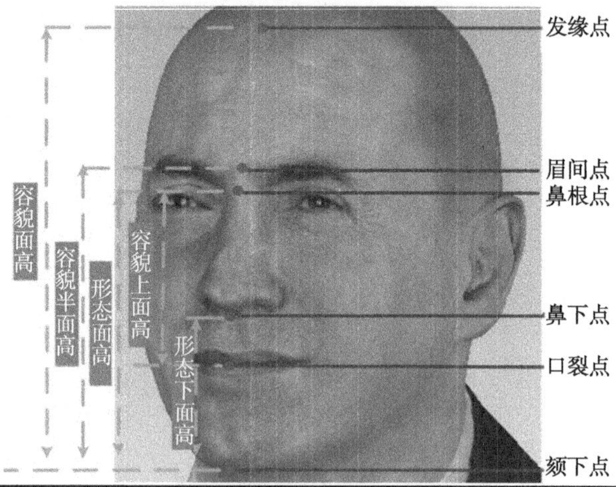

续表

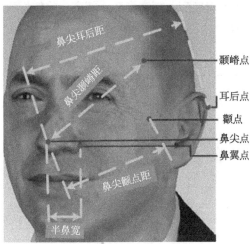

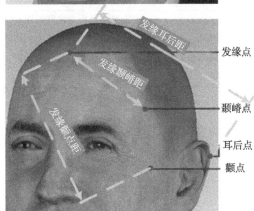

特征	关键点名称	特征说明	关键点缩写
形态面高	鼻根点-颏下点	鼻根点与颏下点之间的距离	n-gn
容貌面高	发缘点-颏下点	发缘点与颏下点之间的距离	tr-gn
容貌半面高	眉间点-颏下点	眉间点与颏下点之间的距离	g-gn
容貌上面高	鼻根点-口裂点	鼻根点与口裂点之间的距离	n-sto
形态下面高	鼻下点-颏下点	鼻下点与颏下点之间的距离	sn-gn
鼻尖耳后距	鼻尖点-耳后点	鼻尖点与耳后点之间的距离	prn-pa
鼻尖额颞距	鼻尖点-颞嵴点	鼻尖点与颞嵴点之间的距离	prn-ft
鼻尖颧点距	鼻尖点-颧点	鼻尖点与颧点之间的距离	prn-zy
半鼻宽	鼻尖点-鼻翼点	鼻尖点与鼻翼点之间的距离	prn-al
发缘耳后距	发缘点-耳后点	发缘点与耳后点之间的距离	tr-pa
发缘额颞距	发缘点-颞嵴点	发缘点与颞嵴点之间的距离	tr-ft
发缘颧点距	发缘点-颧点	发缘点与颧点之间的距离	tr-zy

2) 额头

额头测量特征包括容貌额高、额高指数、额高、前额指数等，每个特征及其特征说明如表 F5.1-2 所示。

表 F5.1-2　额头的测量特征

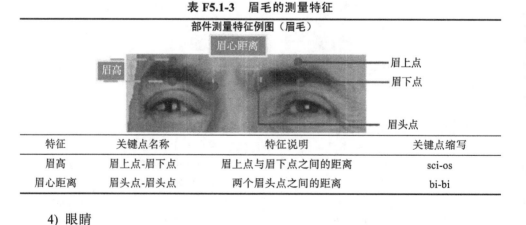

部件测量特征例图（额头）

特征	关键点名称	特征说明	关键点缩写
容貌额高	发缘点-鼻根点	发缘点与鼻根点之间的距离	tr-n
额高指数	容貌额高/容貌面高	容貌额高与容貌面高相除的结果	tr-n/tr-gn
额高	发缘点-眉间点	发缘点与眉间点之间的距离	tr-g
前额指数	额高/全头高	额高与全头高相除的结果	tr-g/v-gn

3) 眉毛

眉毛测量特征包括眉高、眉心距离等，每个特征及其特征说明如表 F5.1-3 所示。

表 F5.1-3　眉毛的测量特征

部件测量特征例图（眉毛）

特征	关键点名称	特征说明	关键点缩写
眉高	眉上点-眉下点	眉上点与眉下点之间的距离	sci-os
眉心距离	眉头点-眉头点	两个眉头点之间的距离	bi-bi

4) 眼睛

眼睛测量特征包括两眼内宽、眼裂高度、眉眼间距、眼指数等，每个特征及其特征说明如表 F5.1-4 所示。

表 F5.1-4　眼睛的测量特征

部件测量特征例图（眼睛）

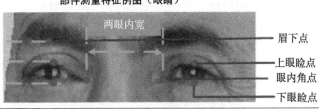

特征	关键点名称	特征说明	关键点缩写
两眼内宽	眼内角点-眼内角点	两个眼内角点之间的距离	en-en
眼裂高度	上眼睑点-下眼睑点	上眼睑点与下眼睑之间的距离	ps-pi
眉眼间距	眉下点-上眼睑点	眉下点与上眼睑点之间的距离	os-ps
眼指数	眼裂宽度/眼裂高度	眼裂宽度与眼裂高度相除的结果	ex-en/ps-pi

5）耳朵

耳朵测量特征包括容貌耳长、容貌耳宽、形态耳宽、形态耳长、形态耳指数、耳长指数、容貌耳指数等，每个特征及其特征说明如表 F5.1-5 所示。

表 F5.1-5　耳朵的测量特征

部件测量特征例图（耳朵）

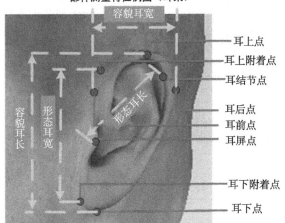

特征	关键点名称	特征说明	关键点缩写
容貌耳长	耳上点-耳下点	耳上点与耳下点之间的距离	sa-sba
容貌耳宽	耳前点-耳后点	耳前点与耳后点之间的距离	pra-pa
形态耳宽	耳上附着点-耳下附着点	耳上附着点与耳下附着点之间的距离	obs-obi
形态耳长	耳结节点-耳屏点	耳结节点与耳屏点之间的距离	tu-t
形态耳指数	形态耳宽/形态耳长	形态耳宽与形态耳长相除的结果	obs-obi/tu-t
耳长指数	容貌耳长/容貌面高	容貌耳长与容貌面高相除的结果	sa-sba/tr-gn
容貌耳指数	容貌耳宽/容貌耳长	容貌耳宽与容貌耳长相除的结果	pra-pa/sa-sba

6) 鼻

鼻测量特征包括鼻深、鼻高、形态鼻深、形态鼻高、鼻长、鼻投影、鼻面指数等，每个特征及其特征说明如表 F5.1-6 所示。

表 F5.1-6　鼻的测量特征

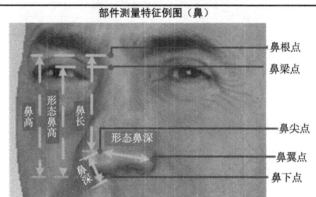

部件测量特征例图（鼻）			
特征	关键点名称	特征说明	关键点缩写
鼻深	鼻下点-鼻尖点	鼻下点与鼻尖点之间的距离	sn-prn
鼻高	鼻根点-鼻下点	鼻根点与鼻下点之间的距离	n-sn
形态鼻深	鼻翼点-鼻尖点	鼻翼点与鼻尖点之间的距离	al-prn
形态鼻高	鼻梁点-鼻下点	鼻梁点与鼻下点之间的距离	s-sn
鼻长	鼻根点-鼻尖点	鼻根点与鼻尖点之间的距离	n-prn
鼻投影	形态鼻深/鼻高	形态鼻深与鼻高相除的结果	al-prn/n-sn
鼻面指数	鼻高/形态面高	鼻高与形态面高相除的结果	n-sn/n-gn

7) 嘴

嘴测量特征包括口裂宽、唇高、上唇高、下唇高、全上唇高、全下唇高、口高度指数、上唇厚指数、下唇厚指数、全上唇指数、全下唇指数等，每个特征及其特征说明如表 F5.1-7 所示。

表 F5.1-7　嘴的测量特征

部件测量特征例图（嘴）

续表

测量指标	待测关键点	指标描述	参数
口裂宽	口角点-口角点	两个口角点之间的距离	ch-ch
唇高	上唇中点-下唇中点	上唇中点与下唇中点之间的距离	ls-li-(ss-sto)
上唇高	上唇中点-口裂点	上唇中点与口裂点之间的距离	ls-sto(ss)
下唇高	口裂点-下唇中点	口裂点与下唇中点之间的距离	sto-li
全上唇高	鼻下点-口裂点	鼻下点与口裂点之间的距离	sn-sto
全下唇高	口裂点-颏上点	口裂点与颏上点之间的距离	sto-sm
口高度指数	唇高/形态面高	唇高与形态面高相除的结果	ls-li/n-gn
上唇厚指数	上唇高/唇高	上唇高与唇高相除的结果	ls-sto(ss)/ls-li
下唇厚指数	下唇高/唇高	下唇高与唇高相除的结果	li-sto/ls-li
全上唇指数	全上唇高/形态下面高	全上唇高与形态下面高相除的结果	sn-ss/sn-gn
全下唇指数	全下唇高/形态下面高	全下唇高与形态下面高相除的结果	sto-sm/sn-gn

8) 人中

人中测量特征包括人中高、人中宽、人中指数等，每个特征及其特征说明如表 F5.1-8 所示。

表 F5.1-8   人中的测量特征

部件测量特征例图（人中）

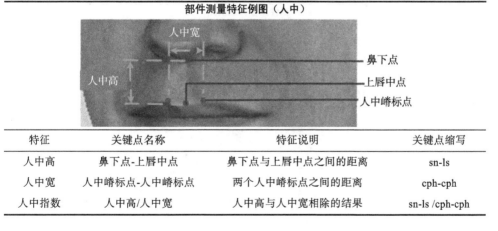

特征	关键点名称	特征说明	关键点缩写
人中高	鼻下点-上唇中点	鼻下点与上唇中点之间的距离	sn-ls
人中宽	人中嵴标点-人中嵴标点	两个人中嵴标点之间的距离	cph-cph
人中指数	人中高/人中宽	人中高与人中宽相除的结果	sn-ls /cph-cph

9) 颏

颏测量特征包括颏高、唇颏高、形态颏高、颏大小指数、颏高指数等，每个特征及其特征说明如表 F5.1-9 所示。

表 F5.1-9　颏的测量特征

部件测量特征例图（颏）

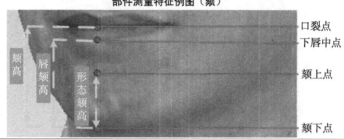

特征	关键点名称	特征说明	关键点缩写
颏高	口裂点-颏下点	口裂点与颏下点之间的距离	sto-gn
唇颏高	下唇中点-颏下点	下唇中点与颏下点之间的距离	li-gn
形态颏高	颏上点-颏下点	颏上点与颏下点之间的距离	sm-gn
颏大小指数	唇颏高/形态面高	唇颏高与形态面高相除的结果	li-gn/n-gn
颏高指数	形态颏高/形态下面高	形态颏高与形态下面高相除的结果	sm-gn/sn-gn

10) 头

头测量特征包括头耳高、容貌半头高、形态半头高、全头高、头高指数等。每个特征及其特征说明如表 F5.1-10 所示。

表 F5.1-10　头的测量特征

部件测量特征例图（头）

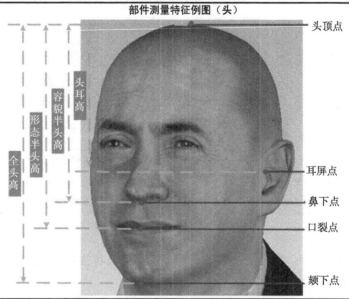

特征	关键点名称	特征说明	关键点缩写
头耳高	头顶点-耳屏点	头顶点与耳屏点之间的距离	v-t

续表

特征	关键点名称	特征说明	关键点缩写
容貌半头高	头顶点-鼻下点	头顶点与鼻下点之间的距离	v-sn
形态半头高	头顶点-口裂点	头顶点与口裂点之间的距离	v-sto
全头高	头顶点-颏下点	头顶点与颏下点之间的距离	v-gn
头高指数	形态面高/头耳高	形态面高与头耳高相除的结果	n-gn/v-t

11) 夹角

夹角测量特征包括耳鼻口角、眼口耳角、唇颏角、口鼻下角、耳鼻梁三角形、耳鼻梁角(Ⅰ，Ⅱ，Ⅲ)耳鼻颏三角形、耳鼻颏角(Ⅰ，Ⅱ，Ⅲ)口鼻根角、耳颏角、发缘颞颏角、口眼耳角、眼耳角、眼耳颏角、发缘鼻颏角、口眼鼻角、颏下鼻角、鼻耳眼角等，每个特征及其特征说明如表 F5.1-11 所示。

表 F5.1-11　夹角的测量特征

部件测量特征例图(夹角)

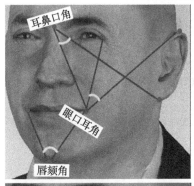

【耳鼻口角】耳下点、鼻梁点、口角点
【眼口耳角】眼外角点、口角点、耳上点
【唇颏角】口角点、颏下点、口角点

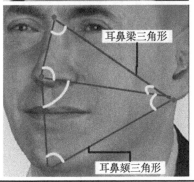

【耳鼻梁三角形】耳下点、鼻梁点、鼻尖点
【耳鼻梁角Ⅰ】耳下点、鼻梁点、鼻尖点
【耳鼻梁角Ⅱ】鼻梁点、鼻尖点、耳下点
【耳鼻梁角Ⅲ】鼻尖点、耳下点、鼻梁点
【耳鼻颏三角形】耳下点、鼻尖点、颏下点
【耳鼻颏角Ⅰ】耳下点、鼻尖点、颏下点
【耳鼻颏角Ⅱ】鼻尖点、颏下点、耳下点
【耳鼻颏角Ⅲ】颏下点、耳下点、鼻尖点

续表

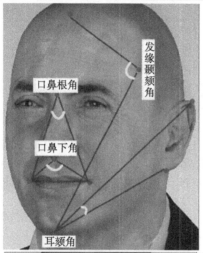

【口鼻根角】口角点、鼻根点、口角点
【口鼻下角】口角点、鼻下点、口角点
【耳颏角】耳下点、颏下点、耳上点
【发缘颞颏角】发缘点、颞嵴点、颏下点

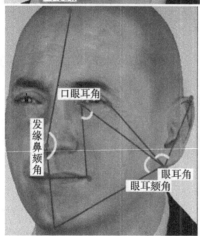

【口眼耳角】口角点、眼内角点、耳下点
【眼耳角】眼外角点、耳下点、耳上点
【眼耳颏角】眼内角点、耳下点、颏下点
【发缘鼻颏角】发缘点、鼻尖点、颏下点

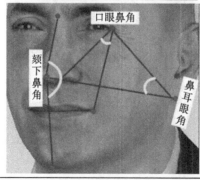

【口眼鼻角】口角点、眼外角点、鼻下点
【颏下鼻角】颏下点、鼻尖点、鼻梁点
【鼻耳眼角】鼻尖点、耳下点、眼外角点

特征	特征说明	关键点缩写
耳鼻口角	以鼻梁点为顶点，鼻梁点至耳下点连线为一条边，鼻梁点至口角点连线另为一条边，形成的最小夹角	acos(sba,s,ch)

特征	特征说明	关键点缩写
眼口耳角	以口角点为顶点，口角点至眼外眼角点连线为一条边，口角点至耳上点连线为另一条边，形成的最小夹角	acos(ex,ch,sa)
唇颏角	以颏下点为顶点，颏下点至口角点连线为一条边，颏下点至口角点为另一条边，形成的最小夹角	acos(ch,gn,ch)
口鼻下角	以鼻下点为顶点，鼻下点至口角点连线为一条边，鼻下点至另一口角点连线为另一条边，形成的最小夹角	acos(ch,sn,ch)
耳鼻梁三角形	耳下点、鼻根点和鼻尖点夹角构成的三角形	sba,s,prn,sba
耳鼻梁角 I	以鼻梁点为顶点，鼻梁点至耳下点连线为一条边，鼻梁点至鼻尖点连线为另一条边，形成的最小夹角	acos(sba,s,prn)
耳鼻梁角 II	以鼻尖点为顶点，鼻尖点至鼻梁点连线为一条边，鼻尖点至耳下点连线为另一条边，形成的最小夹角	acos(s,prn,sba)
耳鼻梁角 III	以耳下点为顶点，耳下点至鼻尖点连线为一条边，耳下点至鼻梁点连线为另一条边，形成的最小夹角	acos(prn,sba,s)
耳鼻颏三角形	耳下点、鼻尖点和颏下点夹角构成的三角形	sba,prn,gn,sba
耳鼻颏角 I	以鼻尖点为顶点，鼻尖点至耳下点连线为一条边，鼻尖点至颏下点连线为另一条边，形成的最小夹角	acos(sba,prn,gn)
耳鼻颏角 II	以颏下点为顶点，颏下点至鼻尖点连线为一条边，颏下点至耳下点连线为另一条边，形成的最小夹角	acos(prn,gn,sba)
耳鼻颏角 III	以耳下点为顶点，耳下点至颏下点连线为一条边，耳下点至鼻尖点连线为另一条边，形成的最小夹角	acos(gn,sba,prn)
口鼻根角	以鼻根点为顶点，鼻根点至口角点连线为一条边，鼻根点至另一口角点连线为另一条边，形成的最小夹角	acos(ch,n,ch)
耳颏角	以颏下点为顶点，颏下点至耳下点连线为一条边，颏下点至耳上点连线为另一条边，形成的最小夹角	acos(sba,gn,sa)
发缘颧颏角	以颧峰点为顶点，颧峰点至发缘点连线为一条边，颧峰点至颏下点连线为一条边，形成的最小夹角	acos(tr,ft,gn)
口眼耳角	以眼内角点为顶点，眼内角点至口角点连线为一条边，眼内角点至耳下点连线为一条边，测量两条边的最小夹角	acos(ch,en,sba)
眼耳角	以耳下点为顶点，耳下点至眼角外点连线为一条边，耳下点至耳上点连线为一条边，形成的最小夹角	acos(ex,sba,sa)
眼耳颏角	以耳下点为顶点，耳下点到眼内角点连线为一条边，耳下点到颏下点连线为另一条边，形成的最小夹角	acos(en,sba,gn)
发缘鼻颏角	以鼻尖点为顶点，鼻尖点至发缘点连线为一条边，鼻尖点至颏下点连线为一条边，形成的最小夹角	acos(tr,prn,gn)
口眼鼻角	以外眼角点为顶点，外眼角点至口角点连线为一条边，右外眼角点至鼻下点边线为一条边，形成的最小夹角	acos(ch,ex,sn)
颏下鼻角	以鼻尖点为顶点，鼻尖点至颏下点连线为一条边，鼻尖点至鼻梁点连线为一条边，形成的最小夹角	acos(gn,prn,s)
鼻耳眼角	以耳下点为顶点，耳下点至鼻尖点连线为一条边，耳下点至眼角外点连线为一条边，形成的最小夹角	acos(prn,sba,ex)

附录6 颅骨特征

本附录着重介绍颅骨关键点、特征及肌组织。

F6.1 主 要 测 点

颅骨特征测点如图 F6.1-1 所示。

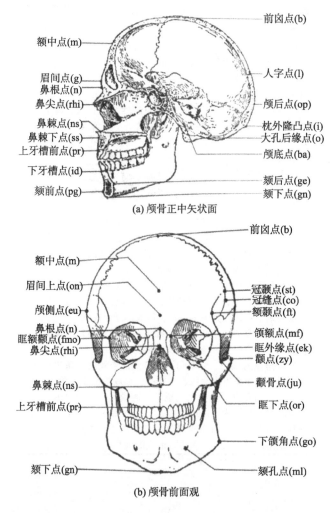

(a) 颅骨正中矢状面

(b) 颅骨前面观

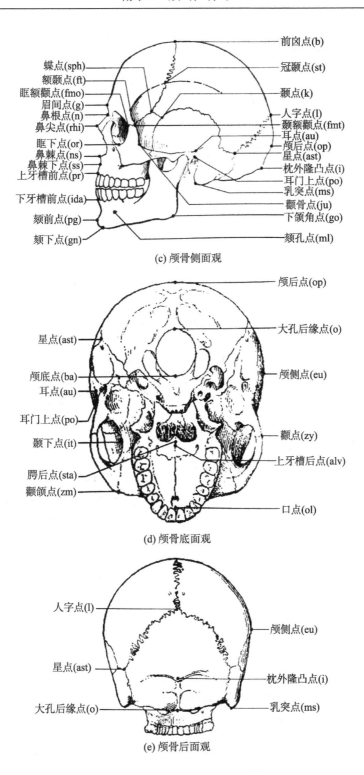

蝶点(sph)
额颞点(ft)
眶额颧点(fmo)
眉间点(g)
鼻根点(n)
鼻尖点(rhi)
眶下点(or)
鼻棘点(ns)
鼻棘下点(ss)
上牙槽前点(pr)
下牙槽前点(ida)
颏前点(pg)
颏下点(gn)

前囟点(b)
冠颞点(st)
颧点(k)
人字点(l)
颧额颞点(fmt)
耳点(au)
颅后点(op)
星点(ast)
枕外隆凸点(i)
耳门上点(po)
乳突点(ms)
颧骨点(ju)
下颌角点(go)
颏孔点(ml)

(c) 颅骨侧面观

颅后点(op)
星点(ast)
大孔后缘点(o)
颅底点(ba)
颅侧点(eu)
耳点(au)
耳门上点(po)
颞下点(it)
颧点(zy)
上牙槽后点(alv)
腭后点(sta)
颧颌点(zm)
口点(ol)

(d) 颅骨底面观

人字点(l)
颅侧点(eu)
星点(ast)
枕外隆凸点(i)
大孔后缘点(o)
乳突点(ms)

(e) 颅骨后面观

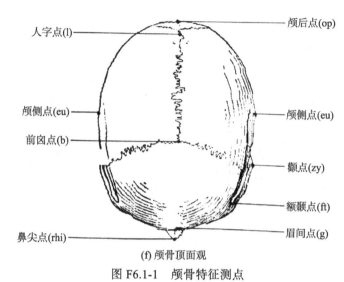

(f) 颅骨顶面观

图 F6.1-1　颅骨特征测点

头部保持耳眼平面时，主要测点的编号如表 F6.1-1 所示。

表 F6.1-1　颅骨特征主要测点

序号	名称	说明
1	眉间点	额骨左右两眉弓两侧端之间，为正中矢状面上向前最突出的一点，常位于额鼻缝的上方
2	眉间上点	在两侧额骨颞嵴相距最近之处作一连线，此连线与正中矢状面的正交即为眉间上点
3	额中点	在两侧额结节最突出之点的连线与正中矢状面的交点即为额中点
4	前囟点	又名冠矢点，为颅骨顶面冠状缝与矢状缝的交点
5	颅顶点	颅骨于法兰克福平面上，在正中矢状面上最高的一点即为颅顶点
6	人字点	为颅骨矢状缝后端和人字缝相交点，位于枕外隆凸上方约 6cm 处
7	颅后点	为颅骨在正中矢状面上向后最突出的一点
8	枕外隆凸点	为枕部后中央最明显的隆起，上项线为枕外隆凸向两侧颞骨乳突延伸的骨嵴。在颅骨枕面上，为上项线与正中矢状面的交点
9	大孔后缘点	位于颅底面上，枕骨大孔后缘下方与正中矢状面的交点
10	大孔前缘点	位于颅底面上，枕骨大孔前缘与正中矢状面相交的最向后之点
11	颅底点	位于颅底面上，枕骨大孔前缘与正中矢状面相交的最向下之点，用于测量颅高
12	颞下点	位于颅底外面，为蝶骨大翼颞下嵴的最向内侧之点，用于测量颅骨最小宽
13	冠颞点	为颅骨冠状缝与颞线相交之点
14	冠缝点	位于颅骨侧面上，冠状缝上最向外侧的一点，用于测量额骨最大宽
15	蝶点	位于颅骨翼区，当翼区为蝶顶形时，蝶顶缝的前端即为蝶点

续表

序号	名称	说明
16	翼点	位于颅骨翼区，当翼区为蝶顶形时，蝶顶缝的后端即为翼点
17	颅侧点	在颅侧面上向外突出之点，一般位于顶结节附近
18	颞嵴点	左右两侧额骨颞嵴相互间距离最近之点
19	耳点	位于颅骨侧面，为颧骨颞突根部与通过耳门上点的垂线相交而向外侧最突出的一点
20	耳门上点	即外耳门上缘中点，常位于耳点内侧方
21	星点	人字缝、枕乳缝和顶乳缝的交点
22	乳突点	在乳突尖端，向下外方最突出之点
23	蝶骨点	位于颅底内面颅中窝上，为视交叉沟之后缘与正中矢状面的交点
24	鞍背点	位于颅底内面颅中窝上，为鞍背上缘与正中矢状面的交点
25	鼻根点	为鼻额缝与正中矢状面的交点
26	鼻尖点	为鼻骨下缘与正中矢状面的交点
27	上颌额点	为框内侧缘与额颌缝的交点
28	鼻棘点	为梨状孔左右两半的下缘之最低点的切线与正中矢状面的交点
29	鼻棘下点	为鼻棘根部在正中矢状面上向牙槽忽转折之点
30	上牙槽前点	为上颌骨两个中切牙之间的牙槽间隔上最前突出之点
31	上牙槽点	为上颌骨两个中切牙之间的牙槽间隔的最下前突出之点
32	眶内缘点	位于额骨、泪骨和上颌骨额突相衔接之处，即为额泪缝、额上颌缝和泪上颌缝三者相交之点
33	泪点	位于眶内侧壁，为泪后嵴与额泪缝相交之点
34	眶外缘点	位于眶上缘平行且平分眼眶入口的直线与眶外缘相交之点
35	眶下缘点	为眶下缘的最低点，一般位于眶下缘外侧的1/3
36	颧颌点	位于颅骨前面，为颧上颌缝的最低点
37	颧颌前点	为颧颌缝与咬肌在颧骨附着处边缘的交点
38	颧眶点	眶缘与颧颌缝间的交点
39	颧额颧点	位于额骨颧突前面与后面的交界处，为颧额缝最外侧的一点
40	眶额颧点	颧额缝与眶外侧缘的交点
41	颧额前点	颧额缝的最前点，通常很不规则
42	颧点	为颧弓上向外最突出的一点
43	颧骨点	颧骨额蝶突后面的垂直缘与颧骨颞突上面的水平缘交角之顶点
44	口后点	硬腭后部、两侧腭后切迹缘的切线与正中矢状面相交之点
45	口点	硬腭前部、两侧上中切牙牙槽后缘的切线与正中矢状面的交点
46	上牙槽后点	上颌牙槽突后缘的切线与腭正中线的交点
47	上牙槽外点	上颌牙槽突向外侧最突出之点，通常在上颌第2磨牙牙槽缘之外侧
48	上牙槽内点	上颌第2磨牙牙槽缘内侧牙槽缘之中点
49	下牙槽前点	在下颌牙槽间隔上，为此牙槽间隔向前最突出的一点

序号	名称	说明
50	下牙槽点	在下颌牙槽突、左右中切牙之间的牙槽间隔上，为此牙槽间隔向上最突出的一点，也称切牙点
51	颏下点	下颌骨下缘与正中矢状面的交点
52	颏前点	下颌骨颏隆凸在正中矢状面上向前最突出的一点
53	颏后点	在下颌骨体内侧面上，为颏棘的尖端
54	喙突尖点	下颌喙突尖端之点
55	下颌角点	下颌体下缘与下颌支后缘相交处最向下、最向后和最向外突出之点
56	颏孔点	下颌骨颏孔下缘的最低点
57	髁突外点	下颌髁突向外最突出之点
58	髁突内点	下颌髁突向内最突出之点

F6.2　颅骨测点与面部关键点的重合点

颅骨测点与面部关键点有一些是重合的，即有些点是颅骨测点，也可以在面部观察到。表 F6.2-1 将颅骨测点与面部关键点及其重合点列出。

表 F6.2-1　颅骨测点与面部关键点及其重合点

序号	颅骨测点	面部关键点	重合点
1	眉间点	眉间点	眉间点
2	眉间上点	眉间上点	眉间上点
3	额中点	额中点	额中点
4	前囟点	前囟点	前囟点
5	颅顶点	头顶点	颅顶点
6	颧点或颧弓点	颧点	颧点或颧弓点
7	颅后点	头后点/枕后点	颅后点
8	枕外隆凸点	枕外隆凸点	枕外隆凸点
9	颏前点	颏前点	颏前点
10	颏下点	颏下点	颏下点
11	颅侧点	头侧点/颅侧点	颅侧点
12	鼻根点	鼻根点	鼻根点
13	眶下缘点/眶下点	眶下点	眶下缘点/眶下点
14	下颌角点	下颌拐点	下颌角点
15	髁突外点	髁突外点	髁突外点
16	额颧点	颧峰点	颧峰点
17	鼻尖点 rhi	鼻尖点 prn	

续表

序号	颅骨测点	面部关键点	重合点
18	鼻棘点	鼻下点	
19	耳点	瞳孔点	
20	外耳门点上缘点/耳门上点	下颌角点	
21	星点	耳上点	
22	乳突点	耳下点	
23	蝶骨点	耳上基点/耳根上点/耳上附着点	
24	鞍背点	耳后点/耳廓后点	
25	颅底点	鼻翼点	
26	颏下点	鼻翼下点	
27	冠颞点	口角点	
28	人字点	口裂点	
29	鼻棘下点	上眼睑	
30	颏孔点	鼻梁点/鼻背点/鼻凹点	
31	上颌额点/颌额点	发缘点	
32	上牙槽点	下眼睑	
33	框内缘点	耳前点/耳廓前点	
34	泪点	耳屏点	
35	眶外缘点	耳结节点	
36	冠缝点	人中嵴标点	
37	颧颌点	鼻尖上折点	
38	颞点	眼内角点	
39	蝶点	眼外角点	
40	颧眶点	口裂上点	
41	颞额颧点	眉头点	
42	眶额颧点	眉下点	
43	颧额前点	眉尾点	
44	颧骨点	眉上点	
45	口后点/腭后点	上唇点/上唇中点	
46	上牙槽前点/上牙槽前缘点	耳下基点	
47	颧颌前点	下唇点/下唇中点	
48	上牙槽突最侧点	下唇凹点/颏上点	
49	髁突内点		
50	上牙槽最内点		
51	上牙槽后点		
52	下牙槽前点		

续表

序号	颅骨测点	面部关键点	重合点
53	下牙槽点		
54	大孔前缘点		
55	大孔后缘点		
56	颏后点/颏棘点		
57	喙突尖点		
58	口点		

F6.3　颅骨解剖概要

颅骨正面和侧面如图 F6.3-1 所示。

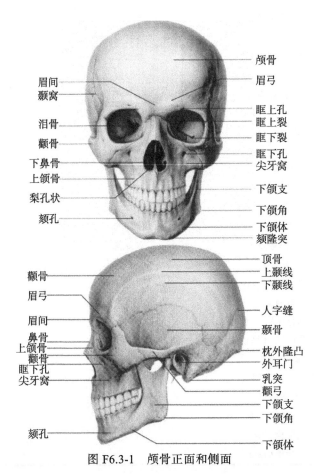

眉间
颞窝
泪骨
颧骨
下鼻骨
上颌骨
梨孔状
颏孔

颅骨
眉弓
眶上孔
眶上裂
眶下裂
眶下孔
尖牙窝
下颌支
下颌角
下颌体
颏隆突

颧骨
眉弓
眉间
鼻骨
上颌骨
颧骨
眶下孔
尖牙窝
颏孔

顶骨
上颞线
下颞线
人字缝
颞骨
枕外隆凸
外耳门
乳突
颧弓
下颌支
下颌角
下颌体

图 F6.3-1　颅骨正面和侧面

本节介绍颅骨上一些重要的组成部分，如表 F6.3-1 所示。

表 F6.3-1 颅骨重要组成部分

名称	说明
颈部	颈部的上界就是头部的下界，而颈部的下界则为胸骨颈静脉切迹(胸骨上切迹)、胸锁关节、锁骨上缘和肩峰直至第 7 颈椎的棘突的连线
眉弓	位于眶上缘上方、额结节下方的弓形隆起，男性较为明显
眶上切迹	又名眶上孔，位于眶上缘的中、内 1/3 相交处，距正中线约 2.5cm
眉间	两眉弓之间，眉间的下方有额鼻缝
眉骨	位于额鼻缝下方，再向下为鼻骨与鼻外侧软骨交界处
眶下孔	位于眶下缘中点的下方 5～8cm 处，颏孔位于下颌第 2 前磨牙根下方、下颌体上下缘连线的中点，距正中线约 2.5cm
上颞线	起于额骨冠突，起初弯向前上方，继而弯向后，以分隔额部与颞窝，然后沿后顶骨分布；上颞线的后端弯向前下方，继而越过外耳门上方，终于颧弓后根
翼点	颧弓中点上方约 2 横指处额、顶、颞、蝶 4 骨汇合点
颧弓	由颞骨的颧突共同围成，位于框下缘和枕外隆起凸连线的水平面上
下颌角	下颌体下缘和下颌支后缘相交处
乳突	位于外耳门下后方、耳垂内侧，其尖端突向前下方，与耳垂处于同一平面
顶结节	顶骨外侧中央的最突出部，额结节位于额部外前侧方的最突出部，左右各一，大小不等
颏隆凸	在耳屏前方、颧弓下方可触及下颌骨髁突，由髁突循下颌支后缘至下颌角，再由下颌角循下颌底至下颌体正中，其外面颏隆凸正中纵行的骨嵴为颏隆凸

F6.4 肌 组 织

本节介绍肌组织的各部分名称及位置，如图 F6.4-1 和表 F6.4-1 所示。

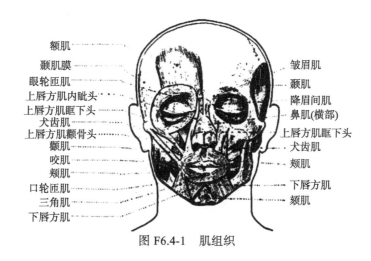

图 F6.4-1 肌组织

表 F6.4-1　肌组织的名称及相应位置

名称	说明
眼轮匝肌	位于眼眶部周围和上、下眼睑皮下。其收缩时能上提颊部和下拉额部的皮肤使眼睑闭合，同时还在眼周围皮肤上产生放射状的鱼尾纹
皱眉肌	在额肌和眼轮匝肌之间靠近眉间的位置。其收缩时能使眉头向内侧偏下的方向拉动，并使鼻部产生纵向的小沟
降眉间肌	位于鼻根上部皱眉机内侧，其中还包括眉间肌。当其收缩时可以牵动眉头下降，并使鼻根皮肤产生横纹
口轮匝肌	也称口括约肌，位于口裂上下唇周围。口轮匝肌可以看成环形的肌肉，在位置上可以分成内、外两个部分，内圈为唇缘，外圈为唇缘外围
上唇方肌	也称上唇提肌，位于口轮匝肌的上方、眼眶下缘的骨面上。其收缩时可以提上嘴唇，加大鼻孔和加深鼻唇沟
颧肌	位于口角外侧上部。其收缩可以上提中角向斜上方运动，是产生笑表情的主要因素
颊肌	位于口角外侧的颊面位置，是深层肌，它是围成口腔侧面的主要肌肉结构
口角降肌	也称颏三角肌，位于口角下侧。顾名思义，其在收缩时可以拉口角向下
下唇方肌	位于下唇下方、颏隆突的上方，其与颏隆突共同形成"颏唇沟"的结构特征。其在收缩时会使下唇下降，鼻唇沟拉长
颏肌	位于颏隆凸的骨面上，为上窄下宽的皮肌。其收缩时能上提颏部皮肤，前送下唇
鼻肌	可分为鼻部横肌和翼肌两部分。横肌收缩可使鼻背下压，翼肌位于鼻翼处，收缩时可牵引鼻翼向外下方运动，并扩大鼻孔
咬肌	起自颧弓止于下颌骨，大部分位于下颌骨两侧的支骨面上，是一块二头肌。咬肌是最强壮的骨骼肌
颈阔肌	实际上属于颈部肌肉，但它也能参与面部的表情变化。其起于胸大肌、肩三角肌的筋膜，止于头面部的咬肌筋膜和下唇方肌处

肌组织形成的特征如表 F6.4-2 所示。

表 F6.4-2　肌组织形成的特征

特征	特征说明
鼻唇沟	由上唇方肌和颧骨的上颌突构成，其位置在鼻翼两侧至嘴角两侧
颏唇沟	由下唇方肌和颏隆凸构成，位于下唇边缘并向颏结节上缘逐渐消失

附录 7　警视通人像鉴定分析系统

F7.1　软件介绍

警视通人像鉴定分析系统使用全球领先的人像鉴定技术，参照国际通用的 FISWG 最新标准，将案发现场视频检索出的目标与已抓获的嫌疑人图像进行比对，核实两人像是否为同一人，从而为案件侦破提供有力的证据，为物证体系贡献力量。

警视通人像鉴定分析系统主要包含卷宗管理、预处理、人像标注、比对方法(形态比对、测量比对、重叠比对)和三维人像功能(三维重建、三维建库)、操作过程记录及查看、生成比对包和检验报告等功能。

警视通人像鉴定分析系统是一款系统化的人像鉴定软件，可广泛应用于刑事侦查、视频侦查技术检验等业务领域，为侦查破案、法庭诉讼提供证据，同时能很好地满足物证体系中严谨的证据要求。图 F7.1-1 是警视通人像鉴定分析系统设备图。

图 F7.1-1　警视通人像鉴定分析系统设备图

该产品是"十三五"公安刑事技术视频侦查装备配备指导目录中的重要组成部分，参见附录表格(15-视频图像检验鉴定系统)。

F7.2　软件操作流程

警视通人像鉴定分析系统(以下简称"人像鉴定软件")的操作主要包括以下几大步骤：卷宗管理→样本分析→预处理→人像标注→比对→生成报告。具体可参见图 F7.2-1。

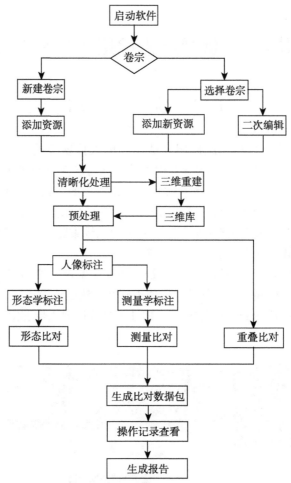

图 F7.2-1　警视通人像鉴定分析系统整体操作流程框图

F7.3　功能说明

F7.3.1　功能流程图

图 F7.3.1-1 是人像鉴定软件的功能流程图，软件的输入可以是证件照、普通照片、视频中截取的人像或者三维人像数据，系统主要提供了 3 种比对方法：形态比对、测量比对和重叠比对，针对不同的输入，用户可选择合适的比对方法。在比对的过程中，会产生标注包、比对包，并对操作过程有详细记录，最后生成检验分析报告，形成完整的物证包。整个人像鉴定的过程都是封闭的，完全符合法庭诉讼的要求，保证操作过程及结果的可用性。

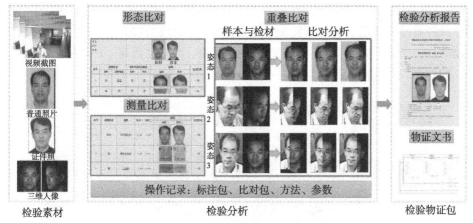

图 F7.3.1-1　人像鉴定软件的功能流程图

F7.3.2　卷宗管理

1．功能介绍

卷宗是用于管理检材、样本、操作记录等信息的各种数字文件的集合。人像鉴定软件中的卷宗可实现对建立的所有卷宗的管理，在"查看更多"界面可以看到所有建立的卷宗以列表的形式排列，方便用户进行查看；也可以管理文件资源，添加图片、视频、序列图像，并支持重命名、删除等操作。具体可参见表 F7.3.2-1。

表 F7.3.2-1　卷宗管理各功能点说明

功能点	描述
新建卷宗	建立一个新的卷宗
打开卷宗	打开一个新建的卷宗或历史卷宗
查看更多	可以查看且打开创建的所有卷宗
添加资源	添加图片、视频、序列、三维图像
打开资源	打开添加到卷宗的资源
添加文件夹	以文件夹的方式批量添加资源
从三维库中选择数据	从三维库中选择三维图像添加到卷宗
添加到三维库	将重建完成的三维图像添加到三维库中
删除	将添加成功的资源删除掉
重命名	对添加成功的资源重新命名
关闭卷宗	关闭当前打开的卷宗
卷宗信息查看	查看当前打开卷宗的信息
退出	退出软件

2. 操作介绍

1) 启动界面

软件安装成功后，会在桌面显示软件图标，如图 F7.3.2-1 左侧的小图标所示。启动软件，出现右侧的界面。用户可以新建卷宗，或对之前建立的卷宗进行二次编辑，如图 F7.3.2-2 所示。

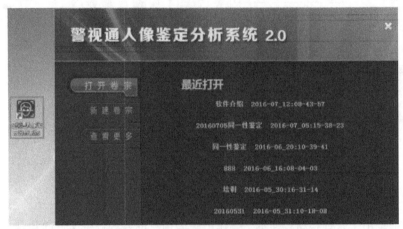

图 F7.3.2-1　　人像鉴定软件启动界面

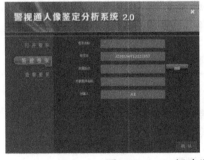

图 F7.3.2-2　　新建卷宗或查看更多界面

新建名称为"人像鉴定软件介绍"的卷宗，并为此卷宗选择保存路径，单击"确认"按钮，进入卷宗管理界面，如图 F7.3.2-3 所示。

2) 卷宗界面

对新建卷宗添加资源，该软件实现检材与样本分别管理。添加成功后，可继续添加资源，也可以对添加的资源进行删除或重命名。具体界面如图 F7.3.2-4 所示。

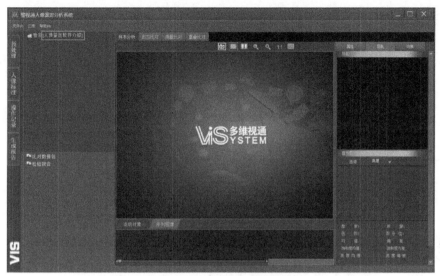

图 F7.3.2-3　卷宗管理界面

图 F7.3.2-4　资源添加与编辑界面

3) 文件管理界面

在"文件"下，同样可实现对卷宗的新建、打开或查看等功能。具体界面如图 F7.3.2-5 所示。

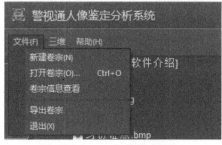

图 F7.3.2-5　文件管理界面

F7.3.3 样本分析

1. 功能介绍

根据需求对添加的资源进行效果调整，软件提供亮度对比度、直方图调整、旋转、亮度曲线等算法；根据检材的类型(二维或三维图像，正面或含姿态图像)，选择不同的标注方法和比对方法。具体功能说明请参见表 F7.3.3-1。

表 F7.3.3-1　样本分析各功能点说明

功能点	描述
比对窗口	显示当前嫌疑人，可以显示图片、视频、序列、三维图像
截图	选取视频或序列的某一帧，以及三维图像投影为二维图像时，可使用截图功能
单、双窗口	切换单、双窗口对图像进行查看
放大、缩小	对当前显示的文件进行放大或缩小
1:1	将当前显示的图像还原到原始图像大小的尺寸来显示
网格	选中后，可将显示网格平铺在显示窗口上
活动对象	显示当前嫌疑人下的所有资源
序列图像	打开序列文件时会显示所有的序列图像
属性	显示当前选中窗口中图像的基本信息，如 MD5 值、文件位置、类型、大小等
导航	显示当前选中窗口中图像的直方图、亮度、饱和度均值等
效果	提供亮度对比度、直方图调整、旋转、亮度曲线等算法对图像进行清晰化处理，保存后再次启动软件，调整后的效果依然存在

2. 操作介绍

1) 窗口及网格功能

系统提供双窗口、四窗口及网格显示功能，用户可根据需要结合效果调整功能，如旋转、缩放等功能，先对两张人像进行归一化处理。若两张照片存在平面角度差异，可通过旋转其中一张图像，使两张图像保持同一姿态角度；若两张照片中的人像不是等大，可以以两眼瞳孔间距为基准，通过缩放其中一张照片使另外一张照片与之等大。

借助网格，通过旋转、缩放等操作，对两幅人像进行归一化处理。具体操作时，可在人脸分别选取水平和垂直方向的几个关键点，通过相应关键点之间的距离(网格数)、角度等关系，对检材或样本进行适当的旋转、缩放，使之达到同一姿态、等大瞳距。

图 F7.3.3-1 和图 F7.3.3-2 分别是利用双窗口和网格功能对两张正面人像进行归一化。

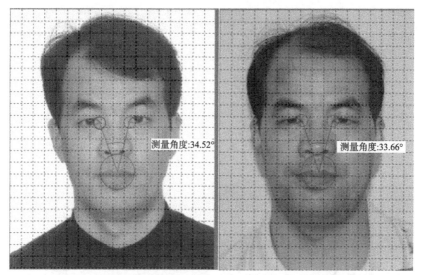

图 F7.3.3-1　通过相对应的角度对检材和样本进行姿态的平面旋转(正面)

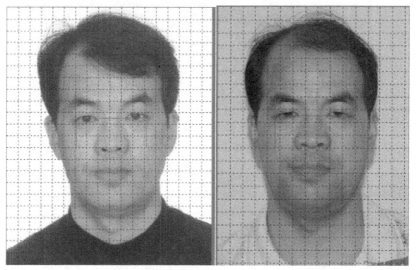

图 F7.3.3-2　通过相对应的距离对检材和样本进行缩放(正面)

同样，经过归一化处理后，也可以借助网格，对检材和样本进行初步比对，这时，可以通过四窗口模式，对检材进行水平和竖直方向的特征观察与比对。比如，可以连接相应关键点，观察其连线与网格线的平行关系、关键点与网格线的相对位置等，进一步的数据可通过测量比对来得到。

图 F7.3.3-3 是在四窗口下对归一化后的两张正面人像进行关键点连线，对检材和样本进行初步比对。

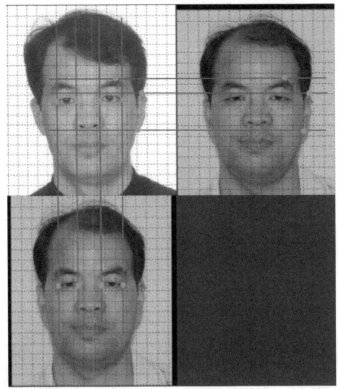

图 F7.3.3-3　　四窗口下对检材和样本进行比对(正面)

　　图 F7.3.3-4~图 F7.3.3-6 分别是在双窗口和四窗口下对归一化后的两张侧面人像进行相关操作，侧面观的比对将会在下一版本的软件中实现。

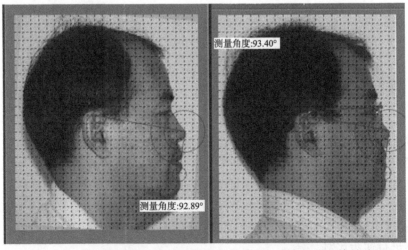

图 F7.3.3-4　　通过相对应的角度对检材和样本进行姿态的平面旋转(侧面)

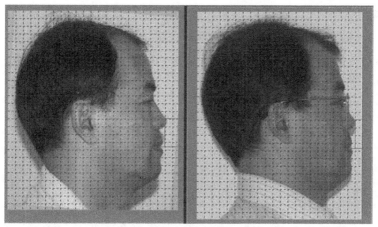

图 F7.3.3-5　通过相对应的距离对检材和样本进行缩放(侧面)

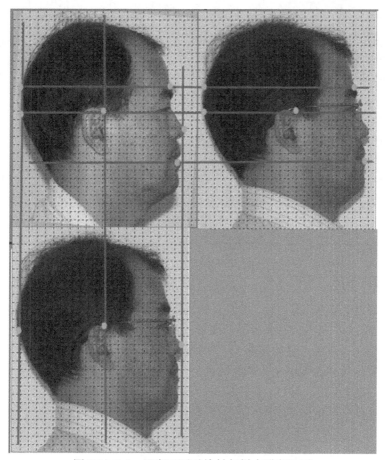

图 F7.3.3-6　四窗口下对检材与样本进行比对

2) 截图

软件提供了截图功能，该功能在获取三维图像的二维投影时很重要。如视频中截取的人像往往含有一定的姿态角，几乎无法与证件照进行比对。因此，需要将三维人像调整到与视频截图人像同一姿态，用该姿态下三维数据的二维投影图像与视频截图进行比对，如图 F7.3.3-7 所示。此时通过截图可将三维数据的二维投影保存下来，保存结果在左侧卷宗和相应窗口下都有显示。

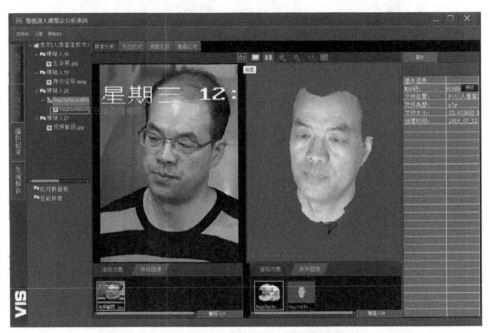

图 F7.3.3-7　　三维数据的二维投影图像

F7.3.4　预处理

1. 功能介绍

预处理包括基本信息设置、关键点调整及姿态角调整这 3 个功能，如图 F7.3.4-1~图 F7.3.4-3 所示。基本信息主要是对嫌疑人的性别、地域、人种及年龄段进行设置；关键点调整是通过对嫌疑人面部 45 个关键点进行标注，得到 67 项指标，这些数据都会在测量比对中体现出来；系统提供了两种姿态角调整方法：快速设定(含正面、左侧面和右侧面)和手动获取(对图像进行放大缩小，手动输入 XYZ 方向的姿态角)。

2. 操作介绍

1) 基本信息

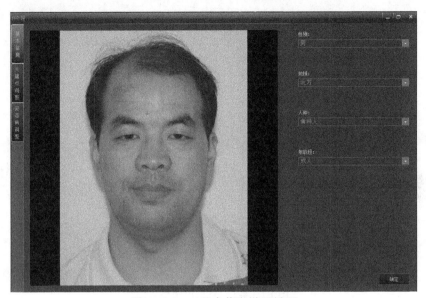

图 F7.3.4-1　基本信息设置界面

2) 关键点调整

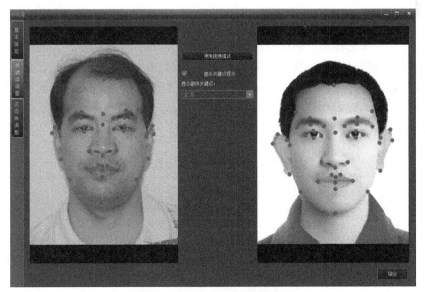

图 F7.3.4-2　关键点调整界面

3) 姿态角调整

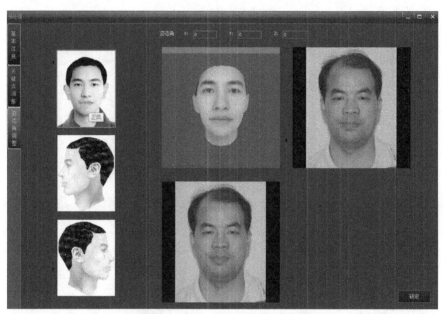

图 F7.3.4-3 姿态角调整界面

F7.3.5 人像标注

1. 功能介绍

人像标注模块包含形态学和测量学两种标注方法。形态学标注包括两类，分别是对人脸和身体的标注，标注时系统支持对标注项的预览、图像放大或缩小、控件交互、标注项的编辑等。测量学属性设定前可以判断是否铺点，铺点后会显示铺点后的属性数据，若没有铺点，可通过单击"关键点调整"返回预处理界面进行铺点。同时测量学还可以对嫌疑人进行身高测量，并保存测量结果。人像标注各功能点说明见表 F7.3.5-1。

表 F7.3.5-1 人像标注各功能点说明

功能点	描述
人脸/身体	切换人脸标注和身体标注，人像显示控件会跟随其变化
显示	在进行人像标注时提供标注示例图
箭头、圆、文字	对标注项的截图进行图元编辑
图像处理	采用亮度对比度、直方图调整、旋转、亮度曲线对标注项截图进行清晰化处理
人脸显示控件	通过单击右侧人脸模型的部件来进行人脸标注，身体标注暂不支持此功能

功能点	描述
标注结果列表	人像标注结果会以列表的形式显示出来，可对标注结果进行修改、删除和排序
关键点调整	单击此功能，会跳转到预处理界面
保存身高	保存身高数据
三维测量	通过参考数据对嫌疑人身高进行测量
测量结果列表	人脸铺点结束后，67项特征及对应的测量值会以列表的形式显示出来
部件标注结果注释	解释关键点与关键点之间的数据名称和指标数据

2. 操作介绍

1) 形态学标注——人脸标注

人脸标注主要是对人中、嘴、眉毛、眼睛、耳朵、面部、下巴、额头、颧骨、鼻等部件的标注，共产生 73 项人脸标注的特征项。各特项征及其对应的特征值具体见表 F7.3.5-2。

表 F7.3.5-2　人脸标注比对特征

序号	部件	特征	特征值(可选)
1		人中宽度	不确定、中、宽、窄
2		人中嵴形态	不确定、人中嵴宽于(窄于或等于)鼻中隔
3	人中	人中沟深	不确定、中、浅、深
4		人中沟深形态	不平行、不确定、人中嵴平行
5		人中高度	中、低、高
6		前牙裸露度	上齿全露、上齿半露、上齿微露、下齿全露、下齿半露、下齿微露、无
7		口角形态	上翘、下垂、不对称、平直
8		唇	中、厚、薄、薄厚、非常薄、上红唇厚度、下红唇厚度、唇大小
9	嘴	唇峰	不对称、无、适中
10		唇状态	凸上嘴唇、地包天嘴、抿嘴、噘嘴、残疾嘴、畸形嘴、瘪上嘴、自然闭合、露齿、鲍牙嘴
11		疤	无、有
12		痣	无、有
13		胡须	无、有
14		眉眼中心距	向心、标准、离心、连心
15	眉和眼	眉眼间距	中、大、小
16		眉内角间距	中、宽、窄

续表

序号	部件	特征	特征值(可选)
17		印堂眉	无、有
18		疤	无、有
19		痣	无、有
20		眉厚度	中、厚、极薄、薄
21	眉毛	眉对称性	不对称、对称
22		眉峰突度	不显著、显著
23		眉形	一字眉、三角眉、上扬眉、八字眉、剑眉、半截眉、扫帚眉、新月眉、柳叶眉、畸形、短促眉、秃眉、立眉
24		眉梢	上翘、下垂、不对称、不确定、水平
25		眉毛密度	不确定、正常、浓密、稀疏
26		上眼睑下垂	严重、无、轻微
27		上眼睑皱褶	不确定、单双、单睑、双睑、多重
28		上眼睑皱褶宽度	0级、1级、2级、3级
29		下眼睑皱褶	无、曲度大于下眼睑、轻微可见
30		卧蚕	无、有
31		眼型	三角眼、下垂眼、丹凤眼、吊角眼、圆眼、杏核眼、残疾眼、眯缝眼、斗鸡眼、鱼眼、鼠眼
32	眼睛	眼对称性	不对称、对称
33		眼窝凹度	一般、浅、深
34		眼袋	无、有
35		眼裂倾斜度	不确定、内眼角低于外眼角、内眼角持平外眼角、内眼角高于外眼角
36		眼裂开度	不对称、不确定、中等、细窄、高宽
37		眼镜	无、有
38		睫毛	中、短稀、长密
39		蒙古褶	0级无褶、1级微显、2级中等、3级甚显
40	耳朵	外耳凸度	不对称、不确定、微显、明显、正常
41		耳环	无、有
42		容貌额高	中、低、高
43		脸对称性	不对称、对称
44	面部	酒窝	无、有
45		面型	倒大脸、倒梯形脸、四方脸、圆脸、椭圆脸、狭长脸、瓜子脸、菱形脸、长方脸
46		面部脂肪	中、厚、薄

续表

序号	部件	特征	特征值(可选)
47		下巴外翻	内扁、前凸、前双凸、平、适中
48	下巴	疤	无、有
49		痣	无、有
50		胡须	无、有
51		颏型	凹、双下巴、圆、尖、方
52		颏过渡	明显过渡、看不到过渡、适中过渡
53		发际线	不确定、中间圆、中间尖、凸、凹、直
54		疤	无、有
55		痣	无、有
56	额头	额型	圆、尖、平
57		额宽	中、窄、阔
58		额结节	不显著、显著
59		额高	不确定、中、低、高
60		颧弓	不可视、不显著、显著
61	颧骨	颧骨位置	不对称、中、低、高
62		颧骨形状	内敛、外展、正常
63		颧骨突出度	中等凸、微弱凸、扁平、显著突出
64		疤	无、有
65		痣	无、有
66		鼻型	塌鼻、方翼鼻、朝天鼻、畸形鼻、直梁鼻、蒜头鼻、葱头鼻、高梁鼻、鹰钩鼻
67		鼻孔	不可见、不对称、中、大、小、鼻孔形状
68	鼻	鼻对称性	不对称、对称
69		鼻形态	瘦小、肥厚、适中
70		鼻根高度	中、低、高
71		鼻梁高度	中、低、高
72		鼻翼	鼻翼宽阔、鼻翼狭窄、鼻翼适中、鼻翼沟、鼻翼深度
73	鼻和唇	鼻唇沟	无、短、长

对于人脸特征,系统提供了多种标注方法,具体如图 F7.3.5-1~图 F7.3.5-4 所示。

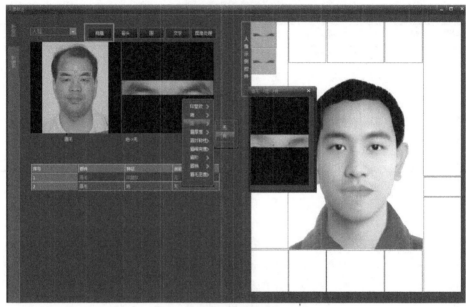

图 F7.3.5-1　标注项的预览

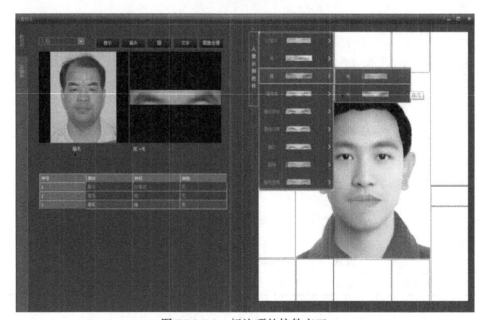

图 F7.3.5-2　标注项的控件交互

在形态学的标注过程中，可以对一些显著特征或特殊标记进行图元编辑。

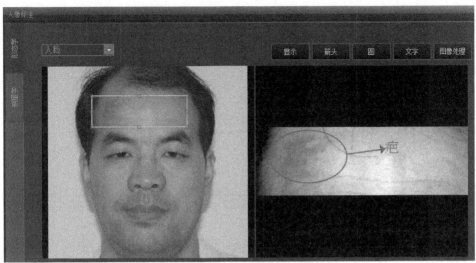

图 F7.3.5-3　标注项的图元编辑

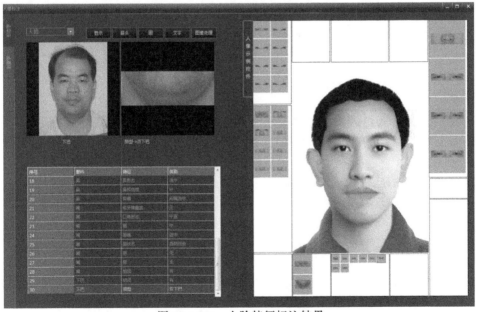

图 F7.3.5-4　人脸特征标注结果

2) 形态学标注——体态

体态特征标注主要是对体姿态、体形态、手、肩、腿等部件进行标注，共产生 29 项体态特征项。具体特征及其对应特征值如表 F7.3.5-3 所示，标注结果如图 F7.3.5-5 所示。

表 F7.3.5-3　体态特征标注项

序号	部件	特征	特征值(可选)
1		坐	无、有
2	体姿态	站立	无、有
3		行	无、有
4		蹲	无、有
5		体态	中、瘦、胖
6	体形态	体毛	无、有
7		身高	中、矮、高
8		惯用手	右、左
9	手	手势	无、有
10		扣手	右型、左型、无
11		八字脚	内八字、外八字、正常
12		多指	无、有
13		曲臂	无、有
14	残疾	畸形腿	O 型腿、X 型腿、正常
15		缺指	无、有
16		跛脚	无、有
17		驼背	无、有
18		斑	无、有
19		疤痕	无、有
20		麻	无、有
21	特殊标志	擦伤	无、有
22		纹身	无、有
23		胎记	无、有
24		青筋	无、有
25	肩	肩姿态	右肩高、左肩高、无倾斜
26	腿	交叉腿	右型、左型
27	臂	叠臂	右型、左型
28		臂屈伸	无、有
29	足	利足	右型、左型

图 F7.3.5-5　体态特征标注结果

3) 测量学标注

测量学标注是指对人脸 45 个关键点进行铺点，通过测量关键点之间的夹角及距离对检材和样本进行比对。图 F7.3.5-6 给出了人脸 45 个关键点的名称及具体位置。

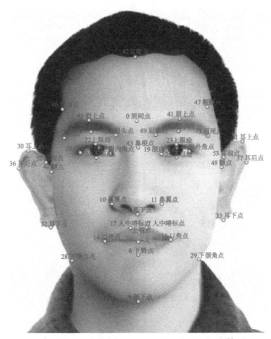

图 F7.3.5-6　人脸 45 个关键点名称及具体位置

图 7.3.5-7 是对人像进行测量标注的界面。

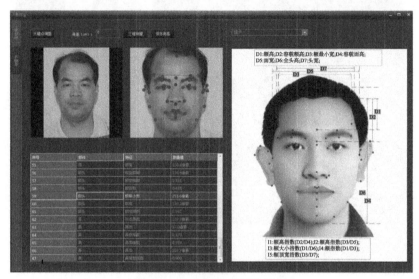

图 F7.3.5-7　测量学标注结果

系统对人脸 45 个关键点进行铺点,产生 67 项测量特征指标,具体见表 F7.3.5-4。

表 F7.3.5-4　测量比对特征

序号	部件	特征指标	序号	部件	特征指标
1	人中	人中高	16	额头	额最小宽
2		人中宽	17		额高
3		人中指数	18		额高指数
4	嘴巴	上唇厚指数	19	眼睛	两眼内宽
5		上唇高	20		两眼外宽
6		下唇厚指数	21		眼指数
7		下唇高	22		眼裂宽度
8		口宽指数	23		眼裂高度
9		口指数	24		眼角间指数
10		口裂宽	25	颏	两下颌角间宽
11		口高度指数	26		唇颏高
12		唇高	27		颏宽度指数
13	额头	容貌额高	28		颏大小指数
14		额宽指数	29		颏指数
15		额指数	30		颏高

续表

序号	部件	特征指标	序号	部件	特征指标
31	眉毛	眉宽	50	面部	形态下面高
32		眉心距离	51		形态面指数
33		眉指数	52		形态面高
34		眉高	53		眼口耳上夹角
35	眉和眼	眉眼间距	54		眼耳颏夹角
36	面部	两外耳间宽	55		眼鼻夹角
37		内眼口夹角	56		耳颏夹角
38		口下鼻夹角	57		面宽
39		口眉夹角	58		面高指数
40		口眼耳下夹角	59	耳朵	容貌耳宽
41		口眼鼻夹角	60		容貌耳指数
42		口鼻夹角	61		容貌耳长
43		唇颏夹角	62	鼻子	形态鼻高
44		外眼口夹角	63		鼻宽
45		容貌上面指数	64		鼻宽指数
46		容貌上面高	65		鼻面指数
47		容貌半面高	66		鼻高
48		容貌面指数	67		鼻高宽指数
49		容貌面高			

4) 三维测量

三维测量如图 F7.3.5-8 所示。

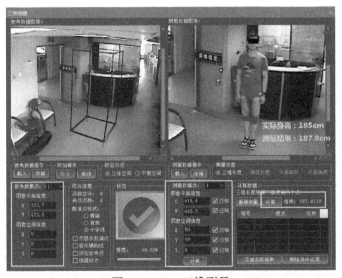

图 F7.3.5-8　三维测量

F7.3.6 形态比对

1. 功能介绍

形态比对方法是人像比对的主要方法。该方法是直接通过描述和分类对面部特征和体态特征进行比较，基于主观评价和观察说明给出相似或不相似的结论，检测结果允许重复性。

软件中该模块提供了工具栏、人像显示控件、局部放大显示控件、人像切换控件和比对数据表，具体功能点参见表 F7.3.6-1。

表 F7.3.6-1　形态比对各功能点说明

功能点	描述
比对窗口	左侧显示嫌疑人整张脸，右侧显示标注项的截图
截图	对当前比对结果进行截图，在比对数据截图预览中可以查看
双、四窗口	切换双窗口、四窗口查看
放大、缩小	对当前显示的文件进行放大或缩小
1:1	将当前显示的图像还原到原始图像大小的尺寸来显示
网格	网格平铺在显示窗口上
比对数据	对标注的数据进行比对并得出结论
图像列表	切换嫌疑人下的多张图片
生成比对数据	显示比对数据及结论
生成结果比对预览	显示两嫌疑人比对后的匹配特征项(绿色)和不匹配特征项(红色)，以及各部件的相似度

2. 操作介绍

1) 双窗口加网格比对功能

利用双窗口和网格功能对两张人像的同一部件进行归一化处理，如图 F7.3.6-1 所示，通过测量归一化后的同一部件所占的网格数及部件的关键点(如眉上点)所处的位置，对该部件进行比对分析。

2) 四窗口加网格比对功能

同样，也可以利用四窗口和网格功能对两张人像的同一部件进行归一化处理，如图 F7.3.6-2 所示，从横向和纵向两个方向对归一化的同一部件所占的距离(数网格数)及部件关键点(如眉上点、眉头和眉尾)所处的位置进行测量，从而对该部件进行比对分析。

3) 比对结果预览功能

图 F7.3.6-3 中，比对特征项共 29 项，其中匹配特征项 28 项，用绿色表示；不匹配特征项 1 项，用红色表示。具体比对的特征及部件图见表 F7.3.6-2。

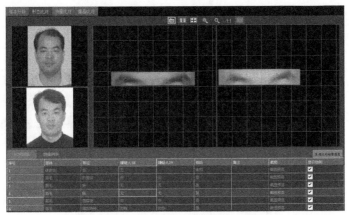

图 F7.3.6-1　形态比对结果界面(双窗口)

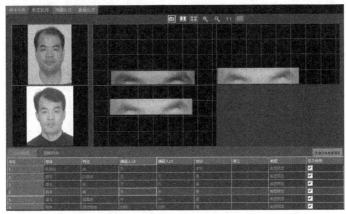

图 F7.3.6-2　形态比对结果界面(四窗口)

图 F7.3.6-3　生成结果比对预览(后附彩图)

表 F7.3.6-2　生成结果比较表

序号	部件	部件特征	部件特征形态描述		图例		比对结果
			检材	样本	检材	样本	
1		眉梢	下垂	确定			否
2		印堂纹	无	无			是
3		疤	无	无			是
4		痣	无	无			是
5	眉毛	眉厚度	中	中			是
6		眉对称性	对称	对称			是
7		眉峰突度	显著	显著			是
8		眉形	立眉	立眉			是
9		眉毛密度	正常	正常			是
10		上眼睑下垂	严重	严重			是
11	眼睛	上眼睑皱褶	单睑	单睑			是
12		眼型	三角眼	三角眼			是
13		眼对称性	对称	对称			是
14		疤	无	无			是
15		痣	无	无			是
16		鼻型	塌鼻	塌鼻			是
17	鼻	鼻孔	中	中			是
18		鼻形态	适中	适中			是
19		鼻根高度	中	中			是
20		鼻翼	鼻翼适中	鼻翼适中			是
21		前牙裸露度	无	无			是
22		口角形态	平直	平直			是
23		唇峰	适中	适中			是
24	嘴	唇状态	自然闭合	自然闭合			是
25		疤	无	无			是
26		痣	无	无			是
27		胡须	有	有			是
28	下巴	胡须	有	有			是
29		颏型	双下巴	双下巴			是

F7.3.7　测量比对

1. 功能介绍

测量比对法是对人类学关键点的尺度和角度进行测量以达到量化和比例化面部特征的比对方法，该方法是基于可接受的测量主观阈值给出结论。目前软件中是对 45 个关键点进行铺点，产生 67 项测量特征指标，包括额头、面部、眼睛、鼻子的各项指标及人脸关键点之间构成的夹角等。

该模块软件中包含工具栏、人像显示控件、人像切换控件及测量比对数据表等功能，具体功能说明参见表 F7.3.7-1。

表 F7.3.7-1　测量比对各功能点说明

功能点	描述
比对窗口	显示比对嫌疑人
截图	对当前比对结果进行截图，在比对数据截图预览中可以查看
放大、缩小	对当前显示的文件进行放大或缩小
1:1	将当前显示的图像还原到原始图像大小的尺寸来显示
网格	网格平铺在显示窗口上
比对数据	对铺点后的两张人像进行比对并得出结论
图像列表	切换嫌疑人下的多张图片
生成比对数据	显示比对数据及结论
生成结果比对预览	显示匹配特征项和不匹配特征项，以及各部件之间的相似度

2. 操作介绍

图 F7.3.7-1 中，分别对检材和样本的 45 个关键点进行铺点，共产生了 67 项比对特征项，具体特征项及测量描述见表 F7.3.7-2。

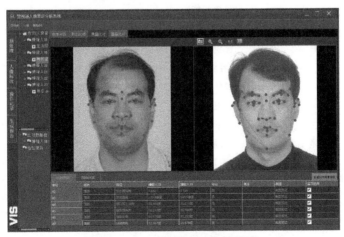

图 F7.3.7-1　测量比对结果界面

表 F7.3.7-2　测量比对特征项

序号	部件	部件特征	部件特征测量描述	
			检材	样本
1	人中	人中宽	30.4 像素	18.2 像素
2		人中指数	1.228	1.520
3		人中高	37.3 像素	27.7 像素
4	嘴巴	上唇厚指数	0.336	0.335
5		上唇高	11.9 像素	8.0 像素
6		下唇厚指数	0.542	0.563
7		下唇高	19.3 像素	13.4 像素
8	嘴巴	口宽指数	0.525	0.506
9		口指数	0.324	0.380
10		口裂宽	109.6 像素	62.6 像素
11		口高度指数	0.132	0.148
12		唇高	8.202	9.761
13	眉和眼	眉眼间距	31.6 像素	21.5 像素
14	眉毛	眉宽	79.5 像素	51.4 像素
15		眉心距离	74.5 像素	50.2 像素
16		眉指数	0.246	0.216
17		眉高	19.5 像素	11.1 像素
18	眼睛	两眼内宽	76.6 像素	48.4 像素
19		两眼外宽	208.8 像素	123.9 像素
20		眼指数	3.558	2.971
21		眼裂宽度	76.6 像素	48.4 像素
22		眼裂高度	18.5 像素	12.2 像素
23		眼角间指数	0.367	0.391
24	耳朵	容貌耳宽	26.2 像素	19.3 像素
25		容貌耳指数	0.233	0.269
26		容貌耳长	112.8 像素	72.0 像素
27	面部	两外耳间宽	359.6 像素	230.9 像素
28		内眼口夹角	25.893°	23.034°
29		口下鼻夹角	97.372°	82.969°
30		口眉夹角	31.795°	29.331°
31		口眼耳下夹角	38.508°	42.626°
32		口眼鼻夹角	30.188°	28.499°
33		口鼻夹角	38.723°	35.234°

续表

序号	部件	部件特征	部件特征测量描述	
			检材	样本
34		唇颏夹角	51.288°	53.690°
35		外眼口夹角	65.356°	58.782°
36		容貌上面指数	0.533	0.534
37		容貌上面高	162.4 像素	97.3 像素
38		容貌半面高	306.5 像素	181.5 像素
39		容貌面指数	1.409	1.398
40		容貌面高	426.7 像素	265.2 像素
41	面部	形态下面高	270.1 像素	160.5 像素
42		形态面指数	0.892	0.846
43		形态面高	270.1 像素	160.5 像素
44		眼口耳上夹角	20.464°	21.613°
45		眼耳颏夹角	90.173°	86.386°
46		眼鼻夹角	98.578°	93.257°
47		耳颏夹角	11.367°	11.678°
48		面宽	302.8 像素	189.7 像素
49		面高指数	0.378	0.382
50		两下颌角间宽	235.1 像素	148.8 像素
51		唇颏高	89.5 像素	45.8 像素
52	颏	颌宽度指数	0.776	0.784
53		颏大小指数	0.331	0.286
54		颏指数	0.463	0.398
55		颏高	108.8 像素	59.2 像素
56		容貌额高	156.6 像素	104.8 像素
57		额宽指数	0.831	0.886
58	额头	额指数	0.478	0.498
59		额最小宽	251.6 像素	168.1 像素
60		额高	120.2 像素	83.7 像素
61		额高指数	0.367	0.395
62		形态鼻高	107.7 像素	63.2 像素
63		鼻宽	97.0 像素	55.8 像素
64	鼻	鼻宽指数	0.320	0.294
65		鼻面指数	0.399	0.394
66		鼻高	107.7 像素	63.2 像素
67		鼻高宽指数	0.900	0.882

F7.3.8　重叠比对

1. 功能介绍

重叠比对法是用于同一姿态角的两张图像的比对,通过缩放一张图像使之与另一张图像对齐重叠,精确给出相似性和差异性,是一种辅助视觉比对方法。

软件通过旋转、缩放、平移、透明度等方法使两张比对的图像对齐重叠,可通过直线扫描、圆形扫描、透明度和橡皮擦方法对重叠结果进行比对,比对结果可以进行修改和保存,结果最终会体现在报告中。

对含姿态的视频截图与三维数据的二维投影图像进行重叠比对,可通过图 F7.3.3-7 介绍的截图功能将三维数据调整到与视频截图人像同一姿态。在重叠比对的过程中,软件还支持对三维数据姿态的微调。重叠比对各功能点说明见表 F7.3.8-1。

表 F7.3.8-1　重叠比对各功能点说明

功能点	描述
添加	保存当前重叠比对结果,并添加到比对结果列表中
修改	修改之前保存的比对结果
互换	互换当前两张人像的前后位置
对比结果	保存的比对结果以缩略图的方式显示在列表中
图像列表	切换嫌疑人下的多张图片来进行比对
图元	包括箭头、直线、折线、圆、文字、矩形、网格、参考线,并且可以对这些图元进行颜色调节、线宽调节及填充
直线扫描	将两张人像通过直线扫描的方式来进行比对,直线的方向可调
圆形扫描	通过调节圆形的大小来进行人像的比对
透明度	通过调节前景人像的透明度来进行人像的比对
橡皮擦	通过抹掉前景人像的某个部分来进行人像的比对
自动扫描	选择某种比对方法后,可以自动进行扫描
重叠区域	选择当前窗口显示嫌疑人的部位
切换参考图	调节嫌疑人位置时的参考图
三维姿态调节	调节三维图像在二维显示时的姿态
旋转	通过旋转将两张比对的人像对齐
缩放	通过缩放大小将两张比对的人像对齐
平移	通过平移将两张比对的人像对齐
透明度	通过调节透明度来辅助调节比对人像的位置

2. 操作流程

重叠比对操作流程如图 F7.3.8-1 所示。

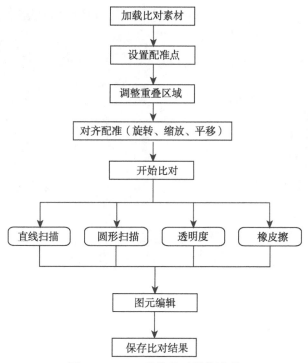

图 F7.3.8-1 重叠比对操作流程

3. 操作介绍

1) 设置配准点界面

配准关键点设置如图 F7.3.8-2 所示。

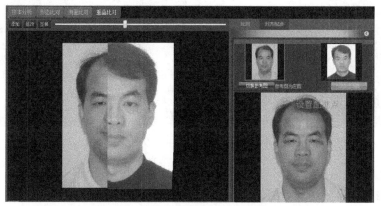

图 F7.3.8-2 配准关键点设置(此处以两外眼角为配准点)

2) 比对结果图元编辑

比对结果图元编辑如图 F7.3.8-3 所示。

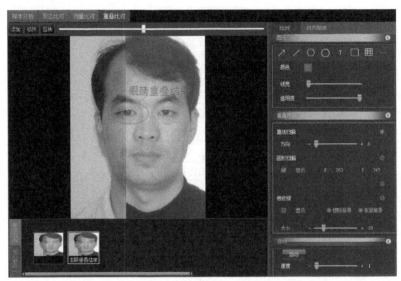

图 F7.3.8-3　两张图像重叠比对结果(加图元编辑)

3) 直线扫描方式比对

直线扫描方式比对如图 F7.3.8-4 所示。

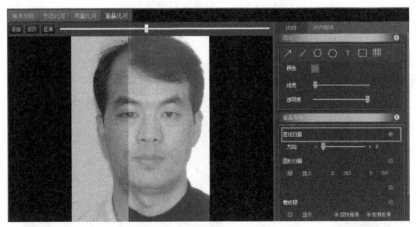

图 F7.3.8-4　直线扫描方式比对

4) 圆形扫描方式比对

圆形扫描方式比对如图 F7.3.8-5 所示。

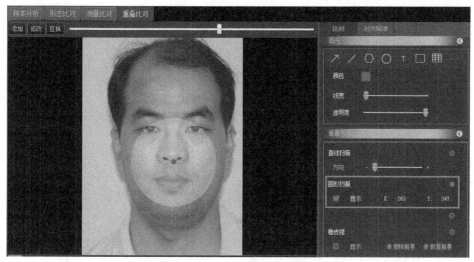

图 F7.3.8-5　圆形扫描方式比对

5) 透明度扫描方式比对

透明度扫描方式比对如图 F7.3.8-6 所示。

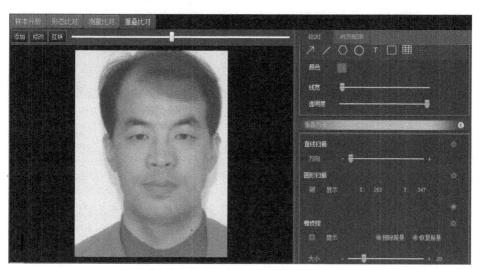

图 F7.3.8-6　透明度扫描方式比对

6) 含姿态视频截图与三维扫描结果的重叠比对

含姿态视频截图与三维扫描结果的重叠比对如图 F7.3.8-7 和图 F7.3.8-8 所示。

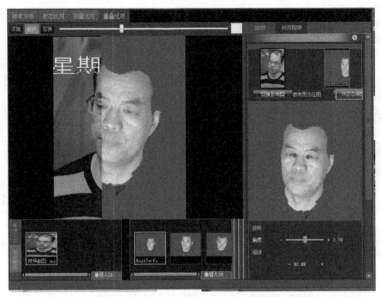

图 F7.3.8-7　视频截图与三维数据的二维投影图像的重叠比对结果

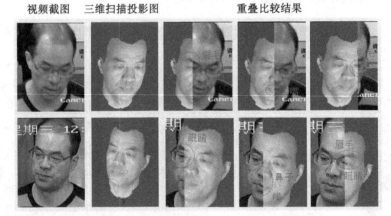

图 F7.3.8-8　不同姿态下视频截图与三维扫描投影图像重叠比对结果

F7.3.9　三维重建

1. 功能介绍

三维重建是指通过现有的二维图像来重建三维数据的技术。软件目前支持使用正面、左侧脸和右侧脸这三种姿态的图像进行三维重建，并且支持单张、两张或三张图像进行重建，但其中必须包含一张正面图像；软件还支持设置优化点功能，点数越多重建效果越好，具体功能点说明参见表 F7.3.9-1，操作流程参见图 F7.3.9-1。

表 F7.3.9-1　三维重建各功能点说明

功能点	描述
加载图像	可以选择卷宗里的图像，也可以从本地磁盘加载图像
纹理	根据查看重建图像的侧重点不同，选择不同的纹理，通常选正面纹理
抠图	抠图后获取的单独人像有助于重建结果
边缘获取	通过调节上、下阈值来使重建纹理更加清晰
关键点调整	通过调整关键点获取更好的重建效果
使用拖拽模式	可以单个点、多个点或全部点进行拖拽
显示关键点提示	显示每个关键点的注释
保存、重置	保存修改数据或恢复到原始状态
设置优化点数	提供不同张数的点数设置，设置的点数越高，重建效果越好
显示三维图像	通过单击此处可以查看重建好的三维图像
开始三维重建	预处理完成后开始重建三维图像
停止三维重建	停止重建三维图像
三维图像入库	从本地加载的图像的重建结果会保存到三维库中，从卷宗加载的图像的重建结果会自动添加到相应的嫌疑人目录中

2. 操作流程

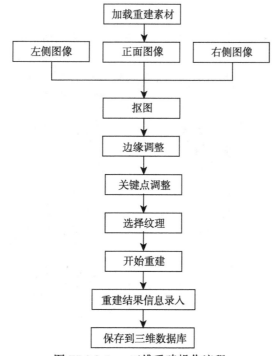

图 F7.3.9-1　三维重建操作流程

3. 操作介绍

图 F7.3.9-2~图 F7.3.9-8 是三维重建各个功能点的操作界面图。

1) 三维重建启动界面

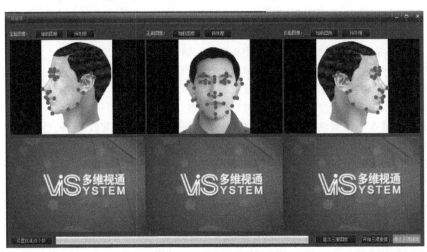

图 F7.3.9-2　三维重建界面

2) 加载图像界面

根据图例提示，将左侧、正面及右侧图像分别加载到正确的图像显示区域。

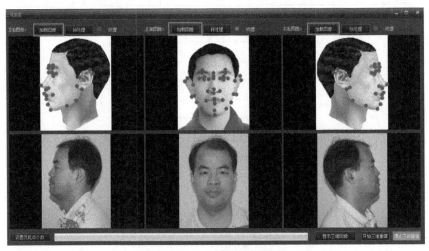

图 F7.3.9-3　加载图像界面

3) 预处理界面

预处理包括抠图、边缘调整和关键点调整这 3 步，加载的每幅图像都要经过预处理操作。

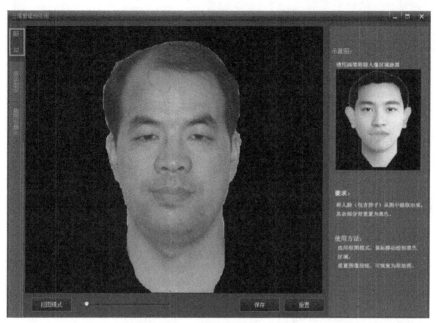

图 F7.3.9-4　预处理界面——抠图

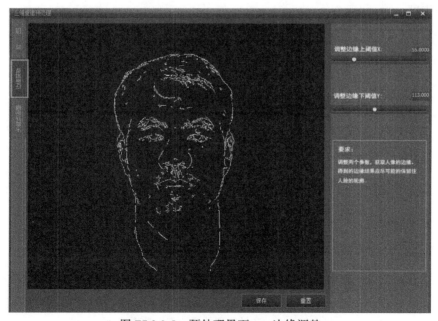

图 F7.3.9-5　预处理界面——边缘调整

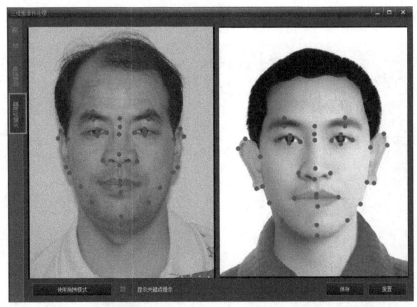

图 F7.3.9-6　预处理界面——关键点调整

4) 纹理选择及重建界面

预处理结束后，选择正面图像的纹理，开始三维重建，可通过进度条实时查看重建进度。

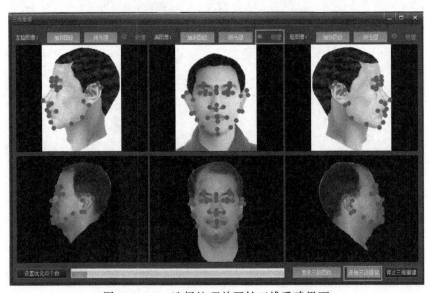

图 F7.3.9-7　选择纹理并开始三维重建界面

5) 三维重建数据查看及信息编辑界面

重建成功后，通过鼠标可以从不同角度对三维模型进行查看。软件可以对重建数据的姓名、性别、身份证号、出生日期等信息进行编辑，结果会保存到三维数据库中。

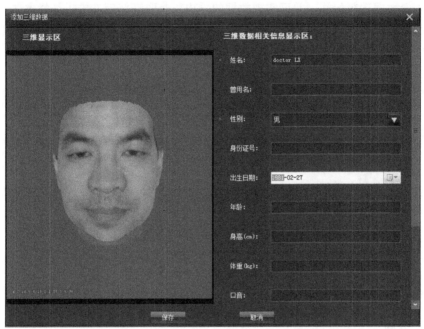

图 F7.3.9-8　三维重建数据查看及信息编辑界面

F7.3.10　三维库

1. 功能介绍

三维库用来保存三维数据，可以将三维重建的数据添加到三维库中，也可以将三维人像扫描仪的扫描数据添加到三维库中。三维库支持对数据的添加、删除、修改、查询，以及查看数据详细属性，具体功能点说明参见表 F7.3.10-1。

表 F7.3.10-1　三维数据库各功能点说明

功能点	描述
添加	添加本地三维图像到三维数据库
删除	删除三维数据库中的三维图像
修改	修改三维数据库中的三维图像
查询	通过姓名、性别来查询三维图像，姓名支持模糊查询（只输入姓）
查看三维数据	查看选中三维图像的属性信息

2. 三维人像扫描仪

1) 介绍

三维人像扫描仪采用白光快速投影技术，对人脸多角度进行超快速扫描，系统自动拼接后得到带彩色纹理的完整的人脸三维数据，并有全彩色真实纹理。支持对三维人像数据进行标注，并可实现数据的导出，获取高精度三维人像样本，为人像鉴定及三维人像库的建设等提供支持。图 F7.3.10-1 和图 F7.3.10-2 分别是三维人像扫描仪的设备图和扫描结果图。

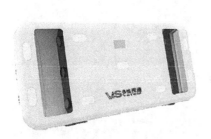 

图 F7.3.10-1　三维人像扫描仪　　　　图 F7.3.10-2　三维扫描结果

2) 三维人像扫描仪相关参数

三维人像扫描仪相关参数如表 F7.3.10-2 所示。

表 F7.3.10-2　三维人像扫描仪相关参数

系统指标	参数
光源	自然光
纹理分辨率	230 万像素
扫描范围	180°(左耳到右耳)
采集时间	0.1s
重建时间	小于 1min
测量精度	0.1mm
点云数目	大于 100 万
拼接方式	无标记点自动拼接
输出格式	Ply
设备尺寸	700mm×70mm×350mm($L×W×H$)
设备质量	约 3kg
电源	12VDC
接口	USB3.0
操作系统	Windows 7/64 位/ i7 处理器

3) 操作步骤

三维人像扫描仪操作主要包括启动软件、人像采集、三维数据重建、属性标注、数据查看及三维扫描数据导出这 6 个步骤。

A. 启动软件

先打开三维人像扫描仪，然后启动软件，注意观察在软件初始化过程中三维人像扫描仪会闪一下，图 F7.3.10-3 是采集示意图。

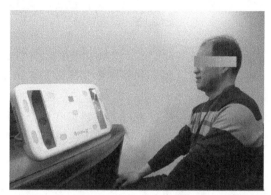

图 F7.3.10-3　三维人像扫描仪采集示意图

软件启动成功后，用手分别在四个相机镜头前晃动，若每个相机中都能出现手的信息，且画面流畅，说明相机没有问题；若相应相机中没有任何信息，说明此相机没有正常启动(注意：最好使扫描对象的背面是黑色背景或与肤色差异比较大的背景)。

图 F7.3.10-4 是在 3 号和 4 号相机前晃动手指，画面流畅且有手的信息，说明 3 号和 4 号相机正常启动。

图 F7.3.10-4　相机正常工作界面

B. 人像采集

采集人像前，对触发频率和端口号等进行设置，以保证扫描数据的高精度，如图 F7.3.10-5 所示。

图 F7.3.10-5　设置界面

观察四个相机的帧率，使得【设置】下的触发频率必须小于每个相机的实际频率（阈值在 3 左右），否则会出现丢帧、漏帧现象，导致扫描精度不高。

被采集人坐在距扫描仪大约 30cm 处，身体坐正，摘掉饰物，表情自然，下巴微微抬起，眼睛平视前方，最终使人脸面部五官特征在四个相机中清晰可见。

在人像姿态保持不变的情况下，单击【扫描】按钮，对人像进行采集，采集过程大约需要 0.5s。人像采集界面如图 F7.3.10-6 所示。

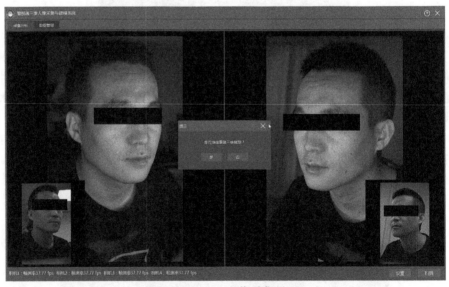

图 F7.3.10-6　人像采集界面

C. 三维数据重建

快速采集完成后，在提示界面中单击"是"，对数据进行三维重建，重建时间约 1min，重建界面如图 F7.3.10-7 所示。

图 F7.3.10-7　三维数据重建界面

D. 属性标注

数据重建完毕后，对三维人像数据关键点位置和编号进行标注，也可以对三维人像的属性(如姓名、性别、身份证号等)进行标注，如图 F7.3.10-8 所示。

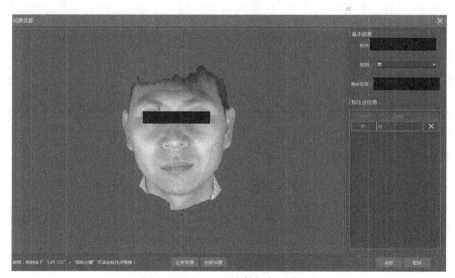

图 F7.3.10-8　三维数据标注界面

E. 数据查看

可以对三维人像数据进行旋转、拉近、推远等操作，如图 F7.3.10-9 所示。

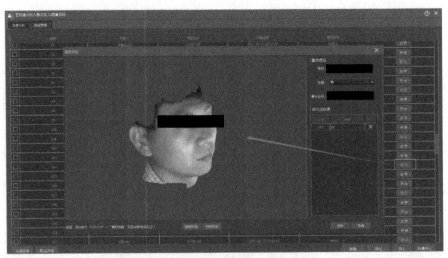

图 F7.3.10-9　三维数据查看界面

F. 三维扫描数据导出

数据重建完成后，单击【导出】按钮，可以将数据导出到本地，以方便后期对三维数据的应用，如图 F7.3.10-10 所示。

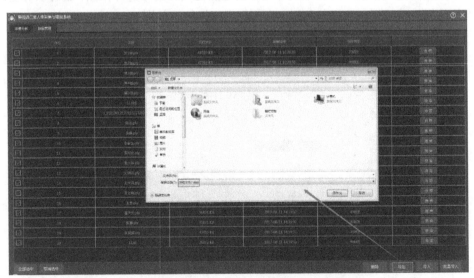

图 F7.3.10-10　三维扫描数据导出界面

4) 使用注意事项

使用三维人像扫描仪时，需注意以下几点：

(1) 被采集人最好不要穿与肤色相近的衣服，且采集人像的背景最好为黑色；

(2) 采集前，人要摘掉眼镜，露出耳朵，正视前方闪光灯，使人脸都处在 4 个相机的正中央；

(3) 采集的过程中，必须保持人像姿态稳定不变，否则会影响扫描精度；

(4) 软件中的帧率一定要低于每个相机的帧率，防止出现漏帧现象，影响扫描精度。

3. 三维库界面介绍

三维库各个界面如图 F7.3.10-11~图 F7.3.10-15 所示。

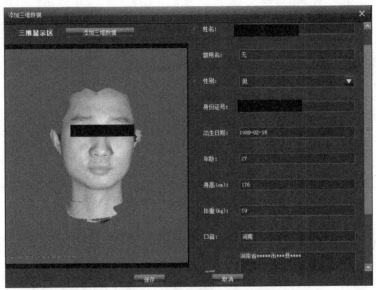

图 F7.3.10-11　三维库——添加界面

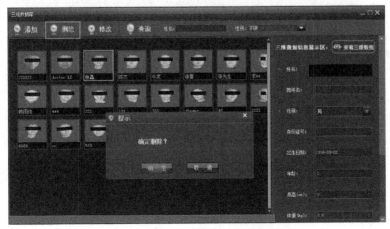

图 F7.3.10-12　三维库——删除界面

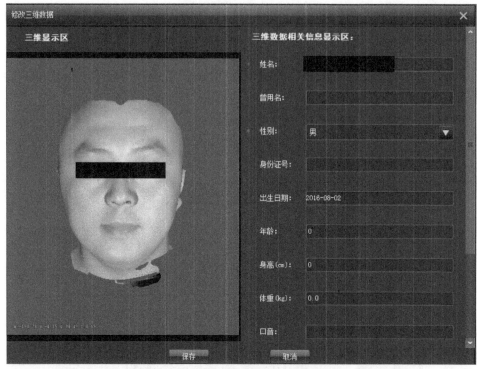

图 F7.3.10-13　　三维库——修改界面

图 F7.3.10-14　　三维库——查询界面(支持姓名、性别查询)

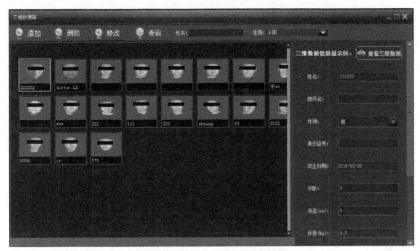

图 F7.3.10-15　三维数据库界面

F7.3.11　比对数据包及生成报告

1. 功能介绍

当对两个嫌疑人图像进行比对后，系统会自动保存比对数据，并生成比对数据包。打开比对数据包可以查看比对结果，也可以对比对数据包进行删除。

在生成报告时，可以将相应比对嫌疑人的比对数据包添加到报告中，也可以在生成报告界面手动添加检验结果等内容，最终生成的检验报告会以 Word 文档显示。软件同样支持对生成的检验报告进行查看或删除。各个界面如图 F7.3.11-1~图 F7.3.11-3 所示，具体的检验报告请详见后面附录。

2. 操作介绍

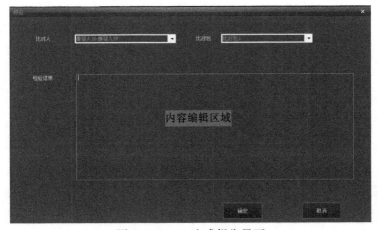

图 F7.3.11-1　生成报告界面

图 F7.3.11-2　比对数据包界面

图 F7.3.11-3　检验报告界面

F7.3.12　操作记录

1. 功能介绍

操作记录可以显示打开软件后的每一步操作，查看该操作的详细数据。该模块提供打印功能和视频刻录功能(将操作记录刻录到光盘中)，可以通过不同方式实现对操作记录的查看，具体功能点说明参见表 F7.3.12-1。

表 F7.3.12-1　操作记录各功能点说明

功能点	描述
记录列表	显示当前打开卷宗的所有操作记录
全选、反选	全部选中或反选操作记录
展开、收起	对操作记录进行展开或收起
光盘刻录	将选中的操作记录刻录到光盘中形成视频
打印	将选中的操作记录打印成纸质文档

2. 操作介绍

操作记录界面如图 F7.3.12-1 所示。

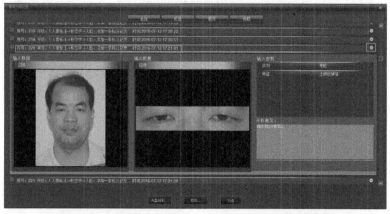

图 F7.3.12-1　操作记录界面——对序号 220 操作的详细查看

附录 7A　声像资料检验报告书

一、基本情况

委托人：

联系地址：

委托检验事项：

对检材图像和样本图像进行检验鉴定，鉴定是否为同一人。

受理日期：

检验材料：

检验日期：

检验地点：

检验物品：

二、检验参考标准

(1) SF/Z JD0300001—2010《声像资料鉴定通用规范》

(2) SF/Z JD0304001—2010《录像资料鉴定规范》

(3) GA/T 1023—2013《视频中人像检验技术规范》

(4) 犯罪信息管理标准：

① GA 428—2003《违法犯罪人员信息系统数据项规范》

② GA 240.3—2000《刑事犯罪信息管理代码　第 3 部分体表特殊标记》

③ GA 240.24—2003《刑事犯罪信息管理标准　第 24 部分体貌特征分类和代码》

(5) 测量标准：

① GB 10000—1988《中国成年人人体尺寸》

② GB/T 2428—1998《成年人头面部尺寸》

③ GB-T 5703—2010《用于技术设计的人体测量基础项目》

④ GB-T 23461—2009《成年男性头型三维尺寸》

(6) FISWG(人像鉴定科学工作组)文件

三、检验过程

1. 检验工具：警视通人像鉴定分析系统 V2.0

2. 检材和样本人像的基本情况

检材　　　　　　　　　　　　　　样本

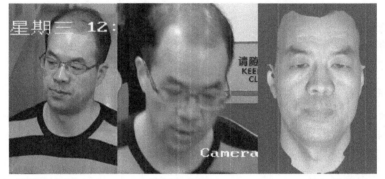

视频中截图 1　　　　视频中截图 2　　　　三维扫描数据

3. 应用警视通人像鉴定分析系统对检材和样本进行归一化处理

(1) 借助系统中的网格线及角度测量的工具，对检材和样本进行归一化处理。

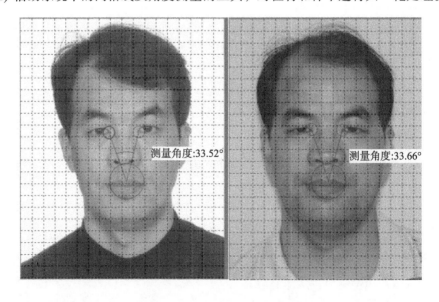

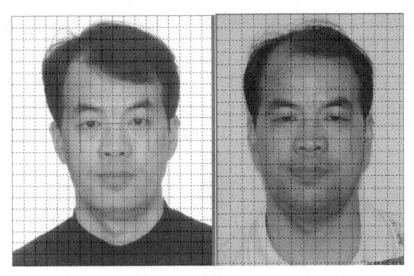

(2) 归一化后通过两人像的关键点之间的连线，对检材与样本进行初步比对。

通过对正面人像关键点进行连线，借助于网格线，可以初步看出检材和样本人像关键点之间的相对位置比较一致。

4. 应用警视通人像鉴定分析系统对检材与样本作测量比对

用警视通人像鉴定分析系统对两张人像进行测量比对，测量特征图示及测量特征表如下。

1) 测量特征图示

2) 测量比对特征分析列表

序号	部件	部件特征	部件特征测量描述		备注
			检材	样本	
1	人中	人中指数	1.175	1.328	
2	嘴巴	上唇厚指数	0.336	0.337	
3		下唇厚指数	0.542	0.563	
4		口宽指数	0.525	0.475	
5		口指数	0.324	0.404	
6		口高度指数	0.131	0.148	
7	眉毛	眉指数	0.246	0.216	
8	眼睛	眼指数	3.558	3.971	
9		眼角间指数	0.367	0.391	
10	耳朵	容貌耳指数	0.232	0.240	
11	面部	内眼口夹角	25.638°	23.372°	
12		口下鼻夹角	96.501°	92.201°	
13		口眉夹角	32.122°	30.792°	
14		口眼耳下夹角	42.004°	43.021°	
15		口眼鼻夹角	30.364°	29.521°	
16		口鼻夹角	34.069°	33.459°	
17		唇颏夹角	51.540°	50.351°	
18		外眼口夹角	65.356°	67.782°	
19		容貌上面指数	0.540	0.534	
20		容貌面指数	1.409	1.398	
21		形态面指数	0.899	0.846	
22		眼口耳上夹角	20.364°	19.919°	
23		眼耳颏夹角	91.211°	89.445°	

序号	部件	部件特征	部件特征测量描述		备注
			检材	样本	
24	面部	眼鼻夹角	98.578°	98.342°	
25		耳颏夹角	11.512°	11.940°	
26		面高指数	0.383	0.382	
27	颏	颌宽度指数	0.796	0.767	
28		颏大小指数	0.329	0.286	
29		颏指数	0.451	0.407	
30	额头	额宽指数	0.852	0.889	
31		额指数	0.477	0.497	
32		额高指数	0.362	0.395	
33	鼻	鼻宽指数	0.322	0.319	
34		鼻面指数	0.404	0.400	
35		鼻高宽指数	0.888	0.842	

　　从测量特征比对表可以看出，检材与样本人像的测量指标非常相近(其中包括人为标注关键点的误差)。

　　5. 形态比对

　　应用警视通人像鉴定分析系统对两张人像进行形态比对，形态标注图示及形态比对特征表如下。

　　1) 形态特征标注图示

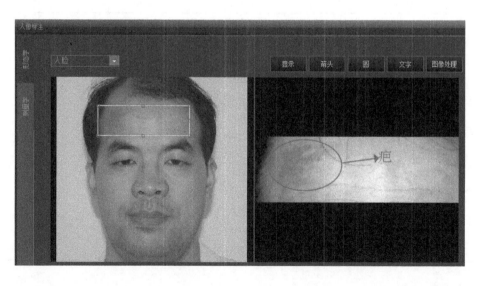

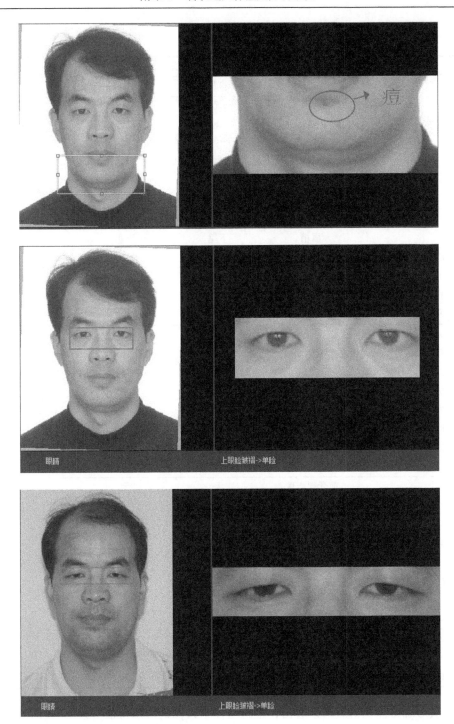

2) 形态比对特征分析列表

序号	部件	部件特征	部件特征形态描述		备注
			检材	样本	
1		疤	无	无	
2		痣	无	无	
3		眉厚度	中	中	
4	眉毛	眉对称性	对称	对称	
5		眉峰突度	显著	显著	
6		眉形	立眉	立眉	
7		眉毛密度	正常	正常	
8		眉梢	下垂	下垂	
9		上眼睑下垂	轻微	轻微	
10	眼睛	上眼睑皱褶	单睑	单睑	
11		眼型	三角眼	三角眼	
12		眼对称性	对称	对称	
13		疤	无	无	
14		痣	无	无	
15		鼻型	塌鼻	塌鼻	
16	鼻	鼻孔	中	中	
17		鼻对称性	对称	对称	
18		鼻形态	适中	适中	
19		鼻根高度	中	中	
20		鼻翼	鼻翼适中	鼻翼适中	
21		前牙裸露度	无	无	
22		口角形态	平直	平直	
23		唇	中	中	
24	嘴	唇峰	适中	适中	
25		唇状态	自然闭合	自然闭合	
26		疤	无	无	
27		痣	无	无	
28		胡须	有	有	
29		胡须	有	有	
30	下巴	颏型	双下巴	双下巴	
31		疤	无	无	

从形态特征比对表可以看出，检材与样本人像的形态特征一致。

3) 非相似特征说明

样本的额头处有一片疤，检材的下唇处有一颗痘，属于非永久性的标记，可能是后期造成的。

6. 重叠比对

应用警视通人像鉴定分析系统对视频中多姿态下的嫌疑人像与三维扫描数据样本进行重叠比对，其重叠比对结果如下。

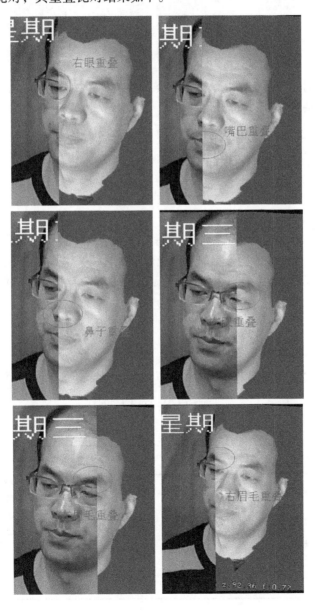

从重叠比对结果可以看出，在两种姿态下，视频中嫌疑人像与三维扫描样本人像的多个部件的重叠非常吻合。

7. 检验鉴定结果

检材与样本人像倾向肯定同一人。

四、检验意见

结合检材和样本，分析如下：

检材照片和样本照片的人脸面部生理特征点之间的测量特征值差异极小，形态比对特征一致，且三维数据样本的二维投影与检材视频中人像在不同姿态下的重叠比对特征吻合度很好。综合以上鉴定意见，建议倾向肯定检材与样本人像为同一人。

五、附注

六、附件

附录 7B　"十三五"公安刑事技术视频侦查装备配备指导目录

序号	配备项目	计量单位	配备数量	配备要求	主要功能/性能说明
1	视频勘查采集箱	套	2~6/工作室	必配	具备网线、USB、硬盘对拷等多种视频快速调取、现场测距、测点、照相等功能
2	视频研判工作站	台	1/视频侦查员	必配	高性能计算机，图像处理专用卡，配2台专业显示器，满足视频查看功能
3	视频智能研判分析系统	套	1/工作室	必配	海量视频增强、浓缩、检索、分析、协作等智能研判分析系统
4	移动式视频智能研判系统	套	2~6/工作室	必配	具备视频增强、浓缩、检索、分析等智能化功能的移动式单兵视频侦查研判系统

续表

序号	配备项目	计量单位	配备数量	配备要求	主要功能/性能说明
5	视频图像处理分析系统	套	1/工作室	必配	具备简单视频图像增强、比对、截取、转换、检索等初级视频图像处理分析功能，含图形处理工作站
6	投影显示设备	套	1/工作室	必配	可选用投影仪、触摸大屏幕等投影显示设备，用于视频侦查的研判讨论辅助
7	移动视频布控系统	套	1~5/工作室	必配	用于主动式视频侦查，具备无线传输功能
8	GPS 主动查控系统	套	1~5/工作室	必配	用于经营性涉车案件的视频侦查辅助和线索经营
9	视频侦查实战应用平台	套	1/工作室	必配	以涉案视频信息数据库和人脸识别比对、车脸识别比对、图像特征比对、视频解析检索等智能应用工具服务集为核心的视频侦查实战应用平台
10	视频原始资料存储管理系统	套	1/工作室	选配	用于存储管理调取采集的各类视频资料
11	视频侦查专用工作车	台	1~3/工作室	选配	便于移动视频监控设备的部署、社会视频的现场提取与高速复制、涉案视频的现场分析处理
12	空中侦查系统	套	1~3/工作室	选配	用于视频侦查的无人飞行器及相关应用软件
13	专业显示器	台	1~2/工作室	必配	专业级显示器，用于显现模糊视频图像的细节信息
14	专业视频图像处理分析系统	套	1/工作室	必配	具备视频图像复原、增强、去噪等视频模糊图像处理分析功能
15	视频图像检验鉴定系统	套	1/工作室	必配	具备视频中人像、物品、车辆、过程及视频图像真实性检验鉴定功能
16	其他辅助设备	套	1/工作室	必配	移动存储介质、数码照相机、数码摄像机、彩色打印机、视频非线性编辑软件、视力保护设备等